U0010112

REDISCOVERING
THE MAGIC
OF
MOLD-BASED
FERMENTATION

麴之
鍊金術

精準操作、科學探索、大膽實驗食材，重新發掘米麴菌等真菌的發酵魔力

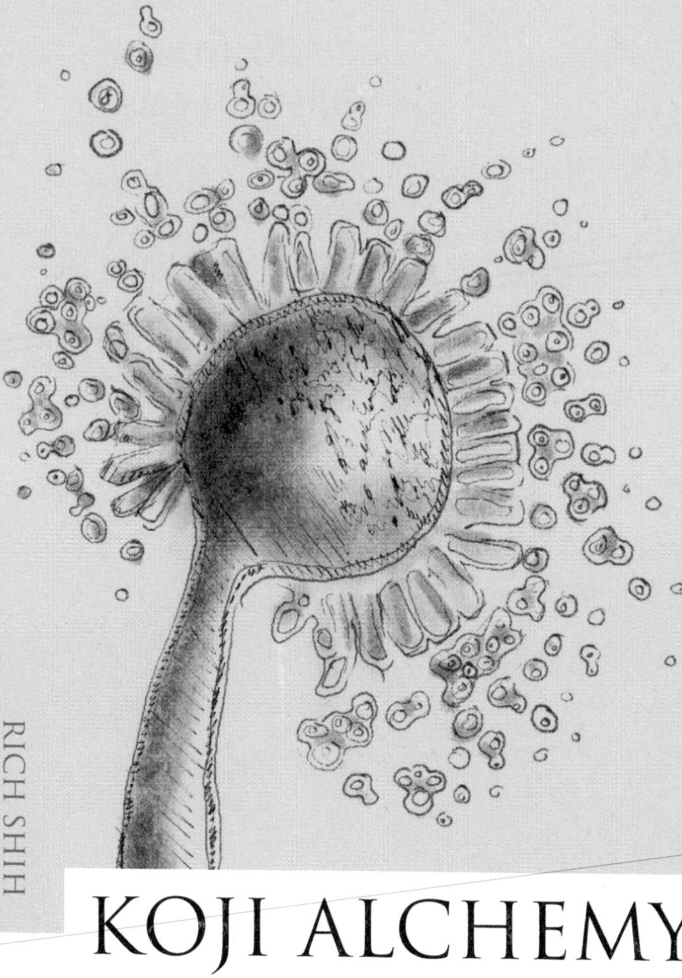

譯者 林瑾瑜、鍾慧元

瑞奇·施
作者 傑瑞米·烏曼斯基

RICH SHIH
JEREMY UMANSKY

KOJI ALCHEMY

這本書獻給我們的太太，
她們理解我們忍不住要追求熱情。

也獻給我們的女兒，
希望她們長大後能明白這份心情。

目錄

CONTENTS

FOREWORD

推薦序

麴（koji）是擁有強大轉化能力的黴菌，由米麴菌（Aspergillus oryzae）和其他幾種相關真菌構成，在穀物或其他營養豐富的基質上生長時，能產生寶貴的消化酵素。人類已使用各種麴製品長達數千年。在亞洲，各地人們用米、其他穀物或含有澱粉的塊莖製成清酒和其他酒精飲料時，就是運用麴所含的澱粉酵素將複合碳水化合物分解成單醣，讓酵母得以將之發酵成酒精。在醬油、味噌及其他發酵製成的醬和醬汁中，麴所含的蛋白酵素將蛋白質分解成各種胺基酸，包括含有強烈鮮味的麩胺酸。傳統上，麴也用來製作酸漬蔬菜、甜品和魚露，當然還能做出我沒看過也沒聽過的食物或飲品。但由於越來越多人知道麴和其他文化中角色相當的發酵產物（不限於傳統上就會運用發酵的地區），加上許多人對發酵重燃興趣，關於麴的各種實驗和令人興奮的新用法如雨後春筍般出現。

在我踏上發酵之旅的頭十年，培麴令我望而生畏，即使 2003 年出版第一本著作《自然發酵》（Wild Fermentation）之後亦然。我讀了威廉・夏利夫（William Shurtleff）與青柳昭子合著的《味噌之書》（The Book of Miso），得知麴菌孢子必須在溫暖潮濕的環境下培養長達 48 小時。我做天貝時，為了維持類似的製作環境，多次使用裝設了常燃小火的烤箱，但就算只需 24 小時，也極具挑戰。由於烤箱門緊閉會讓點有常燃小火的烤箱稍微過熱，我通常會留道小縫，還

需每隔幾小時便監控溫度、調整門縫大小。此外，我當時的住處要與十幾個人共用廚房，占用烤箱兩天可能會造成別人的困擾，加上那裡位在輸電系統之外，只仰賴不甚可靠的太陽能系統，所以我不太想用電子設備來控溫。

我從1993年開始使用市售麴，當時我對發酵萌生興趣，首次試做味噌和甘酒。當我聯絡北卡羅來納州的美國味噌公司（American Miso Company，即 Miso Master 的前身）洽詢買麴，對方覺得我打算自製味噌非常有趣，於是免費贈送我需要的第一批麴來鼓勵我的新嘗試。之後，製作味噌成為我生活中一年一度的儀式，我也持續向美國味噌公司買麴，後來則向麻薩諸塞州的南河味噌公司（South River Miso Company）購買。

2005年左右，我終於決定試著自行培麴，於是向 GEM 培養物公司訂購孢子。我浸泡、蒸煮大麥，再放涼到人體體溫，接著撒上孢子混合均勻。我把接種後的大麥移入鋪上布巾的方形調理盆，最後放到點著常燃小火的烤箱中培養。隔天早上，整間廚房充滿了麴的香甜氣味。這種黴菌用醉人香氣和絕對不凡的風味引誘著我。

多年下來，我已研究出較能自行調節也較省事的培養系統。我在著作《發酵聖經》（The Art of Fermentation）中介紹了培麴的知識，也開辦工作坊與數百人一同培麴。自從開始培麴，這項特殊活動總是令我引領期待，在整場儀式中，整間屋子都會充滿香甜氣味。我也樂於分享培麴心得，用淺顯易懂的方式解說作法，讓人們得以體會箇中奧妙。

我最常用來培麴的基質是珍珠大麥，這種穀物不僅十分美味，而且一向容易成功，也就是說，蒸過的珍珠大麥含有足夠濕氣，每次都能讓黴菌快速、繁盛生長，無需操心。我也曾用各式各樣的米、小米、大豆和鷹豆（後兩者加與不加小麥都試過）來培麴，甚至嘗試過番薯和栗子，也都成功了。製作味

噌時，我主要的新嘗試是把大豆換成其他豆類，例如鷹嘴豆、皇帝豆、斑豆、豇豆、小扁豆和墨西哥黃豆。儘管我喜歡實驗，到頭來，我在廚藝方面的想像力仍然十分狹隘。

我在旅行中遇過廚藝天馬行空的人，他們用麴做了令人激賞又有想像力的實驗。例如，我很愛桃福餐廳（Momofuku）絕妙的開心果味噌和松子味噌。在哥本哈根的 Noma 實驗廚房，我品嘗了用麴分解蚱蜢製成的蚱蜢版古魚醬（garum），味美而濃郁。在波士頓，我參加一場瑞奇・施（Rich Shih）參與製作的發酵主題餐會，他的爆米花麴令我永生難忘。另外，大廚傑瑞米・烏曼斯基（Jeremy Umansky）是我在烹飪學校的學生，我也透過社群媒體看到他記錄各種瘋狂的麴實驗，像是在醃肉和醃菜時加入麴，還有其他前所未有的嘗試。

瑞奇與傑瑞米合著的這本書名副其實。麴是萬用的材料，應用方式千變萬化，還有許多尚未發掘。兩位作者都是瘋狂的實驗家，而本書也提供了我見所未見、聞所未聞的用麴方法，包括一些開創性的點子，像是讓麴菌生長在醃菜上，製成風味和質地絕妙的「蔬食熟肉」（vegetable charcuterie），或是用麴製作發酵奶油、乳酪和乳酪味噌，甚至是將米麴炸成酥脆的米香，不一而足。但在書中，每當瑞奇、傑瑞米及該章的客座作者說明各自的方法後，兩人都會提供作法的變形給讀者。他們鼓勵讀者進一步探索、研發出個人的麴之鍊金術，運用這種真菌，並與真菌建立關係。因為你我都知道，麴有多麼萬用。《麴之鍊金術》讓我開始用先前不認為可行的原料做實驗。本書能給人力量，且具有啟發性，排除萬難引導讀者去進一步創造、改革。瑞奇和傑瑞米在整本書中如念咒般不斷提及「#kojibuildscommunity」（麴立社群）這個主題標籤。麴確實有建立社群的力量，這本書也無疑能拓展培麴社群。我等不及想看《麴之鍊金術》可能啟發的下一波麴實驗，和品嘗新的實驗品了。

——山鐸・卡茲（Sandor Ellix Katz）

WHY KOJI?

引言
為何談麴？

過去，與親朋好友同桌一起進食是很尋常的事。在同一張餐桌上，你可以毫無負擔地享受他人的陪伴。那樣的時光令人期待，因為迎接你的是營養的食物和關懷你的人。你可以每天隨意談論任何喜歡的話題，像是今天遇見了誰，或是刻骨銘心的個人領悟。你也可以自在表達情緒，因為你明白，就算爭得面紅耳赤，桌邊的人都是你的後盾。大多數人也許會覺得這個概念不切實際，但並非如此，那正是本書想達成的目標。所以拿把椅子，加入我們的行列吧！

同桌共餐的情景確實已經很少見，人們大多時候都是打開外帶餐盒或撕開保鮮膜，一邊盯著螢幕，一邊狼吞虎嚥，主要為了填飽肚子而非享受美食。工業革命和綠色革命以某種方式讓許多人認定下廚很麻煩。但有一群人不只想下廚，更掀起了驚人的食物革命——儘管目前仍處於初步階段。這群人發酵

蔬菜（如德國酸菜、泡菜、辣醬等）、自製熟食冷肉、養雞、學習整隻屠宰，並採集食材。伴隨著發酵熱潮，麴也開始引起人們的興趣，而且逐漸變成主流。我們就要透過本書，讓你明白這場食物革命的重要性。

「麴」是一種生長於澱粉培養基的特定黴菌，只要混合幾種原料並等待，就能讓食物格外美味。鍊金術是透過神祕或令人讚嘆的方法來改變或轉化事物的力量或過程，由於麴擁有近乎神祕的能力，乍看之下彷彿無中生有，因此我們決定將這本書命名為《麴之鍊金術》。

你與我們一同展開這趟旅程時，也許一開始並不清楚麴是什麼，但想必聽說過麴的妙用而充滿興趣。也許有人告訴你，麴聞起來像是葡萄、栗子、金銀花和菇蕈的組合，薰人欲醉。這種說法也許令你難以置信，使你想嘗嘗麴究竟能產生怎樣的味道。好啦，你可能已經嘗過了，說不定家中的食材櫃還放了一瓶麴製品。我們說的是醬油，這種風靡世人的調味料已成為全球烹飪界的共通語言，你想必也不陌生，可能都不記得自己在多久前就開始用那一小碟保證美味的醬汁來蘸餃子或壽司了。你或許也曾無數次將醬油加入醃醬，因為染上醬色的食物，在燒烤、煎炒或烘烤後會閃爍光澤，屢試不爽。儘管醬油十分美味，我們將讓你明白，麴的用途遠不只有釀造醬油。

為了幫助你了解如何應用麴，我們想將麴形容為一種調味料。想一想鹽，這種最基本的調味料能讓所有食物變得更美味。大家都吃過鹽加太少的食物，而加太多也一嘗即知。再想想一顆可以拿來切片食用的熟透番茄，記得撒上一撮鹽之後，番茄的風味變得多麼令人讚嘆嗎，你很可能再也不想用其他吃法品嘗番茄。麴當中造就美味的主要因子「鮮味」（一種風味）能達到相同效果。你製作醬汁時，是否曾經試過**不加入**黏在鍋底的肉渣，或是熟成乳酪、菇蕈、番茄、海藻或味噌等食材？那樣的醬汁風味會缺乏深度，因為少了胺基酸，也就是蛋白質的基本成分，我們就難以嘗出風味的深度。

由於鮮味是一種營養指標，因此人類天生就能嘗出鮮味並感到滿足。當食物嘗起來不鮮美可口，身體就會告訴我們，那食物吃起來很空虛，所以人們才要將骨頭放入水中，文火熬成高湯，讓湯品不需要太多蛋白質就更有豐足感。不過，要讓蛋白質釋出鮮味和營養，有賴烹調技巧，有時還得搭配高溫、微生物和時間所促成的食品保存法。麴的魔力在於能耗費較少時間精力就做出美食，有時只需花上一夜。只要烹調前在食材中加入麴，就能利用酵素讓鮮味更快出現（稍後會詳細說明），開始烹調之前食物就已經變得美味了。只需些微調整，麴就幾乎能與任何你知道的烹調法攜手合作。

至於甜味，人類總是追求熟透的水果以獲取糖分。「甜」這種風味元素，是另一項必需營養的指標，向來令人類垂涎。在夏季採摘風味發展到最高峰的莓果來享用，是人間至樂。但在檯紅的水果並非隨時可得，因此人們會在水果上加點甜味，比如撒點糖或淋一些蜂蜜來達到風味平衡。要是有一種調味料能運用水果本身的澱粉來增添甜味呢？替尚未完全成熟的水果加點麴，便能使果肉適當軟化、變甜。過熟的水果打成泥後添加麴，則變成甜粥，可以攪拌做成純素冰淇淋。糖本身就很可口，但用麴轉化過的食物，重要性遠甚於可口。我們將告訴你，麴如何啟動我們知道且喜愛的所有發酵法，做出美味成品。

▌為什麼麴還沒有廣為人知？

麴尚未普及全世界的關鍵原因之一，是穀類和澱粉類主食的地區差異。從有農業以來，小麥、玉米和米三種主要穀物就賜予人類生命能量。各個文明一確立各自的基本營養食材，便沒有人覺得想要或需要改變。再想想蒸汽引擎和內燃機出現之前，跨國運輸是多麼艱鉅的挑戰。當時，長途旅行的最佳方式是坐船，常只有港口城市能進口新食物和新產品，在跨國貨物中放入種植其他澱粉類主食所需的種子並非優先事項。此外，1853 年美國海軍將領馬修‧

米麴菌的分生孢子柄，麥斯・霍爾（Max Hull）參考
史考特・奇米列斯基（Scott Chimileski）的顯微影像繪製。

培理（Matthew Calbraith Perry）叩關日本之前，日本的貿易封閉了兩個世紀，更使世人無緣接觸美味的麴製品。

以發酵用菌種來說，米麴菌相當特殊。製作其他自然發酵品時，你可以輕易從周邊環境獲得需要的微生物，但米麴菌可沒這麼簡單。麴菌屬（Aspergillus）的數百種真菌當中，只有幾個已被人類分離出的特別菌種能用來培麴，其他大多對人體有害。而且只在煮過且具備特定條件的完整穀粒上，米麴菌才能順利生長。人們最早是在煮熟的米飯上發現麴菌，而非在玉米或小麥上，這點很合理，因為過去玉米和小麥都會磨成粉，黴菌很難在上頭生長。不過，人們後來確實在發芽的小麥和玉米上發現可以透過孵芽（malting）來取得糖，並為生產酒精提供動力，這是獲得飲用水的必要過程。世界另一端的人們則靠麴將米飯的澱粉轉化成糖，這個釀造米酒的必經步驟，同樣是為了取得飲用水。這點更加鞏固了世界各地對穀類主食的偏好，至今未減。

▌麴是迷人的存在

麴為何能迷住主廚或其他廚師？首先，麴有魔力：生命週期引人入勝，香氣醉人。想想其他用來製作食品的黴菌吧，你會用「類似金銀花和熱帶水果的醉人香氣」來形容熟肉或藍紋乳酪的氣味嗎？應該不會吧。用來製作鹽醃肉或乳酪的黴菌通常散發潮濕的氣味，像身體濕掉的狗或地下室的味道，不然就是帶有水煮蛋甚至是化學清潔劑的刺鼻味。光是這個比較，就不難理解為什麼有這麼多人迷上麴了，而我們甚至還沒介紹麴能對絕大多數接觸到的食物施展哪些魔法呢！

麴的鍊金術來自本身製造的多種酵素。「酵素」是生物產生的物質，作用如同催化劑，能帶動特定的生化反應。下面介紹幾種最重要的酵素，讀了這本書後，開始跟麴一起合作時，你需要很熟悉這些酵素。

· **澱粉酵素：** 能將複合多醣直鏈澱粉分解成結構簡單的糖，例如麥芽糖、葡萄糖和寡糖。澱粉酵素有許多種類，像是葡萄糖澱粉酵素和 α 澱粉酶。麴也大量製造另一種分解糖的酵素，叫做解糖酵素。澱粉酵素也許在發酵過程中扮演要角，但還有多種分解多醣的酵素也能產生基本「糖類」以外的甜味。這些糖嘗起來是甜的，在酵母菌輔助下很容易發酵為酒精，酒精則可用來發酵成「醋酸」（即醋）。

· **蛋白酵素：** 能將蛋白質分解為胺基酸這種蛋白質的基本單位。最常產生的胺基酸為麩胺酸，當受分解的食物本身有富含麩醯胺酸的蛋白質，尤其如此。麩胺酸及衍生出的麩胺酸鈉（MSG，味精）十分美味，也是構成酸甜苦鹹之外「第五味」（鮮味）的要素。鮮味讓食物具有強烈、濃郁、油脂般的風味，能令人們吃了感到飽足。

· **解脂酶**：會將脂肪分解為組成脂肪的成分：脂肪酸、酯和酒精。這些成分有助於產生高揮發性芳香化合物，讓我們吃東西時聞到食物千變萬化的香氣。

想想簡單烤出來的雞腿，深色的腿肉和金黃酥脆的外皮十分美味。現在想像你用麴讓雞腿如海嘯般釋放出各種風味強烈的胺基酸和糖，再加上撲鼻而來的濃厚、誘人香氣。這隻雞腿就此從「十分美味」變成你此生吃過最美味的雞肉，蘊含的鮮味之濃郁，讓你以為這股味道會永遠停留在舌尖，雞腿的香氣也從單純的烤雞轉變為帕馬森乳酪、烘烤過的酵母和熟成肉的綜合體。這種神奇的轉化力量正是麴如此迷人的原因。只要用甘酒或鹽麴（後續會詳細介紹）等麴製品醃雞肉，就能將平凡食材變得令人難忘。你對「美味」的認知從此將徹底顛覆。

▌麴在全世界都通用

從功能來看，麴並不只能用在日式料理或其他使用麴的亞洲料理，也能搭配任何食材。只是具有這種功能的微生物，即米麴菌，剛好在數千年前開始被亞洲人馴養，用來保存食物。麴嘗起來不像醬油、味噌或清酒，反而像你搭配的食材風味的總和。但在特定情況下，麴確實可能為風味增添一絲特殊的尾韻。想想長黴的洗浸乳酪所散發的各種風味，你就會開始明白我們的意思。世界各地幾乎都有讓食物更加美味和營養的保存法，每個人喜愛的食物中也至少會有一種是經過加工而耐久放的食品，無論加工步驟是不是發酵。這是源自生存所需。為了幫助你了解，想想看上次停電好幾天時，你得想辦法處理冰箱中所有食物。你會把食物盡量煮掉，留著你知道不會腐壞的那些，也許最後還得把剩下的食物扔掉。那些你知道不會腐壞的食物，很可能就是耐久放的食品。現在來想想，不太久之前，在沒有冰箱的時代，人們為了存活，每個季節都得保存大量食物。當時食品的樣貌與現今截然不同。為了生存，

方便保存的食品（尤其是發酵食物）是必需品，人們還沒富足到可以丟棄任何食物。

再想想人類生存在地球上的時間。人類尚未發展出農業，只靠狩獵採集維生的時代並不那麼遙遠。當時，保存食物事關生死。為了延長保存時間而將肉簡單曬乾鹽漬的作法，最終產生了更美味的食品。這是因為肉裡自然出現的微生物產生酵素，將蛋白質分解成胺基酸。現今，人們則在熟肉上接種特定微生物的菌株，以產生一致且名聞遐邇的誘人風味。

看到這裡，你也許會想問：這些跟麴有什麼關係？任何風味的形成都需要時間，酵素量則是影響時間長短的關鍵之一。任何用來產生胺基酸的常見微生物，不管是自然而然出現的，還是為了製作食品而特別挑選的，所生產的胺基酸量都比不上米麴菌。麴能夠量產酵素。除了傳統上用麴來醃肉或製作柴魚（一種煙燻熟成魚），我們發現麴還能讓動物性蛋白質更快熟成。製作熟肉時，必須經由乾燥程序來達到標準脫水量（或將水活性降低至一定程度），添加麴，能讓該步驟所耗的時間減少到傳統方法的 1/3。只要想到義式乾醃生火腿至少得花一年才能完成，就不禁令人心動。你也可以在兩個月內讓熟成乳酪發展出風味，而無需等待一整年。

▌兩位作者攜手展開的風味冒險

我們兩人都一出生就熱愛食物，而且一直都能享受美好的家常菜，因此養出了大膽的味蕾。成長階段的經驗，讓我們明白為所愛的人提供營養是多麼重要的事。「靈魂食物」的定義就是：讓一起用餐的人們吃得好、受到照料，並因此綻放笑容。而那也是我們呼朋引伴來共享並彼此支持的核心。這場運動的重點在於宣揚麴的魔法。我們兩人拜多年的實作與實驗所賜，基本上已了解麴可以怎麼運用，但我們的切入點完全不同。傑瑞米經營一家餐館，是

無所畏懼的專業大廚，持續探索如何實際提供優質與創新的餐點。瑞奇則是勇於冒險的廚師，不斷變換技術和原料，以找出尊崇傳統卻也挑戰傳統的美味組合。

每當我們發現新的原料、技術或製程，便會以既有作法為起點，開始研究還有哪些可能性。剛展開這趟冒險時，由於亞洲各地有數不清的傳統麴製品，而且在精緻餐飲也能窺見麴的各種應用，我們一時千頭萬緒。不過，我們拿麴來實驗越多次，就越明白麴有著無限潛能，幾乎能用於製作任何食物。至今，我們依然深陷麴的實驗世界，絲毫不覺得這場風味之旅已來到盡頭。麴是無與倫比的調味料，可以隨廚師掌控，進行簡單或複雜的應用，不論廚師資歷深淺都無妨。麴也是不折不扣的神祕醬汁——當然，等你讀完這本書，就不再那麼神祕了。

在我們兩人相識之前，我們各自發現麴有多麼神奇時，所做的第一件事就是和烹飪圈分享。我們想知道還有誰在鑽研麴的用法、可以跟哪些人分享經驗和想法，以及加入世界各地的專業與家庭廚師、農人、科學家、記者、歷史學家、職人和藝術家的龐大網絡之後，我們還能學習到什麼？我們如何協助彼此精進用麴的技巧？

▌關於本書

《麴之鍊金術》是內容廣博的入門書，不論是想了解麴的基礎知識、如何培麴，或製作從鹹食到甜食的各種用麴技巧，都很適合閱讀這本書。我們希望你參考這本書來激發最新穎的創新美食作法，吸收書裡的所有知識並加以詮釋、轉化，發展出屬於你的一套作法。我們靠著自行研究來了解和使用麴，一路走到今天，不由得開始想像在這本書的幫助下，你將做出多麼神奇的成品，又會有哪些奇妙的發現。

我們之所以展開這趟旅程，是為了鼓勵人們為彼此製作更好的食物。希望這本書能幫助你了解基本知識，卻不因此卻步。事實上，看看每道麴製品的食譜，就會發現核心步驟都差不多，只是混合好原料，然後等待。麴確實還有許多複雜的運用，但不需要做到那種程度。我們希望你看見技術和製程跟原料結合的美好，而不受嚴格規則的限制。除了製作美食，我們也希望這本書能鼓勵你建立緊密社群，讓成員在陷入困境、掙扎、痛苦或需要指點才能進步時，可以相互支持。只要明白自己不是孤軍奮戰，生活就會更美好。

閱讀這本書時，請記得書中呈現的內容，我們與慷慨分享經驗的客座作者都試過，證明是可行的。我們是基於古老的食品保存法和集體經驗，彙整出一套運用這項神奇原料的知識，而那不代表麴沒有其他應用方法。在這趟旅程中，我們不只針對想進一步了解的部分深入研究，更重要的是我們不斷尋找方法，將麴融入各自的料理風格中。秉持這種精神，我們希望你將這本書當作創意的發射台，汲取能夠啟發你的內容，去實驗、製作和轉化，讓那內容不斷演進，直到切合你的需求。請創造出你自己的作品。在廚房內展現自我和個人喜好，沒有絕對正確或錯誤的方式。如果發現某樣食物很好吃，並帶給你歡樂，就欣然接受吧。

我們將在接下來的章節裡討論麴在廚房中的多種運用法，從作為胺基酸醬和胺基酸糊醬汁的原料，到肉的加速熟成劑，幾乎囊括所有你可能會想知道的現有用法。要注意的是，我們只大略將分量轉換為公制單位，通常採取最接近的整數而非精確數值。有了這本書，加上對烹飪的基礎了解，你將能用麴立刻提升食物的美味。好了，讓我們施展魔法吧！

歡迎加入「麴」迷不悟的世界。

《麴之鍊金術》問世

李加樂

我們在麴與發酵的社群認識許多很棒的人之後，確信麴不會只是一時流行，實際上會更持久。我們熱愛食物的朋友可若・李便明白這點。她將在以下文章介紹我們兩人，以及麴的未來。

《麴之鍊金術》問世了，似乎正是時候。如今人們大啖生酮肉乾、暢飲高原藥草氣泡水，希望將身體保持在最佳狀態，好面對艱辛的人生。我們已經習慣花最少的精力得到最極致的風味，為了《感到亢奮，寧可捨棄真實、天然而道地的食物。

此外，我們受外界影響，對自己烹調的食物永遠不如祖母做的好吃或真實而感到失落，但我們越來越厭倦這種感覺，也越來越不想花大錢吃些「奢侈精緻」的美食，到頭來卻只是更加不滿足（內心不滿足？靈魂不滿足？還是肚子不滿足？）。大家都知道未來食物必須要公平、可易取得、永續，卻又無法完全接受吃蟲子或是海藻。

麴證明了好食物不只存在於反工業化的大廚擁有的法式鄉村風廚房，也不一定要用壓力鍋才做得出來。你無需不切實際地在荷蘭鍋中攪拌數小時，也不必到超市的「民族食品區」買一袋六百元的壽司米。早在地緣政治的疆界形成之前，麴菌就開始四處生長，根本不管你有什麼食物、你是誰、你人在哪裡。麴強化、發揚了人們熟悉的香氣和臭味，瑞奇和傑瑞米則振臂高呼，要改變我們對臭味、長在食物上的黴菌、「邊角料」（其實沒這種東西）和游離麩胺酸的看法。

我經別人介紹認識傑瑞米時，剛好特別在意食物真實與否的確切界線。我主持的播客名叫《就該吃這個》（*Meant to Be Eaten*），他是我的首集來賓。這個節目在 Heritage Radio Network 播出，探索食物帶來的跨文化交流（或人們為什麼吃東西、怎麼吃及吃什麼）。當傑瑞米說他經營的拉德熟食與烘焙店（Larder Delicatessen & Bakery）獲得日本各界許多與麴為伍的相關單位和人士認可時，我決定審視一下自己的想法。過去我是

如此相信人們高呼的「真實」一詞（對於「不真實」一詞的不信任則更加強烈），還把真實和良善、真理與誠實混為一談。我願意為我扔掉的所有午餐接受懲罰。過去兩年來，我伴隨傑瑞米和拉德熟食與烘焙店一同成長，逐漸了解所謂的道地不是非黑即白，而有著無邊無際的灰色地帶。

吉恩‧多伊（Jean Dough，JD）是在OurCookQuest網站背後獻策、出力的人，我第一次聽說他的名號時，正埋首於Reddit上的麵論壇。我當時盯著肉和結實的南瓜瓜囊的大特寫，想搞懂麵是什麼東西，有人私訊告訴我：「我認識一個人可以幫你。」就這樣，我和瑞奇建立了瘋狂的筆友關係。

我們第一次見面時，瑞奇有備而來，帶了至少二十個真空包裝袋，裡頭有普通抹醬（像是配餅乾的乳酪醬），也有韓式辣椒醬醃梅干和可口可樂，還有兩者的混合體。我原本是想訪問他，聊聊他個人、他做的事，和他的信念（好奇的人所需要的一切就只有作法），結果那一小時成了我的試吃大會。在我們道別前，他遞給我他最後一袋用日式柿餅工法做成的蘋果乾，那很像用來做蘋果派

的青蘋果，彷彿連味蕾都能嘗出那抹青色。我問他：「這花了你多久時間？」同時兩手捧著那袋蘋果乾，不相信有人願意把那麼費心製作的東西送人。結果瑞奇盯著我，好像我說了什麼蠢話似的，一把將袋子推回我手中。在廚房烹飪的經驗使我明白，比常人更拚命的人，通常懷有高度戒心，只在乎自己，還有能不能得償所願。那袋果乾提醒了我，世界上還是有善良的人，他們研究歷史、尊重歷史，但也對人類如何前進深感焦慮。這樣的人，不會滿腦子想著騙人。

瑞奇和傑瑞米用麵證明了，研究並了解食物原本就擁有的各種滋味，依然是有意義且啟迪人心的事，而且還有許多關於食物的魔法可以發掘、許多作法可以改良。你也能用不造假的方法立即提升食物的美味。使用麵時，不管你的先祖傳下的飲食來自何處都無所謂。要說真實，還有什麼比讓食材嘗起來貼近原味更來得「真實」？說起食物和回憶，人們總是很容易被觸動而心生懷舊之情，但懷舊如果是對某些說不清道不明的東西墨守成規，可能會帶來危險和限制，使我們固守成見而不願改變。

瑞奇和傑瑞米終身都在學習，證明心懷

熱忱和慷慨的精神尚未消亡。他們敢於批判，卻不憤世嫉俗，期待同行的旅人心中的好奇和勇氣如果不能比他們更盛，至少也能一樣多。他們鼓勵大家要勇於實驗和面對失敗，以培植人們的好奇心和勇氣。這就是 #KojiBuildsCommunity 的方式。瑞奇和傑瑞米預料未來食物是公平、易取得、永續、有趣且美味的。

許多一時掀起風潮的食物之所以無法長久，是因為要不昂貴、要不無效，或者既昂貴又無效。那麼，麴為何不只是又一股鮮味風潮？答案是麴的運用不受文化、原料和方法之限。酸漬蔬菜、天然發酵的麵包、鹽醃肉和酒精飲料等許多產品都讓人聯想到「專業」，也就是必須仰賴機器才能製作，但麴能給人力量、自信，家庭廚師因此可以重新開始在家自製這些食品。在使用麴之前，熟肉（我只吃，當然不會做）給我的感覺是放不久，既乾癟又鹹。後來借助麴的力量，我撒了點粉狀麴在豬里脊肉上，三週後，我不只首次試吃了這塊「熟成嫩腰肉」，還分送給佳節送禮名單上的三十多位朋友，與他們共享這完美糖化、入口即化的美食（我還在冷凍庫放了好幾塊，臨時要做番茄培根醬時就能用上）。想了解並妥善運用麴，包括其作用過程和風味，其實一點也不難。麴並不會使人更加依賴這項材料或固守成規，而會讓家庭廚師學會自行觀察、反思，並更常打破常規。

WHAT IS KOJI?

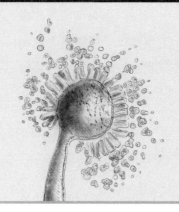

第一章
麴是什麼？

你讀這本書的原因，可能是以下兩者之一。你若非不知道麴是什麼，想多了解一點，不然就是你雖然知道，但仍想進一步了解。這不奇怪，我們也每天都學到更多麴的新知識。麴確實擁有驚人的轉化力量，這材料看起來很神奇，數千年來令許多人著迷。讀了這本書，你將明白麴的其中一種作用，就是透過自身產生的強大酵素，將複合碳水化合物分解為單醣以便消化利用。這種黴菌可用來製作許多食物，像是味噌、醬油、清酒、各種中式醬料、豆豉、甘酒、韓國米酒馬格利（makgeolli）、韓國豆餅 meju 和東南亞發酵米食 tapai* 等。亞洲各地使用麴的歷史已有數千年。在近代，即過去 150 年左右，麴逐漸征服了世界上其他地區，且方法讓最初馴化這種黴菌的人們難以想像。以傑瑞

---

* tapai：東南亞常見的一種發酵食品，常以白米或糯米加入麴發酵而成。（譯註）

米在拉德熟食與烘焙店所做的熟肉為例，肉經過鹽醃並接種麴菌後，乾燥時間縮短多達 60%。想像一下，不需要兩年，只花半年就可以做出義式乾醃生火腿是什麼感覺。

麴是強大無比的生物科技，不只形塑了不同民族的飲食樣貌，更深植於文化，並轉化了文化。事實上，任何文化幾乎只要接觸過麴或者用上了麴的食物，都會迷上麴的轉化力量。日本人就封麴為「國菌」，甚至以麴為主角創作漫畫！我們認為，為了真正明白麴的本質和能力，一定得稍微了解麴是怎麼出現、在哪裡出現、何時出現，又為什麼出現。研究這些問題時，為了全盤了解，最好的方法就是追本溯源。而這源頭，就是麴菌的演化。

▋ 米麴菌（麴的主要菌種）的起源

麴黴的主要菌種為米麴菌（後續篇章直接以「麴」代稱）[*]，起源始終籠罩著神祕色彩。拜精確的科學研究所賜，我們知道麴菌是毒性極強的黃麴菌（Aspergillus flavus）被馴養後演化成。麻州伍斯特市克拉克大學的約翰·吉本斯博士（Dr. John Gibbons）是該領域的先鋒，他找出米麴菌馴化過程中所產生的性狀與遺傳變化，研究麴菌如何從有毒的祖先物種展開演化。他率領的團隊為了釐清狀況，分別解碼了米麴菌及其有毒的祖先種黃麴菌的基因體序列並加以比對，接著運用計量基因體學、演化生物學和族群遺傳學，找出馴化和野生基因體之間的遺傳差異。當遺傳差異表現在功能已知的基因上，研究團隊就設計實驗室實驗來測試這些遺傳差異如何改變米麴菌的特徵。基本上，該團隊想透過生物學了解遠古職人馴化米麴菌時所選擇的性狀。這些發現在演化、文化、歷史及應用方面都具有重要性，令許多人大感興奮。

---

* 廣義的麴文化，雖在中國、韓國、臺灣、越南等亞洲各地蓬勃發展，但因文化交流與夏利夫、青柳昭子的著書推波助瀾，歐美的麴文化主要承襲自日本體系，多使用米麴菌，溝通語彙使用大量日文語詞轉譯。本書作者的知識與作法，亦是源自此背景。（編註）

為什麼會決定研究麴菌如此特定的對象？吉本斯博士念大學時，並不完全了解絲狀黴菌及其用途。他向來注重整體的大方向，以研究基因體學為目標申請研究所，沒打算特別研究哪種生物。吉本斯去了研究果蠅、人類、酵母、植物和黴菌的幾間實驗室面試後，加入范德比大學安東尼斯·羅卡斯博士（Dr. Antonis Rokas）的實驗室。該實驗室當時的主要研究領域之一，正是麴菌屬基因體學。吉本斯剛進羅卡斯的實驗室時，被要求大量閱讀文獻，以找出最有興趣鑽研的領域，其中有篇文章令他大為驚嘆。他原以為人類只馴化了植物和動物，但數篇文章都提及「馴化」的米麴菌。[1] 其中一篇詳細說明發表團隊如何結合化學與考古學知識來鑑定約九千年前的中國陶罐內容物。團隊證明陶罐裡裝著某種用米、蜂蜜和水果製成的發酵飲品，製作時要靠一種善於將澱粉分解成糖的黴菌才能完成發酵。由此證實，人類已在絲狀真菌的輔助下，用米釀酒長達九千年！這個主題的生物學、基因體學、文化和應用等層面，令吉本斯十分振奮。

確認研究方向後，吉本斯便全心投入解開謎團：到底麴菌是如何、為何、何時又在何處被馴化。為了獲得特定性狀，人類已馴化動植物一萬年以上。例如經過選育，馴化植物通常會比野生的祖先結出更多果實與種子。馴化會深刻影響任何生物的基因體，麴菌也不例外。馴化過程中，經過人類選擇而留存的性狀，有許多需靠特定突變來達成。例如改變玉蜀黍（玉米）的祖先大芻草遺傳密碼的一處，就能使玉蜀黍結出「無殼穀粒」。大芻草的穀粒被氧化矽和木質素構成的外殼包裹，幾乎無法破開，玉蜀黍則沒有這情況。長期下來，這些突變經由選育逐漸發生，只要比較大芻草和玉蜀黍的表現型（基本上就是外表），就能輕易觀察到變化。儘管人們主要是透過動植物來了解馴化所導致的基因體和表現型變化，但有數種細菌、酵母菌和黴菌同樣經過馴化。

我們讀了幾篇吉本斯博士的文章，了解麴菌的馴化路徑後，感到興味盎然！

我們認為，如果要了解麴對不同料理和文化的影響，整理出易懂的麴菌演化、馴化時程很重要。吉本斯博士指出，「馴化」的定義是「透過育種將一個物種從祖先族群隔離出來，進行基因改造，使該物種更適合人類應用」。先前提過，人類至少從九千年前就開始馴化麴菌。無獨有偶的是，吉本斯博士表示，米的馴化約發生在同一時期（米與麴菌通常有密切關係）。這點很合理，不難想像米被馴化時，以米為食的黴菌，也就是麴菌，也跟著被新興的農家馴化。吉本斯也指出，麴的銷售可追溯至 13-15 世紀的中國，而那時，西方科學甚至還不知道微生物是什麼。[2] 換個角度看，要再過大約三百年，英國博物學家虎克才首次用顯微鏡觀察到死亡植物細胞，在那之後才有人觀察活生物。

麴菌如何演化和被馴化，相關問題尚未有確切答案。由於麴菌及其有毒祖先黃麴菌的基因體相似度達 99.5%，這個謎團實在令人不解。但重要的是，至少從西元前七千年起，中國就開始用麴來製作食物，於是麴就成了地球上歷史最悠久的馴化食物之一。

▎麴與淨水

正如許多穀類和水果的馴化，人類之所以馴化麴菌，部分是因為需要安全的飲用水。人類演化歷時數百萬年，而在其中某個時間點，失去了飲用汙水也不會患病的能力（許多動物仍保有此能力）。許多淡水中的病原微生物能讓人類罹患重病，甚至時常致死。而人類與其他動物的諸多差異之一，在於人類製造的垃圾量。從排泄物到廚餘、農業逕流到工業廢棄物，人類總會在落腳處製造大量垃圾，就連史前人類祖先製造的垃圾量，也足以汙染居住環境的水源。凡是人類定居之處，水源幾乎不可能不被汙染，然而人類卻需要每天攝取水分。

儘管水的處理與淨化技術是從遠古流傳下來，但人類到了相當晚近才了解微

生物的作用及致病原因。例如，1854 年霍亂爆發期間，英國科學家約翰‧斯諾發現，由於泰晤士河時常遭到大量未經處理的汙水汙染，相較於直接汲取泰晤士河水的地區，取用井水的地區居民染病的機率較低。[3] 幾年後，法國微生物學家路易‧巴斯德提出現今所謂的「細菌致病學說」，改變了人類對病原體乃至於所有微生物的知識，進而促使人類開始尋找對抗病原體的方法。斯諾觀察霍亂疫情如何爆發，最終促使公共供水開始添加氯來抑制病原微生物。但麴怎麼會跟淨化水有關？答案很簡單，用來釀酒。

從史前到文明時代大部分的時間，人類都將水做成發酵飲料（也就是酒），以此確保飲用水安全。但歷史上人類普遍飲用的酒，與現今人們為了享受美食、體驗文化、享樂或出於宗教原因所喝的酒大不相同，當時的酒是生存必需品。歷史上的重要酒類，例如葡萄酒、啤酒、蘋果酒或蜂蜜酒，酒精含量都比現今低很多，而且主要是釀造酒。這些釀造酒的酒精濃度不高於 1.5%，不論男女老幼都會用來解渴。大多數情況下，這樣濃度的酒精足以抑制飲水中危險的微生物，讓人們不至於因此喪生。麥可‧波倫（Michael Pollan）在著書《慾望植物園》（The Botany of Desire）中，追溯疑似虛構人物約翰‧查普曼（John Chapman，即蘋果籽強尼）的歷史時，正面討論了這個問題。波倫指出，在美國的西部拓荒時期，新住民發現難以取得安全的飲用水，於是查普曼將蘋果樹賣給拓荒者帶走，如此他們就能壓碎蘋果、釀成安全耐放的蘋果酒，開墾時就有淨水可喝。

先前提過，人類最早運用麴的證據，來自中國河南省的賈湖遺址，那是西元前七千年的新石器時代早期村落。考古學家在此發現一只陶罐，裡頭殘留的化學證據顯示罐中裝了用米飯、蜂蜜和水果製成的酒。[4] 為什麼能確定那種酒是用麴釀成，是因為只有麴菌（和其他少數幾種同樣可以稱為麴菌的黴菌）能安全地將米飯所含的澱粉轉化為可發酵的糖。根據記載，後來學者又在青銅器內發現留存至今的液體（蓋子邊緣因腐蝕而使容器完全氣密），液體的

釀酒用的麴

史蒂芬・萊曼

史蒂芬・萊曼（Stephen Lyman）是曾在多家日本釀造廠和蒸餾廠擔任學徒的少數美國人之一，著有內容廣博的《日本酒完全指南》（The Complete Guide to Japanese Drinks），介紹日本的酒精飲料。史蒂芬擔任燒酎大使，參與了關於燒酎的各種相關活動，從知識教育到製作過程皆有。在我們看來，他對燒酎和清酒的知識無人能及。

麴也許不是源於日本的生物，但麴的用法可說是在日本人手上登峰造極。事實上，日本有太多食物和飲品都是用麴製成，使米麴菌的俗名直接用了日文的「koji」，而沒有再譯為其他語言。Koji常被譯為「malt」（麥芽），但這是錯譯，所謂的「malting」（孵芽）是誘導穀物將貯存的澱粉轉化為糖以準備發芽，接著在種子真正發芽之前將之扼殺，麴則用截然不同的方法把貯存的複合碳水化合物變成糖。在日本，製作醬油、味噌、味醂、米醋、粕漬（用酒粕醃漬的食物）、甘酒（甜的無酒精米製飲料）、清酒、燒酎和泡盛都會用到麴，

而這些還只是麴較常見的用法。

關於麴如何出現在日本，有兩種相對合理的說法，但真正的謎底恐怕永遠不得而知。在日本（當地的起源神話相信日本人是天神後裔而非中國移民），有一種理論頗為盛行：遠古日本人發現將蒸熟的飯放在濕熱的環境中，會長出一種毛茸茸的黴菌，讓米飯變得比平常甜。接著，如果將這種黴菌放入水中，就會變成低酒精濃度的米酒。儘管這種說法可能不假，但另一種理論將貿易型態納入考慮，所以更有道理。第二種理論認為，日本人在飛鳥時代（西元538-710年）向中國商人買了酒麴（酵母丸）。透過現代微生物學分析，人們發現這種酵母丸至少有四十種黴菌、細菌和酵母菌在裡頭共生。酒麴最常用來製作其他亞洲傳統酒類，例如釀造中國白酒時，會混合某些穀物或可發酵澱粉類、水和酵母丸，然後任其發酵。發酵出來的酒醪經過各種製程，最後會產生味道強烈、刺鼻而獨一無二的蒸餾酒。

年代可追溯至西元前兩千年。實驗室分析和化學分析顯示，裡頭的液體是用米釀成的酒。這是一項重大發現，因為事實上，若要將米飯的長鏈碳水化合物轉化為可發酵單醣，非常有效率的方法就是利用絲狀黴菌（例如麴菌）將澱粉糖化。

▍黴菌是什麼？

麴菌是一種真菌，人類視為**黴菌**的一種。麴是烹飪上最重要的真菌之一，也是最早用在烹飪的其中一種。如果你想徹底了解使用麴時會發生哪些情況，你就必須知道黴菌和其他真菌是如何起作用。認識黴菌也有助於你了解麴的潛在用途。

黴菌是微小的真菌，以多細胞絲狀體（即**菌絲**）的型態生長。菌絲生長在黴菌的食物表面，會在稱作**胞外消化**的過程中分泌各種酵素來預先消化基質，方便菌絲輕鬆吸收生存所需的養分。吉本斯博士指出，生產消化酵素的能力是人類培育米麴菌時所選擇的性狀之一。有些黴菌，例如麴的祖先兼近親黃麴菌，不只對人類毒性極強，也是會帶來農業災害的有害生物。黃麴菌會長出黃綠色孢子，主要生長在土壤中動植物屍體的組織上。黃麴菌和米麴菌無法靠肉眼辨別，因為包括菌絲體和孢子的顏色在內，這兩種菌的表現型都極其多樣（DNA 定序可能是唯一的確認方法）。其他黴菌，像是 *Penicillium nalgiovense* 和洛克福耳青黴菌（*Penicillium roqueforti*），都是製作食品不可或缺的菌種，在製作熟肉和藍紋乳酪時尤其如此。了解這些黴菌的差異不僅能確保自身在廚房的安全，更能讓你了解各種黴菌最適合的烹飪用途，還有如何讓黴菌發揮最大效用（這部分會在 94 頁〈深入探究麴菌孢子〉的篇章詳細討論）。

也許有些人覺得難以置信，但有件事很重要：所有真菌（包括黴菌）與人類的親緣關係，都比植物界任何成員都來得近。也因此，米麴菌既偏好又需要

分生孢子

分生孢子柄

發芽

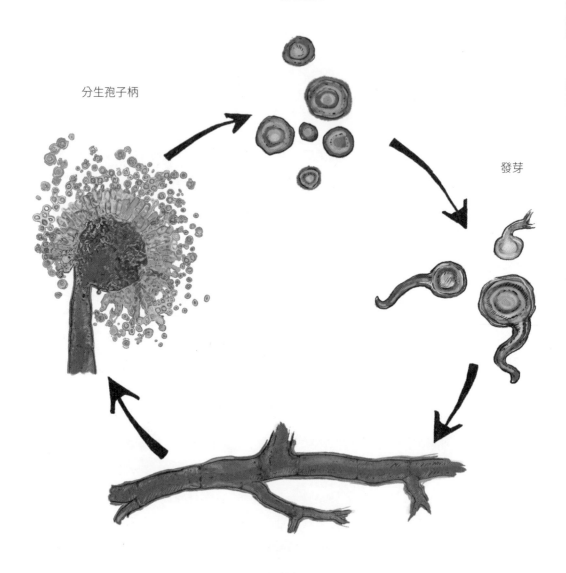

體菌絲

米麴菌的生命週期，麥斯・霍爾繪製。

黴菌的生命週期

首先，我們必須先了解黴菌的生命週期。幾乎所有黴菌都會經歷這樣的生命週期：

1. 黴菌一開始是孢子，你可以把孢子大致想成植物的種子或動物的精子和卵子。

2. 孢子通常是靠風或氣流傳播，落到基質上之後開始成長。

3. 在理想的濕度和溫度下，孢子會長成多細胞絲狀體，稱作**菌絲**。菌絲的外型類似植物的根，功能則近似人類的血管和消化系統。

4. 菌絲在基質上生長時會分泌強力酵素（即數種蛋白質，稍後會討論），將基質分解成菌絲能輕易吸收的養分。

5. 當菌絲消化夠多養分而長成濃密的厚厚一層，形成所謂菌絲體時，黴菌就準備進入生殖階段。

6. 生殖期間，菌絲體會長出**分生孢子柄**，約略相當於人類的生殖器官，外型則像是棒棒糖或綁了繩子的氣球。有些黴菌的分生孢子柄頂端會長滿下一代孢子。

7. 孢子成熟後，黴菌會透過各種力學的作用釋出孢子，使生命週期再次展開。

麴菌生長時，會釋放我們感官能察覺的信號，例如外觀、氣味等，讓你明白麴處在生命週期哪個階段。本書稍後會討論麴的效果，而了解並判讀上述信號，你在用麴時便能依照想達成的效果微調作法。

與人類相似的環境條件，就不令人意外了（米麴菌的近親和其他用來製作食品的黴菌，例如釀造某些醬油用的醬油麴菌 Aspergillus sojae、釀造某些酒用的琉球麴菌 Aspergillus luchuensis，甚至是用來做天貝的米根黴 Rhizopus oryzae 亦然）。溫暖潮濕適中的環境、間接日照加上大量氧氣，是麴菌追求的生長條件，因此也會希望你提供這樣的環境。好消息是，你幾乎無需刻意動手建造，因為你現在所待的房子可能已經符合條件了。

傳統與現代培麴法的比較

日本的傳統培麴法，是將麴菌孢子撒在煮過的米飯上，米必須按照特定方法清洗、浸泡並蒸熟，直到粒粒分明卻仍足夠柔軟，能讓黴菌長進去。接著將米飯放入日本柳杉製成的麴盤，並擺進稱為**麴室**的房間培養。全天候都有人悉心照料接種了麴菌的米飯，確保麴菌在米飯上能有最穩定的生長。在清酒釀造廠中，這個過程最為關鍵，必須控制每一個可能變數才能做出優質飲品，否則若是產生不良的氣味、滋味或風味，都會滲入清酒中。製作胺基酸醬等較複雜的食品時，不良的性質則不見得會讓成品變差。由於胺基酸醬有多種原料，需要時間熟成，加上成品會與別的食材搭配和烹調，這類細微差別就沒那麼重要。

培麴使用的木製麴盤很重要，具有以下功用：

· 耐用、不會起化學反應，尤其與橡木、蘋果木等其他木材相比，木材本身幾乎不帶香氣或味道。

· 具有孔隙，因此表面能維持濕度卻不會產生冷凝的水滴，從而抑制病原體汙染。

· 熱傳導效率比其他材質差，因此能發揮良好的隔熱功能，維持適合麴菌生長的溫度。

· 具備獨一無二的風土特色，如同乳酪工匠的集乳桶和屠夫的熟肉熟成室。

現今，這種培麴法在日本以外的地區不見得可行，畢竟日本柳杉麴盤並不便宜，聘請照料麴的專業工人也所費不貲，因此我們可改用其他技術來培麴。運用食物乾燥機、發酵箱、舒肥棒或金屬烤盤，我們發現了許多可以成功培麴的方法，幾乎適用於所有環境。我們將在書中解釋這些技術及拓展應用方法，並反覆強調，與現今相比，前人缺乏許多方便好用的科技產品，同時對

培麴步驟的科學原理所知甚少，但長年來都能成功培麴。希望這樣能讓你對自己的能力充滿信心，培養出符合你特定需求的麴。

麴的用途非常廣泛，先前提到的釀酒只是冰山一角。最早使用麴的人類為了釀酒反覆實驗、突破萬難，也在期間得到不少驚喜發現。西元前二百年左右的醫書《五十二病方》就記載了中國的「醬」，即類似味噌的胺基酸糊。[5] 麴最初用來糖化米飯的澱粉，此後這類胺基酸糊醬則是最早出現的主要製品之一。隨著胺基酸糊醬在大多數東亞料理中坐穩一席之地，麴也開始發展出其他用法。從製作柴魚片（一種乾燥的發酵魚薄片）等食品到各種胺基酸糊醬汁（例如醬油），麴已成為亞洲各地烹飪特色和烹飪傳統不可或缺的一環。

由於種種原因，例如經濟因素、孤立主義和翻譯不良，導致麴受到普遍誤解。有數千年時間，世界大部分地區對麴幾乎毫不了解。但歐亞間有香料與布料貿易，在此歷史背景下，麴長時間只出現在亞洲似乎還是令人不解。吉本斯博士猜測，這跟亞洲以外的地區不易取得可發酵的食物基質有關（指麴會生長的食物，例如米和大豆）。麴最常用於發酵大豆和米，但這些商品直到約800年前才傳入歐洲。吉本斯博士認為，如果米和大豆價格昂貴，歐洲人不太可能有夠多的剩餘存貨，無需憂心要用發酵的方式保存。對熟知麴的人們來說，直接買賣用麴製作的產品和食物似乎簡單得多，何必買下培麴的原料再來製作食品。這些便於保存的食品，包括各種胺基酸糊醬、胺基酸糊醬汁、酒和醋，都能在常溫下長途運送。反之，剛培好的麴不是得立刻使用，就是必須以能維持最大酵素量的方式存放，而當時要做到這點，既困難又缺乏效率。

麴的多種用法

多虧網路出現，加上現今人人都能從世界各地取得資訊和材料，麴開始躍上世界舞台。如今，在距離其發源地亞洲甚遠的地方也能找到麴和用麴製作的食物。許多餐廳的廚房都能看到麴，從傑瑞米在克利夫蘭的那間平易近人的拉德熟食與烘焙店，到瑞內·雷澤比（Rene Redzepi）位於哥本哈根令人讚嘆的精緻餐飲殿堂 Noma 餐廳都是，當然也包括其他各式餐廳。現在，麴幾乎隨處可得，出身不同美食背景的大廚都開始用麴，讓麴和自身飲食傳統互相調和。事實上，麴即將改變全球的烹飪文化。從摻進巧克力豆餅乾麵團裡製成胺基酸糊醬，到用作歐式熟肉的接種劑，麴的潛能正在你我眼前一一實現。拉德熟食與烘焙店就因持續追求突破以展現麴的妙用，而獲得多項榮譽。例如在製作燕麥奶油派時添加燕麥胺基酸糊醬這種大膽新奇的作法；三明治裡夾的煙燻牛肉（pastrami），從生牛胸肉到成品只需花上數天而非數週；添加猶太丸子胺基酸糊醬的猶太丸子湯，美味深度提升至新境界；蔬菜也經由麴變成味道和口感都有如鹽醃肉的美食。這一切之所以能實現，都是因為麴會對任何接觸到的事物施展魔法。麴能提升食物滋味並加以轉化，我們認為這種能力最大的優點，就是你一旦掌握應用訣竅，不但會發現麴的用法簡易，還有無窮無盡的可能性。

但麴的應用絕對不限於廚房。多年來，科學家、研究員和發明家已用麴菌達成了不少與美食無關的奇蹟。有幾種技術能將特定編碼蛋白質的相關基因植入米麴菌基因體，並運用此菌種大量分泌酵素和其他蛋白質的能力。例如，在 1980 年代晚期米麴菌曾用來生產洗衣粉所需的解脂酶（分解脂肪的酵素），以分解髒衣服上的各種油汙。[6] 有人結合米麴菌與釀酒酵母（Saccharomyces cerevisiae），將廚餘轉化成乙醇作為能源。也有科學家致力於找出並運用米麴菌中可分解塑膠的酵素。[7] 這些研究可望解決許多人類帶給環境的災害。米麴菌的天然產物也被當作保健食品販售（例如 α 澱粉酶），還有數項研究認為

這種黴菌是人體的益生元。[8] 另外，從米麴菌中萃取的 α 澱粉酶也可作為牲畜的營養補充劑。從上述例子可以發現，在麴出現約有九千年後，人們才正要開始全面挖掘麴的潛能。

吉本斯博士認為，一般而言，以微生物學探討傳統發酵食物的研究還極為不足。有些傳統發酵食物已存在約數千年，並在文化上舉足輕重。一種食物能存在這麼久，想必有不少益處，而其中有部分可能是拜微生物新陳代謝所賜。這引出許多將來可望解開的疑問，包括：發酵食物對健康有什麼好處？哪些特定分子帶來這些好處？哪些微生物能製造這些有益分子？哪些基因造就這種微生物代謝能力？我們的各種探索都源自於這些問題。

CREATING A COMMON KOJI LANGUAGE

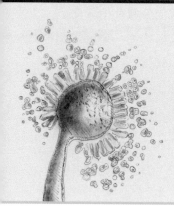

第二章
彙整麴的通用詞語

費朗・阿德里亞（Ferran Adrià）大廚堪稱二十一世紀最傑出且才華洋溢的美食家，公認的現代主義食物運動之父，過去他在西班牙羅瑟斯（Roses）經營的鬥牛犬餐廳（elBulli）曾獲米其林三星。關閉鬥牛犬餐廳後，阿德里亞大廚轉而投入自己創立的鬥牛犬基金會（elBullifoundation），致力打造全世界最廣博的美食知識詞庫。受到這個構想的啟發，我們決定彙整出麴的通用詞語。對於麴菌的生長過程和用法，各地都有不同名稱，而既然世界各地都有人在用麴，那麼我們應該協助大眾以普及的知識理解術語，以減少部分因名稱不同而造成的誤解。

近來麴的產物正遍地開花，可能會讓剛入門的新手有點困惑。任何重要事物在邁向主流的過程中，與此有關的每個人或每支民族都會基於自己的教育資

源和經驗，使用五花八門的相關術語，麴也不例外。人們使用的術語大多源自於日本的基本製法，部分原因是二戰結束後日本文化滲透全球。

本書會使用和下定義的術語，混合了常見的用語、受到知名亞洲產品深刻影響的詞語，以及促成各種麴製品的基本知識。我們的目的不是要重新訂立食物圈的既有用語，而是釐清含意，以利各界溝通。如果不這麼做，人們會持續誤解麴本身及其錯綜複雜的面向。我們無意漠視其他文化為麴及相關食品所取的名稱，純粹想為新手統整術語。我們鼓勵各位深入研究後，使用各文化特有的術語來明確描述該文化情境下的食物。

麴的詞彙庫大幅受到日本術語影響，主因是威廉・夏利夫與青柳昭子的著作。兩人在 1970 年代廣泛研究並寫下麴、黃豆、天貝和味噌的所有資訊。研究的深度和廣度，至今無人能及，在當時更是遠走在時代先端（兩人的精彩著作請上 soyinfocenter.com 查閱）。

我們要再次強調最基本的術語及定義：「麴」是日語的稱呼，指的是接種了米麴菌的穀物或大豆培養基，能用來當酵種，透過酵素和發酵作用轉化食物。

胺基酸糊醬 Amino Paste：味噌是非常著名的胺基酸糊醬，許多人從味噌湯得知這項食材。如果你對味噌不太熟悉，可以想成是醬油的近親，但稠度類似堅果抹醬。味噌最基本的原料有麴、煮熟的乾燥大豆和鹽。傳統味噌種類繁多，主要差別在於麴的種類和分量、基底蛋白質、含鹽量和發酵時間。自解（autolysis，酵素分解有機基質的過程）和發酵所需的耐鹽微生物共同促成風味變化。各種味噌的關鍵差異在於原料比例和開封使用前熟成了多久。基本上，味噌可分為兩種：短期熟成和長期熟成。在 0-3 個月的熟成期，味噌的風味主要來自麴大量發酵所產生的糖和甜味。一般來說，熟成期超過 3 個月的味噌含有較多蛋白質，得以產生鮮味和有層次的風味。

胺基酸醬汁 Amino Sauce：醬油是既普遍又備受喜愛的麴製品，也是最知名的胺基酸醬汁。歸根究柢，醬油的基本原料就是麴，用大豆與小麥混合成的醪來培麴，加入鹵水後發酵。發酵完畢，濾除固體就能得到美味的醬油，日本稱之為「shoyu」，韓國則稱之為「ganjang」。熱衷於創新的愛麴人士為了製作自己的獨家醬油，改用其他蛋白質來提供胺基酸（產生鮮味的要素）。「胺基酸醬汁」是個廣義術語，用法與原料無關，任何蛋白質都能成為風味來源。我們已把所有能想像到的原料都拿來製作胺基酸醬汁，從昆蟲到生肉，不一而足，你也該試試看。

自解作用 Autolysis：指有機物被自身細胞所含的酵素分解掉。自解最常和分解相連，我們在廚房熟成肉品時可輕易控制、運用這個過程。麴菌和其他真菌透過**胞外消化**來分解食物，胞外消化是生物分泌酵素將有機物質分解成分子較小的養分以便吸收的過程。我們在研究麴菌如何、為何產生作用時，只找到這兩個術語，但不論哪一個，似乎都無法完全解釋黴菌死亡或休眠時，酵素為何仍會繼續運作。這個現象會出現在胺基酸糊醬和胺基酸醬汁中。所以我們用自解作用來說明運用麴的酵素時會發生什麼事。我們如果要區分食物中由酵素推動的變化以及由單細胞益菌和酵母菌等微生物促成的變化（也就是發酵），就必須了解酵素的原理。

甘酒 Amazake：一種帶有甜味的輕發酵稀穀粥，一般認為清酒可能是由此衍生，人們可能也是從甘酒發現米麴菌。作法很簡單，混合麴、煮過的穀類和水，黴菌產生的澱粉酵素會發揮作用，將澱粉分解為寡糖和葡萄糖。這個過程常被視為類似啤酒釀造中的孵芽，但其實大不相同，前者更有效率。儘管用不同穀物製作能產生複雜又多變的風味，甘酒的潛能可不只如此——自解作用和發酵所迸發的風味會豐富到令人讚嘆。甘酒可以當作各式甜點和糕餅的甜味劑。此外，甘酒還含有幾許鮮味，那來自穀物本身的蛋白質，能適度提升風味深度，使甘酒更美味，而不只是簡單的甜味稀穀粥。乳酸發酵的

風味也會一併出現，帶來些許嗆臭和酸味，可以平衡甜味。甘酒還有一個優點，就是含有大量還未發揮作用的蛋白酵素，因此很適合取代剛製好的成麴。

甘麴 Amakoji：可以想成是濃稠的甘酒，只有稍微發酵，甜味顯著。

麴漬 Kojizuke：麴醃漬品的通稱。「bettarazuke」（麴醃白蘿蔔）專指傳統用麴醃漬的白蘿蔔，醃汁由甘酒、鹽和低酒精飲料（傳統上用清酒）調成。若要控制風味譜，使成品更接近甘甜的酸菜或風味更成熟的醋漬品，關鍵在醃漬時間。但無論哪種，先前說過，製品的風味都會有鮮味作底，因而更勝普通醃漬品。

鹽麴 Shio Koji：shio 是日文的「鹽」，鹽麴是最強大的速成蛋白質醃醬，能在一夜或數小時內讓肉擁有絕佳風味。塗上鹽麴後，鹽麴的酵素會將蛋白質分解為胺基酸，產生濃厚的風味（鮮味）。鹽麴的作法很簡單，混合麴、水和鹽即可。鹽麴的高鹽度會抑制發酵，所以使用鹽麴時，食物的風味幾乎不受發酵影響。

在進入後續篇章之前，我們想提醒你，在首次探索一項食物時務必注意：嘗試新風味時，一定要拋開對「美味」的既定認知。以發酵食物來說，特別是用黴菌（例如麴）做成的食物，這點至關重要，因為人們一向被灌輸要害怕這類微生物。

▋麴與文化挪用

食物是生命的基礎，除了水，人類還需要蛋白質、碳水化合物和脂肪這三種基本要素才能生存。許久以前，人類就想出如何靠當地可取得的食物維生，先是了解自己的土地和周遭資源，接著為了更容易獲取營養，發展出農業、

我的藍紋乳酪就是你的臭豆腐

克絲汀・蕭凱

我們的發酵師朋友克絲汀・蕭凱（Kirsten Shockey）著有《發酵蔬菜》（Fermented Vegetable）、《嗆辣發酵物》（Fiery Ferments）和《味噌、天貝、納豆與其他美味發酵物》（Miso, Tempeh, Natto and Other Tasty Ferments）。她環遊世界吃過五花八門的保存食品，身為品嚐古怪食物的資深好手，提供了每回展開新風味之旅時都該思考的重要觀點。

世界各地透過發酵而變得美味（或可食用）的飲食多得驚人，約占所有人類吃下肚食物的 1/3。發酵是人類飲食演化的基礎，「被發現」可改造食物以方便保存並提升營養，更不用說還能將有毒物質轉化為無毒。這些發現，都基於特定地區所能取得的食物，不論是魚、肉、穀物、乳製品、蔬菜、水果、豆類或塊莖。發酵蔬菜很常見，靠發酵處理穀物或讓麵包膨發也一樣。對了，人們也想出辦法讓酵母菌攝取糖分而釀出酒。糖分可能來自水果，像是葡萄酒和蘋果酒；或是利用酵素釋出澱粉所含的單醣，例如美洲靠咀嚼玉米製成 chicha 啤酒、西方將穀物孵芽釀成啤酒、亞洲則將真菌（麴）加入穀物製成清酒和其他酒精飲料。

每塊大陸上的民族，飲食都相當仰賴豆類。但總體而言，豆類發酵有個奇特情況：大多數成品都產自亞洲，包括各式各樣的豆醬、胺基酸醬汁、天貝和納豆（及其他相關食品）。綜觀全球，非洲有少數豆類發酵品，歐洲史上完全沒有，在美洲那些食用豆科植物的原住民文化中也不多見。有些理論試圖推敲原因，最盛行的理論認為這跟亞洲產大豆有關——食用未發酵大豆會造成消化和營養問題。來看看稍微西邊的印度和緬甸，會發現小扁豆、各種莢豆（gram）和鷹嘴豆也常用來發酵。另一個理論認為，歐洲和美洲缺乏豆類發酵品的主因是黴菌（米麴菌、少孢根黴菌 *Rhizopus oligosporus* 或米根黴）發酵品源於亞洲，但黴菌在西式餐飲中也會用來製成布里乳酪（Brie）等長黴洗浸乳酪、義大利薩拉米香腸和藍紋乳酪。儘管使用的黴菌和用法不同，但作法基本上都是讓黴

菌在穀類或豆類上繁殖以保存食材和提升風味，尤其人類一直都會沿著貿易路線引進新食物。既然如此，為什麼麴和豆類發酵法沒有傳開？這點更凸顯一個各方面都令人不解的現象，就是即使歐美跟亞洲貿易往來的歷史長達數百年，卻仍對醬油以外的大多數亞洲發酵品不熟悉。確實有很多美國人會上亞洲餐廳吃飯，也在過去三十年裡完全接受了生魚（壽司），但仍未把發酵食材融入日常烹飪。儘管羅伯特・羅達爾（Robert Rodale）曾於1977年預言：「再過不久，天貝就會成為我們這塊土地的常見食物，而且廣受喜愛。」但現在天貝仍未出現在每個美國人的冰箱裡。美國人熱愛醃醬和美味醬汁，卻仍沒想過要把韓式辣椒醬、大醬甚至味噌等美味食材加入料理中。更令人驚訝的是，許多發酵料理都方便至極（像是味噌湯，將一匙味噌加入沸水就搞定！）。儘管我們熱愛用起來快速又簡單的東西，大多數人仍不甚清楚味噌是什麼。

人類的飲食習慣發展，通常會以父母的口味與最初嘗到的固體食物為基礎，再受周遭文化影響。腸道的微生物會進一步讓情況變得更複雜，因為這些微生物會引起人類的食欲，且大部分是出生時從母親繼承而來（我們同樣無法掌控）。人們幼時的飲食決定哪些微生物能蓬勃生長，也由此確立人們愛吃的食物。最終，人們會自己決定要吃什麼，當你伸手拿出購買的食物或從冰箱取出食物時，你幾乎可以看到，其實是人類的歷史、快餐店、廣告和與食物有關的溫暖（和慘痛）回憶在為你下決定。所以儘管世界上有一大部分人口把那些陌生的發酵食物視為美食，大多數西方人就是不熟悉。

從化學的角度來看，許多化合物使奶香濃郁的熟成康門貝爾乳酪（Camembert cheese）成為所謂的臭味饗宴，也賦予了納豆所謂的香醇美味。某方面來說，這些食物只是質地不同。例如，我們西方人覺得納豆牽絲的質地令人作嘔，卻很喜愛常令亞洲人感到噁心的融化乳酪。只要分析全球食物的風味和滋味就會發現，彼此差異沒有那麼大。

儘管對個人或群體來說，要改變口味和飲食習慣好像不太可能，但其實完全可行。人類是雜食動物，生理機制讓我們學會食用自己喜愛的食物，但人也能學著吃一開始不喜歡的食物。（想想苦味就會明白。小孩可能覺得咖啡的味道很

噁心，但我們沒有咖啡該怎麼辦？）我們該踏上旅程，享受味蕾的冒險，並創造新的風味傳統了，這些經驗將遠不只是我們在廚房裡做的實驗，更會在文化當中長久流傳下去。

麴：令人驚喜的存在

辛西亞・葛拉伯

辛西亞・葛拉伯（Cynthia Graber）是見解深刻的美食記者和《滿腹飽足》（Gastropod）播客的主持人之一，擅長尋找引人入勝的食物故事。她了解我們用麴做的事之後，很快就明白這種神奇黴菌不只是一時風潮，而會永遠改變人們思考和烹調食物的方法。以下是她的「麴」人「麴」事。

幾年前，我和瑞奇・施的共同朋友建議我見見他，當時瑞奇在麻州的家製作各種稀奇古怪的味噌，我很感興趣。當時我已經迷上味噌，常喝味噌湯當早餐，但從沒看過味噌的製作過程。瑞奇打破味噌傳統，不只用大豆，還用瑞可達乳酪（ricotta）、培根和花生醬來做味噌。儘管這些味噌的變種都很好吃，但真正在我回憶裡烙下感官印記的並非滋味。

造訪瑞奇家的食物實驗室後，我最無法忘懷的，是他掀開拼湊而成的保冷箱塑膠蓋，讓我看看培麴箱的那一刻。我一看便愛上了。

麴菌，即負責將豆類和其他高蛋白物質當中的蛋白質轉化為味噌的真菌，就長在帶有濕氣的夾生米飯上，放在溫暖潮濕的保冷箱內。保冷箱內裝了些設備，以重現麴在亞洲熱帶地區的原生環境。這種微生物就像毛茸茸的白色雲毯包裹著米飯，散發醉人的氣味，聞起來像葡萄柚、花香和臭氣的迷人綜合體。我想沉浸在那股氣味中，拿來當香水噴都行。

過去人們是在偶然間發現麴菌長在潮濕穀物上，我能輕易想像他們如何迷上了麴。這已是數千年前的事，也許跟喜愛

牛奶的文化提取微生物製作乳酪一樣歷史悠久。最早用麴做實驗的人沒丟掉散發葡萄柚香的長黴澱粉，而是決定留下。後來，他們不知怎麼地發現這種真菌與穀物的混合物可用來推動二次發酵，製成現今亞洲各地的常見食品，例如日本的味噌、醬油和清酒，中國的豆豉醬和米酒，以及韓國的發酵豆醬。

我在《波士頓環球報》(The Boston Globe) 撰文談瑞奇跳脫傳統的各式味噌，但我對麴的著迷遠不止於此。瑞奇告訴我：「你該找傑瑞米·烏曼斯基聊聊。」傑瑞米在克利夫蘭擔任餐廳大廚，同樣不斷測試麴的極限，不只用這種黴菌做味噌，還拿去做鹽醃肉。所以，為了寫《烹飪畫報》雜誌 (Cook's Illustrated) 的專文（後來也成了我共同主持的播客《滿腹飽足》的一集內容），我飛往克利夫蘭。傑瑞米在那裡開創了以麴入菜的全新世界。他用麴來醃製雞肉，下鍋一煎便完美焦糖化，接觸過酵素的肉質比一般雞肉更為軟嫩，風味也更豐厚。他還做了件不太符合衛生規定的事：將混合了麴菌的米穀粉直接抹在肉上，放入溫暖潮濕的培麴箱，讓麴菌生長。這樣通常只會讓食物變得腐敗噁心，但我吃到的豬肉和牛肉卻在一層毛茸茸的微生物薄殼下完成醃漬步驟。麴菌阻絕了有害微生物，讓肉產生前所未有的風味，不僅美味，更是我從沒嘗過的味道。

於是我進一步探索神奇的麴，訪問了微生物學家瓊安·班奈特 (Joan Bennett)，她梳理了高峰讓吉的歷史，這位日本男人在 19 世紀末將麴首次引進美國，本想靠麴改變美國的威士忌產業，卻研發出幫助消化的麴製保健食品，廣受歡迎，讓他大發利市，他甚至資助日本政府贈送櫻花樹給美國，樹木至今在華盛頓特區的潮汐湖畔搖曳生姿。我也與麻州伍斯特的科學家約翰·吉本斯見面，他在克拉克大學的實驗室嘗試透過遺傳學原理來重現麴的馴化過程，好了解此菌如何演化。

當然，我自己也用麴入菜。我用的是鹽麴，由接種麴菌的米飯加鹽水製成，有液體和糊醬兩種型態。有一次，我用鹽麴醃了從農夫市集買來的太平洋鱸魚薄片幾小時，接著洗淨魚片，輕輕拍乾下鍋煎，上桌前放入預熱的烤箱烤一會。鹹香的微醃太平洋鱸魚出爐，足以媲美銀鱈西京燒，這可是我最愛的菜餚之一，味道令人驚豔。

烹飪法和食物保存法。各地的地方特色料理就是以可取得的食材和當地獨到的創新烹飪方法為基礎發展而來。過去的人們受限於運輸和保存技術，但在現代，這些限制已不復存在。不論什麼食材，幾乎都是今天下訂、隔天送到，食材櫃無疆界可是大有好處。所以當有人問「用麵製作食物是不是文化挪用」，我們都認為這問題毫無意義。

文化挪用是源自誤解和缺乏尊重，這跟我們每天用麵做菜時抱持的態度完全相反。我們為了理解麵，做了大量研究，也廣泛閱讀，充分學習麵的傳統用法。對於投入畢生精力製作美妙麵製品的職人，我們抱持最高敬意，這些產品的品質無與倫比。我們當然深受傳統技術的啟發及影響，不過本書所介紹的想法是以麵的潛力為基礎，而世人近來才剛開始了解這份潛力。

▌拉德熟食與烘焙店的用麵絕招

傑瑞米是拉德熟食與烘焙店的老闆兼經營者，他與太太艾莉・拉・薇兒（Allie La Valle）、友人肯尼・史考特（Kenny Scott）一起經營這家餐廳，提供以猶太食物為基礎的東歐料理。總會有人問他們：為什麼想在猶太餐館用麵入菜？傳統方法做出的熟食不就已經很棒了嗎？猶太人世世代代都用相同食譜成功做出美食。在販售特定民族風味料理的餐廳，烹飪烘焙的食譜與技術大多是上一代親自傳給下一代。即使有現成食譜，大廚也因為了解基本要素而能就風味偏好、可用食材、顧客喜好、預算等條件自由發揮。確實，每道料理都有自成一格的基本作法，但彈性變化並加以改良也很正常。好廚師就會這麼做。

拉德熟食與烘焙店的目標是讓客人大飽口福。他們三人都受過烹飪訓練，專業廚師資歷共計 30 年，因此深刻了解將食物的風味提升到極致的基本方法。傑瑞米從小看著家族數代人做菜，受到猶太食物的啟發，學會如何烹調。在此背景下，你也就不意外他們三人會想集結所見所聞，盡力做出最棒的猶太熟食。

怎樣的食物能造就優質熟食餐館？當然是煙燻牛肉。怎樣的煙燻牛肉會令人讚不絕口？當然是軟嫩多汁的那種。靠傳統醃肉法加上低溫慢燻便能做出美味的煙燻牛肉。醃醬不只讓牛肉帶有濃濃風味，也能讓肉質變軟。醃好的肉要煙燻過，這種低溫烹調法相當費時，但能讓結締組織裡的膠原蛋白融化滲入肉中，讓肉變得油滑。這樣就夠了嗎？如果你煙燻過牛胸肉，一定很清楚有些部位肉質優良，有些部位則否，這是因為肉塊的肉質原本就參差不齊，不論你花了多少心血低溫慢燻，總會有些部位的口感不盡理想。不過，只要將麴加入醃醬，就可以利用酵素來分解蛋白質，使肉質更軟嫩並增添鮮味，咬下的每一口都風味絕佳（44 頁的〈產生鮮味的酵素〉有詳細說明）。麴也會一併產生糖分，啟動複雜的焦糖化作用，相當於用肉汁製作天然烤肉醬。

對於因各種信念而茹素的人，拉德熟食與烘焙店也提供醃燻菇蕈和熟肉工法醃製的根菜類！一種鹽醃法便能為任何食材帶來風味，實在很好用。麴會把本身含有的少許蛋白質和基底食材（蔬菜）的蛋白質都拿來產生足夠的胺基酸，使食材變得美味。

烹飪的意義在於花心思備料烹調，做出最美味的食物，讓餐桌旁的客人獲得滋養與愉悅。不管你選擇吃什麼，背後的理由又是什麼，我們提供的概念會幫助你做出更可口的食物。本書的重點就在於提供基礎知識，協助你達成目標。這是世界各地文化都想做到的事。

▋麴是一種培養物

新鮮的麴床有一點相當棒：它是所有我們知道且喜愛的自然食品微生物菌落的完美棲地。想想自製酸麵團酵種時，麵粉和水混合後靜置的過程，就會明白麴是不折不扣的發酵用培養物。米麴菌生長時持續接觸空氣中的微生物，培養期尾聲所產生的糖也有助於發酵。自從了解這項基礎知識，我們

便會將新鮮的麴加點水拌勻，放在室溫下發酵 3-5 天。我們把成品稱作萬用 SCOBY，即細菌與酵母的共生體（symbiotic colony of bacteria and yeast）。你也許聽說過 SCOBY 是康普茶的酵種，其實廣義來說，這可以用在任何自然發酵上。麴菌培養物可用來啟動或強化任何發酵法，包括製作發酵鮮奶油、讓酸麵團酵種開始發酵、讓辣醬發酵、當作醋母、讓蘋果酒發酵等，可能性無窮無盡，還能額外增添一絲鮮味來深化風味。

先前提過，麴在烹飪上跟鹽一樣全球通用，在了解並解放麴的潛能時，這點是關鍵之一。烹飪時，麴的用法有無限多種，但要適度提升風味，要用點小手段。這是什麼意思？大多數人開始嘗試用麴，是為了盡可能增添鮮味。不過，人類的味蕾能嘗到的美味有其限度，過量會令味覺疲勞，再美味也吃不出來。儘管大家時不時會調味過重，但少量就有突出效果。想想巧克力豆餅乾做好後撒上的最後一撮鹽，是不是嚼起來既有口感又提升風味？巧克力的風味更有深度，且那一點鹽融化後，會凸顯烘烤過的焦糖味。如果巧克力豆餅乾光是加一撮鹽、增添一種風味就能更出色，那加了超複雜的調味料會怎麼樣？

這延伸出一個問題：你能讓這塊巧克力豆餅乾變得比過去吃過的都還要美味嗎？雖然我們不敢保證自己的方法能滿足所有人，但光是在巧克力豆餅乾的麵團裡加點味噌，效果就很不錯。其中一個關鍵因素是梅納反應，最為人熟知的例子是肉經由褐變產生有層次的風味。你知道深色（長期熟成）味噌也含有梅納反應所產生的風味嗎？但這風味是靠酵素長時間作用所產生，而非加熱。發酵期間有許多美好作用會讓味噌形成無與倫比的風味，梅納反應只是其中之一。不把味噌加進糕點和甜點太可惜了。我們用餅乾麵團所做的味噌就更不用說了……

如亞歷・塔伯特（Alex Talbot）在著作《美食好點子》（*Ideas in Food*）裡所

向麴的發酵過程和在地原料致敬

莎拉・康尼奇歐與艾賽亞・貝靈頓（White Rose Miso 創辦人）

有些人打從心底愛上麴，踏實地按照步驟為大家做出美味的麴製品。眼光獨到的人則看到一股日漸壯大的潮流：大家都喜愛受古老傳統啟發所精心做成的保存食品。這些人相信這類食品，勇於創業。我們的朋友莎拉（Sarah Conezio）和艾賽亞（Isaiah Billington）便透過旗下兩家發酵食品公司 White Rose Miso 和 Keepwell Vinegar 展現了這樣的精神。兩人的職業都是甜點師傅，懂得如何讓一道料理的各種風味（從清淡細緻到複雜深邃）大放異彩。兩人眼光獨到，同時注重原料品質。有人能製作出更可口的發酵品嗎？當我們想找人談談麴在美國的重要性和影響力，莎拉與艾賽亞是我們很早就開始求教的對象。

我們運用味噌入菜約有十年了。我們過去在所謂的新美式餐廳擔任廚師，這種料理類型主要是由食材的取得方式和設備來統合，而不是指一整套標準的菜系或料理方式。由於我們無法採買千里之外的異國食材，或者說決定不這麼做，

所以我們通常靠火力（用柴燒爐盡量烤出炭紋或焦糖化效果）、風味濃度和豐潤滋味來讓顧客驚豔，例如用更多奶油、橘澄澄的蛋黃或味道強烈的德國酸菜搭配長期熟成牛肉，放棄松露和鵝肝醬。我們認為平凡食材擁有魔力，舉我們自己發酵的辣醬為例，可以同時強化辣度、鹹度、酸度和臭味。我們以前或許在太多料理中都加入這種辣醬了。

因此味噌令我們大開眼界。味噌的風味又重又濃，原料卻是食材櫃裡再平凡也不過的東西。我們常常試著說服大眾，我們食材櫃裡那些常備品就跟百香果一樣特別。味噌既具異國風情，也有誘人的地方風味，還能同時強化甜味、鮮味和鹹味，我們會毫不猶豫地將味噌拌入任何食材。我最初是愛上南河味噌公司推出的營養糙米味噌，這大概不令人意外（我們是甜點師，而這玩意很黏稠），但隨後我們就幸運地成功做出幾批味噌。我們仍然喜愛極端的風味，你能從我們的芝麻味噌看出這點。裡頭的芝麻要烤到接近焦化，再和未精碾大麥培養出來

的麴一起磨碎。

有些發酵食物發酵過程很短，也幾乎不用做什麼，等待即可。例如泡菜，只要準備得當，就只需要等發酵完成時試吃就行了。乳酸發酵品及類似製品最好等到要吃之前再做。但製程若更長、更複雜且需照料，就無法插入廚師繁忙的工作時程，也塞不進那座藏著你所有發酵實驗品以躲過衛生部門耳目的櫃子。我們想自己做醋、味噌和醬油，但也明白小餐廳的每一坪都負擔極高的資金周轉率，承受不起這類漫長的發酵，產品累積緩慢，也因此無法真正幫助我們決心支持的小農。於是我們搬到鄉下，開始取得大片空間來堆放發酵品。

我們的使命是盡可能與當地農業的各方人士密切合作。我們當然會採買當季番茄和春季莓果，但透過發酵，我們也能使用不漂亮的水果、大量收購的過剩農產和各式各樣的作物。人類想吃的東西，細菌也會想吃。以我們所做的事來說，麴特別有價值，既能支持辛勤的穀農和豆農，又能製作耐久放食品。製程透明、來源清楚，正如我們所效力的大廚使用的雞肉、牛肉、蛋和農產。

如今，經營這份以麴為基礎的事業苦樂參半。世人越來越認識麴，並對麴的用途之廣感到驚奇。有大廚找我們買新鮮的麴、鹽麴、醬油、醬油麴、味噌、米醋等。我們設法盡量提供客人想要的產品，但因種類眾多，我們不見得能持續供應所有品項。

不過你也懂，真正的挑戰不在這裡。增加產量才是最困難的。麴製品無法輕易量產。當然，穀物和豆子可以多煮，也可以製作或購買更大的培養箱來增加產量，但我們發現密切掌控溫度、濕度、時間和黴菌生長，對於最終培養出來的麴會產生關鍵影響——小瑕疵會隨著漫長的發酵期逐漸惡化擴大。你可以架設更大的培養箱，但那不代表你能培養出好麴。

麴對我們很重要，因為麴能將平凡食材變得特別，使米飯和豆類更甘甜，風味更大地、深沉與溫潤，風味提升後也不會再下降。這就是風味最極致的民主化，麴把改善風味的魔力傳播到所有人手中。

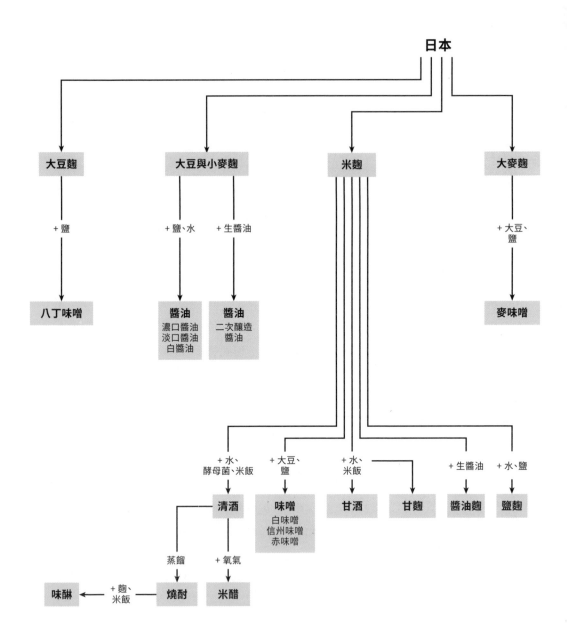

以上是使用米麴菌的傳統產品解說圖。在日本，人們主要用這種微生物培麴，不過在中國和韓國，米麴菌只是麴、meju 和 nuruk（韓國酵種）等酵種的成分之一。White Rose Miso 的莎拉和艾賽亞想出很棒的點子，想用圖表介紹歷史悠久、種類廣泛的麴

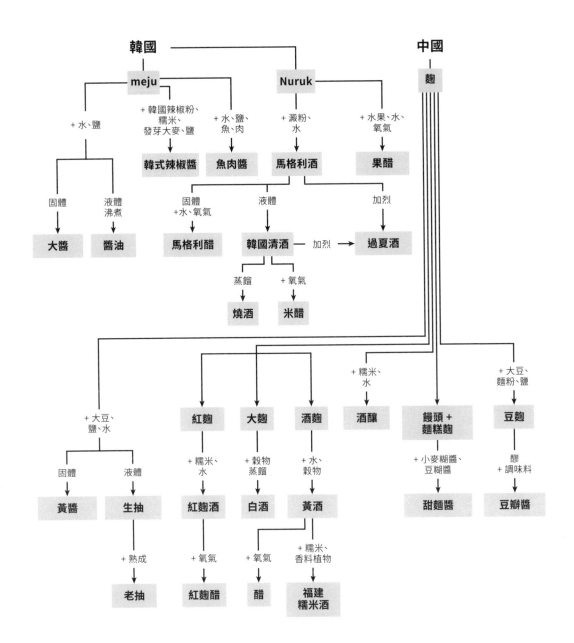

製品，這份流程圖應運而生。拜兩人的努力和博學多聞的朋友傾囊相授之賜，你能透過這張圖了解黴菌發酵在這些國家的用途有多全面。

言：「讓食物變得比原本更美味。」這是任何在乎食物的人都致力追求的目標，概念本身簡單，但需要多方面配合才能達成。想想平淡的蔬菜高湯和添加了菇蕈、番茄或海藻等鮮味食材的蔬菜高湯有何差別。僅僅加了點鮮味食材，就能讓食物令人難忘。當你開始運用麴來跟鮮味「搭上線」，你的食物就會從此引人注目。

▎百分百利用

現今人類依賴拋棄式產品，造成浪費，令許多人深切擔憂。麴讓人們無需丟棄廚餘到掩埋場或堆肥場，而能留在廚房繼續利用。這本書要教你如何將所有食物都利用到一點不剩。你能運用麴酵素的力量，從原本無法利用的食物廢料中帶出風味。我們將提供食譜，包括用胡蘿蔔廢料來做味醂，以及用柑橘類果皮（不只是表皮，還包括榨汁後的所有殘渣）做胺基酸糊醬等等，以及許多有趣構想。

我們想藉由這本書的內容達成一個普遍目標。簡單來說，我們想帶動人們互助。麴之所以吸引越來越多人，是因為大眾會無償分享怎麼做出更棒的食物。大家都想了解更多，但一己之力能做到的事情有限，畢竟每個人都有極限，會需要他人幫忙。社群媒體可以是強而有力的工具，讓人們得以相互交流新發現的資訊。多年來，我們與世界各地的發酵師和廚師分享所知，一起交換想法，對發酵因而得以有更深的理解，無疑超越獨自在廚房埋頭苦幹的成果。我們熱愛食物，也懷抱熱情想追求更好的未來，並以這樣的精神建立一套文化，要是沒有志同道合的夥伴支持，就沒有今天的我們。你可以搜尋「#KojiBuildsCommunity」找到我們所有人。

THE
FLAVOR-MAKING
ROAD MAP

第三章
風味形成的流程

和麴有關的點子和可能性無窮無盡，我們知道這點可能會令剛踏上風味旅程的新夥伴卻步。幸好所有過程都可以拆解成非常簡單的步驟，讓你輕易理解。想進入麴的殿堂，就要了解如何運用酵素。這不是大廚或一般廚師的典型技能，但我們認為對任何喜愛美食的人都很重要。一旦學會運用麴的酵素，就能創造出無限多種好用的美味食材。

我們已絞盡腦汁簡化酵素分解和發酵之間瘋狂的關聯網絡，試圖將所有概念濃縮成一目了然又好懂的圖表，方便實際應用。可惜我們發現，要把麴能做到的所有事情整理成一張表，超出我們開始寫書時所擁有的腦力、電腦能力和時間（未來我們希望將這張表上傳到網路上的互動空間，集結大家的力量讓它開枝散葉）。幸好，我們還是設法做出了一張基本的主表，加上幾項主

要作用的流程圖，幫助你提綱挈領地理解。這些圖上的作用靠兩種人人都愛的東西促成——鮮味和糖。

▋產生鮮味的酵素

我們先從「鮮味」說起，這是本書提及的食物中最重要的風味元素。讀到這裡，你已經明白蛋白酵素能將蛋白質分解成胺基酸，是風味產生深度的關鍵，下一步就要了解如何有效運用這種酵素。為此，我們用一張表來說明鹽麴、胺基酸醬汁和胺基酸糊醬之間的關聯，三者之間的關係在於酵素接觸蛋白質的方式、鹽和水，我們會一一討論。

以麴製品來說，胺基酸醬汁和胺基酸糊醬的關聯很明確，鹽麴則與它們不太相同。不過，只要想想運用蛋白酵素來產生鮮味的來龍去脈，三者的關聯就逐漸明朗了。我們可以簡單藉由以下兩段話更清楚地說明這些製品的作用：鹽麴所含的蛋白酵素裹在食物上滲透進去，接觸到蛋白質而產生胺基酸；胺基酸醬汁和胺基酸糊醬則透過混合原料，讓蛋白質與蛋白酵素盡可能接觸，使胺基酸產量達到最高。

三種製品的功能並無不同，只有程度之別。鹽麴是一種短期醃醬，運用食物內含的蛋白質讓食物變好吃，不劇烈改變結構或基本風味。胺基酸醬汁與胺基酸糊醬則經過發酵和熟成，使蛋白質結構分解得徹底，形成強烈而有層次的風味。說到底，鹽麴用來提出鮮味，胺基酸醬汁和胺基酸糊醬則本身已鮮味滿滿。

本質上，鹽麴和胺基酸醬汁或胺基酸糊醬就像一個硬幣的兩面。為什麼要花時間解釋這點？因為只要明白，你就能用蛋白酵素提鮮，以喜歡的方式運用，而不受限於單一作法或麴製品，同時能輕鬆改變用法。例如，冰箱裡擺太久

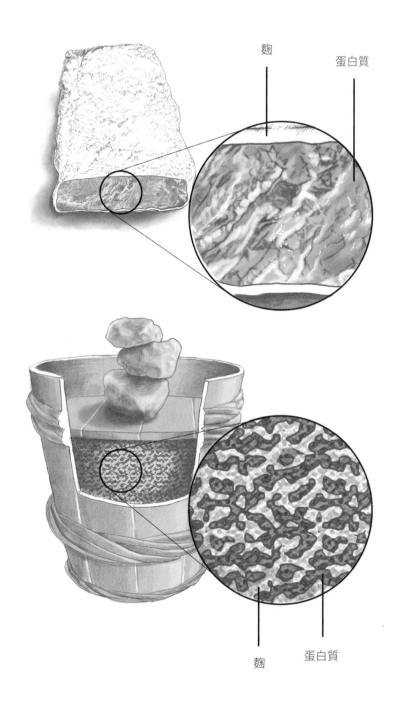

麴

蛋白質

麴

蛋白質

這張圖比較了表層包覆（上圖）與膠／混合基質（下圖）。麥斯・霍爾繪製。

的鹽麴醃魚可能已經糊成一團，但你能做成胺基酸醬汁重新利用。另一方面，你也可以在煮好的豆子上添加一些鹽麴引出鮮味，讓豆子在沙拉中大放異彩。現在你懂了，麴的酵素接觸蛋白質的程度會決定鮮味強度。

▋水

水是原料結合與互相影響的媒介，也決定了麴製品能怎麼用。想想製作胺基酸醬汁和胺基酸糊醬的關鍵差異，會發現兩者只有水的濃度不同。例如醬油這種著名的胺基酸醬汁，是以液體浸漬原料精華製成。用鹽水浸泡煮過的大豆和碎麥麴醪，就能啟動酵素作用和發酵，無須攪碎麴醪與液體融合。另一方面，味噌這種基本的胺基酸糊醬，是由煮過的大豆、麴、鹽和少許水製成，需混合使原料直接接觸到發酵所需的酵素和微生物。光譜另一端的鹽麴則以水分為基礎，協助酵素滲透接觸到的所有物質。在任何分解蛋白質的作法中，水都能促進胺基酸產量和增添風味到最大程度。

鮮味運用解說圖

為了幫你了解所有能觸發鮮味的麴製品彼此有什麼關聯，我們整理了兩張重要的圖，分別解析「表層用途」和「鮮味調味料」的作用。兩張圖都列出影響每種製品的因素，可清楚看出其中的異同。

「表層用途」不複雜，圖表說明了將麴用在蛋白質表層時可能產生的所有情況，不管用在雞胸肉、牛排、豬排、魚片、豆腐或整塊瘦肉都一樣。

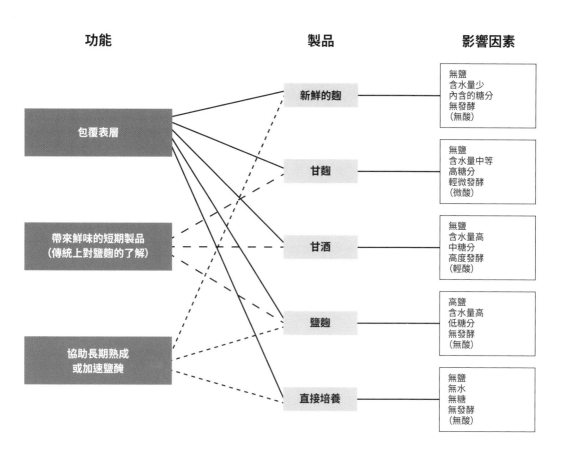

功能 **製品** **影響因素**

包覆表層

新鮮的麴

> 無鹽
> 含水量少
> 內含的糖分
> 無發酵
> （無酸）

甘麴

> 無鹽
> 含水量中等
> 高糖分
> 輕微發酵
> （微酸）

帶來鮮味的短期製品
（傳統上對鹽麴的了解）

甘酒

> 無鹽
> 含水量高
> 中糖分
> 高度發酵
> （輕酸）

鹽麴

> 高鹽
> 含水量高
> 低糖分
> 無發酵
> （無酸）

協助長期熟成
或加速鹽醃

直接培養

> 無鹽
> 無水
> 無糖
> 無發酵
> （無酸）

麴的表層用途解說圖：各種功能跟主要製品和影響因素之間的關聯

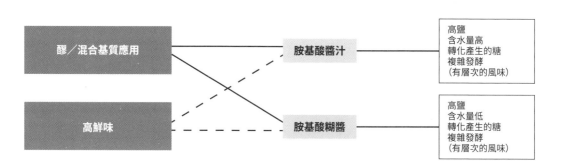

膠／混合基質應用

胺基酸醬汁

> 高鹽
> 含水量高
> 轉化產生的糖
> 複雜發酵
> （有層次的風味）

高鮮味

胺基酸糊醬

> 高鹽
> 含水量低
> 轉化產生的糖
> 複雜發酵
> （有層次的風味）

鮮味調味料解說圖：胺基酸醬汁與胺基酸糊醬的比較

▌鹽

從人類開始煮食，為了各種烹飪和生存的需求，就會把鹽用在三種主要用途：調味、保障食品安全和保存食物。主要的鮮味製品中，鹽麴、胺基酸糊醬和胺基酸醬汁因為能大幅增添風味的深度，所以烹飪時會用來取代鹽。每種製品的鹽濃度都使病原微生物無法生存，但對於能讓胺基酸糊醬和胺基酸醬汁變得更美味的發酵微生物來說卻恰好有利。光譜另一端的鹽麴則有如超級鹵水，能滲透接觸到的任何食物。用鹵水醃肉時，部分蛋白質結構會溶解，造成肉類的保水力增加。[1] 鹽麴還有個額外好處，就是其中的酵素能順道將肉的蛋白質分解為美味的胺基酸。在所有食物烹調法中，鹽是不可或缺的要件，對營造風味和人類生存來說亦然。

▌任何澱粉皆能產糖促進發酵

在先前的章節，我們說過麴含有澱粉酵素，能將澱粉（包括直鏈澱粉和支鏈澱粉）分解成糖。這個作用為什麼很重要？因為如此一來幾乎任何澱粉都能用來產生糖，並促成人們知道且喜愛的所有主要發酵法。只要讓米麴菌長在澱粉類物質上，或為麴添加澱粉，再加水混合靜置即可。麴本身擁有的蛋白質還能產生一絲鮮味，改變整體風味。想想加了麴的 horchata（一種西班牙飲品）、早餐麥片粥，或者燕麥奶和堅果奶會變得多美味。利用澱粉發酵打開了通往風味潛能的大門。

我們繼續談談澱粉酵素。有趣的是，地球上所有人每天都靠唾液和胃裡的澱粉酵素將澱粉轉化為糖。你每次咀嚼，都在無意識地把食物分解成糊狀，使唾液裡的酵素得以盡可能與食物表面接觸而產生糖。不過若要大規模產糖來因應各種形式的大眾消費，咀嚼的效果遠不如麴實用，當然更不可能成為人們廣泛接受的食品製作法（雖然中南美洲確實有一種 chicha 啤酒，是咀嚼玉

米再吐出，製成酒精飲料）。

說到啤酒，釀酒是澱粉酶最廣泛的用法之一，人們也熱中在家自釀。釀酒程序由發芽穀物推動。穀物經由催芽處理產生酵素，到了一定程度，便用乾熱處理終止發芽，澱粉酵素隨之停產，直到將穀物浸入熱水，做成麥芽汁為止。這種美味糖水促使酵母發酵，就能釀出啤酒。這個過程十分美妙，從許多方面來說都跟人類呼吸一樣自然。說到底，人類從出生就開始利用酵素把食物變得更好吃，因此我們認為使用麴是自然而然的發展。

只要有糖，就能推動所有你想運用的發酵法。接下來我們要說明自然發酵的生命週期，這概括了所有發酵法。總體來說，環境中及直接接觸食物的微生物造成發酵。這些微生物以添加的糖或食物內含的糖為食，有時鹽分則可以控制發酵程度。基本週期由乳酸菌屬（Lactobacillus）的菌種（和其他產生乳酸和各種有機酸的有益細菌）和酵母菌展開，將糖消化利用後產生酒精。接著，醋酸菌屬（Acetobacter）的菌種將酒精轉化為醋酸，我們就得到了醋。許多病原微生物無法生存在有醋酸和酒精的環境，因此只要遵照特定法則，發酵過程就能自然保障食品安全，成品也很美味。

人們熟知的發酵食物都含有特定種類的原料和微生物。經過研發，這些食物成為標準化製程下的固定產物，原先是為了生存所需而製作，如今則是為了生產廣受歡迎的發酵食品。人們已經習慣不論何時購買的發酵食物都擁有相同風味和質地，認為做到這點理所當然。以市售優格為例，必須用非常特定的乳酸菌屬酵種接種牛奶，再經過嚴格控制的製程才能做出已知的優格。人們必須明白，在不久以前，發酵品並未經過嚴格控制。過去確實有準則可以避免致病，但原料得視能否取得而定，人類對發酵環境的控制也比如今弱許多。只要嘗起來味道對了，或者更重要的是，只要人們需要營養，就會把成品吃下肚。以前的原則遠不如現在具體，因而賦予廚師更多探索的自由。儘

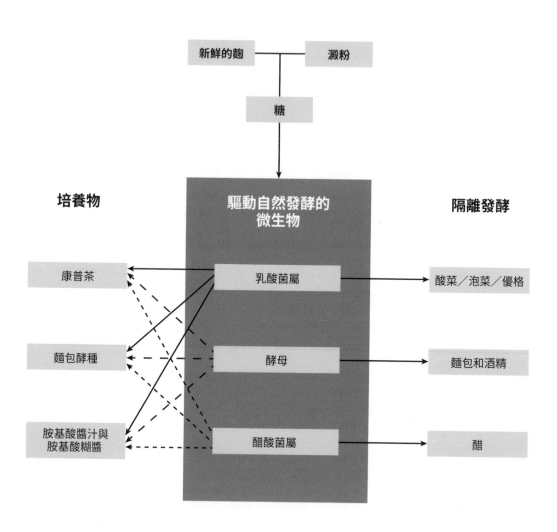

糖發酵的多種用途解說圖

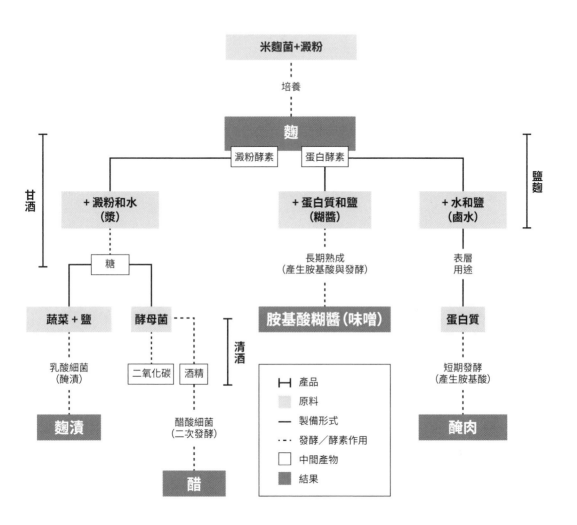

麴的主要用途解說圖，整合了所有主要產品和影響因素的關聯，
根據馬修・克勞岱爾（Matthew Claudel）的流程圖繪製。

管出於某些原因，我們最終取得的美妙發酵食品都有非常明確的食譜，但這些發酵品原本都是更加自然而不受約束的作法之下的產物，人們是因為生存所需和做了實驗才找出了發酵法。現在想想你能取得的原料，你會發現幾乎可以將所有食物都拿去自然發酵，看成果如何。

現在，你已經了解讓蛋白質更美味、產糖和推動發酵都跟麴有密切關聯。這張麴的主要用途解說圖，整合了所有主要製品和影響因素的關係，希望使你更加明白，麴有潛力讓你吃的任何食物都變得更美味。

▌為什麼關聯性如此重要？

烹煮食物多年後，你會開始發現自己運用的一切技術和方法之間都有關聯，而在腦中建立連結，使作業更有效率，接著將各種程序拆解到只剩不可或缺的步驟好加以改良。這份知識最終能帶來自由，不論是原料的烹飪、創造、操縱還是結合，都能以切合需求的方式自由地做。如果受過正統烹飪訓練，你應該明白這樣的自由不是理所當然存在的。有時，廚師會以激進的姿態來捍衛心目中的正統，但這麼做的同時，他們等於遺忘了前人的精神。那些前輩一方面努力將技術標準化，一方面設法賦予廚師自由，讓他們盡情揮灑、創造出最棒的食物。知識這種力量，唯有正確運用才能產生最佳結果。

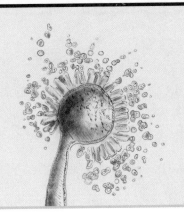

HOW TO GROW KOJI

第四章
如何培麴

培養麴菌或各種絲狀黴菌都非常簡單。以最基本的方法來說,只需要基質、容器、孢子和溫暖的環境。但最重要卻也經常最被忽略的是,必須具備「正確的心態」。這聽起來也許像是某種抽象的新時代文青宣言,但是不得不承認,大多數人最常與黴菌打照面的場合,不是在冰箱深處發現腐臭剩菜,就是在家裡看到令人驚恐的黑色黴斑。這些經驗使人們看見黴菌就聯想到腐敗與疾病。儘管許多黴菌是如此,用來製作食品的黴菌可完全不然。這些生物是人類在廚房的盟友,不只把食物變好吃,還負責讓食物變安全。我們幾乎可以很肯定地說,如果沒有這些魔幻生物,人們熟悉的生活不可能存在。

許多食物都是用絲狀黴菌做成。Penicillium nalgiovense 這種青黴使歐洲大多數種類的乾式熟成醃肉擁有著名的白色粉狀表層,藍色青黴菌(*Penicillium*

稻米植株，麥斯・霍爾繪製。

camemberti）和洛克福耳青黴菌能將牛奶分別變成康門貝爾乳酪和洛克福乳酪。類似優格的北歐食物「viili」在製作時加了白地絲黴菌（*Geotrichum candidum*）。朝鮮半島的人們用米根黴來釀酒，印尼人用少孢根黴（和米根黴）來做各式各樣的天貝，這種著名的印尼名產令人喜愛。中國人則用紅麴菌（*Monascus purpureus*）讓叉燒肉和其他燒烤食物呈現豔紅色。如此說來，絲狀黴菌在你的廚房找到落腳之處也就不令人意外了。

我們剛開始考慮用這些黴菌製作食物時，其實很猶豫。我們以前曾用發酵食物入菜，所以確實比較能接受在廚房使用黴菌的想法，但提到發酵，總有條基本法則不斷吞噬我們的信心，那就是「黴菌是有害的」。當德國酸菜這類發酵食物長了黴，害怕的大廚和食安管理員就會建議扔掉。發酵界傳教士山鐸·卡茲則反覆在著作中指出沒有必要這麼做，刮除黴層即可。但遵從「黴菌是有害的」這項準則多年後，可能很難說服自己接受**不是所有黴菌**都有害的事實。當你決定培麴時，這是你要克服的第一個障礙。

我們常自問：「我怎麼知道這是我想培養的那種黴菌？」以及「如果出差錯怎麼辦？」「會害人生病嗎？」你真的必須安心接受事實：麴菌是人類的朋友。烹調或製作食物時，確實有可能出差錯導致食物中毒，但只要用冷靜沉著的態度應對，就能控制風險，安全無意外地使用麴菌。在科技資源和科學知識都遠比現今缺乏的情況下，人類已經用黴長達數千年。這件事絕對可以做到！

如同烹飪的其他面向，我們相信培麴是非常私密的個人經驗。等到你做得上手，就可以隨喜好在培養的麴中加入個人特色。儘管書中提供準則供參考，但別奉作金科玉律。正因為我們不死守規則，才能發展出書裡的某些方法和技術。我們開始將麴納入生活時，有些原則讓我們深感共鳴，有些則在語言文化轉換中失去了精妙。如果發現培麴過程中某些特定面向有幫助，就好好利用，滿足你的需求；如果只會打亂節奏，直接忽略也無妨。我們全心支持

鼓勵你在烹飪冒險當中探索麴菌，畢竟培麴特別需要冒險精神。我們確信你能在本章介紹的培麴法當中，找到符合你意願和需求的選項，但如果沒有，儘管研發適合自己的方法。如同所有的科學與創意試驗，創新和探索必定伴隨著突破極限和承擔可預期的風險。

我們在第一章討論過，麴菌是一種活機體，只要你提供合適的環境，它就想活著、生存下來、蓬勃生長並繁殖。**麴菌不是因為你培養才生長，是因為它自己想要生長**。把自己想像成農夫或牧羊人就會明白，你的任務如同照顧田地，例如按時澆水拔草、阻絕不速之客等。農夫這樣照料田裡的蔬菜水果，牧人也是如此照料牧場動物，這正是你要為麴菌做的。

先前提過，米麴菌必須在熱帶環境才能增殖。想像炎熱潮濕的天氣，大概就能理解黴菌蓬勃生長的條件。幾乎所有人都看過擺到忘記的麵包長黴，尤其是封在塑膠袋裡時。有趣的是，有一種最常長在麵包上的黴菌就屬於麴菌屬。很可惜，那不像我們所愛的黴菌那麼美好，而且確實會讓人生病，人們就是因為這種壞玩意而一天到晚扔掉食物。不過，生活中常出現黴菌也算是件好事，代表**打造黴喜歡的環境並不難**。

孢子相當於植物的種子，讓黴菌得以隨處散播繁殖。黴菌就在環境當中，充斥在人們周遭的空氣裡。這種微小粒子很輕，因此能在空中傳播，乘著微風飛到很遠的地方。孢子的生命力很強韌，可以休眠數年，直到環境合適再進行繁殖。

想要培麴，首先最佳作法就是跟酵母菌比較，這是另一種人們愛用來保存食物的真菌。運用多種酵母菌發酵法所做出的美妙產品，包括麵包、啤酒、葡萄酒、醋、康普茶等，都跟人類生活脫不了關係。釀酒的要件在於提供酵母菌生長所需的養分和適合環境。大多數人都知道做麵包需要酵種，葡萄汁也

要添加酵母菌才能釀成酒。這種微生物的生長環境溫度有最佳範圍，超過上限便會死亡，低於下限則會休眠，無法產生人們要的膨發效果或酒精。酵母菌的優點在於，廚房的環境足以讓它蓬勃生長。雖然麴菌沒那麼容易培養，但也沒有困難多少。

▋ 選擇孢子

時常有人問我們該用哪種孢子培麴。拜種麴（孢子）生產商的選育所賜，以傳統作法來說，答案很明瞭：根據最終用途選擇相應的孢子即可，不管是做味噌、醬油、清酒還是醃漬品都一樣。為了讓麴在特定培養基上能生產更多酵素，每種孢子都已經過改良，而且種類之多，令人嘖嘖稱奇。由於日本烹飪界和整體職人體系密切配合，每種麴菌孢子都是針對最終用途特別培育。基本上，在下列兩種酵素，所有麴菌都會著重其中一種：將蛋白質分解為胺基酸的**蛋白酵素**，或將碳水化合物分解為糖的**澱粉酵素**。

我們兩人踏上麴的旅程時，買了各式各樣的麴菌孢子，培養出各種麴，並按照指定用途來製作食物。我們在實驗和學習的過程中，開始質疑是否必須使用特定種類孢子，畢竟在大多數廚房，管理多種不同孢子並不實際。

我們發現為製作短期發酵食物（如甜味噌、甘酒和醃漬品）專門培育的輕度發酵米用種麴（light rice koji-kin），其實也非常適合其他用途。功能上，這種孢子培養出來的麴能產生足夠的酵素將蛋白質分解為胺基酸以獲得風味深度。不管是做鹽麴醃醬、熟成味噌或任何其他食品，我們從沒遇過鮮味不足的情形。因此當我們埋首挖掘麴的可能性時，發現如果只用一種孢子來進行所有實驗，比較容易彙整構想並管理製品。

不過，全面使用輕度發酵米用種麴必須考慮一個要點，就是用米來培養時，

這種麴會產生應有的甜味，因此必須了解這會如何影響麴的短期和長期運用。這點將在第五章詳細說明。

在此澄清，我們不是要你「只能用」一種孢子。數百年來，為了特定用途所培育的各種麴菌確實各有優點。如果想將某一種產品做到最好，選擇特定的種麴很合理。選用會產生酸味的種麴時，也必須考慮風味的問題，這點會在本章稍後說明。

我們大多數的培麴同好，最早都是跟 GEM 培養物公司買種麴。該公司提供一系列種麴，都是針對麴的主要用途所培育，符合初學者需求，五花八門的產品也能讓有經驗的用麴實驗家忙上好一陣子（再次強調，我們使用輕度發酵米用種麴數年後，才開始嘗試其他種類）。

GEM 培養物公司的種麴分成兩種規格：入門組和商用組。根據說明，入門組只能培養出 2.3 公斤的麴，只夠試做幾批麴製品。相對的，商用組能培養出200 公斤的麴，通常即使大量製作和分享麴製品，也足夠用上幾年。

▌細說孢子

商用孢子是裝在密封袋裡送來，重量視你買的菌株或品種而定。幾年下來，我們已想出分散和使用孢子的方法，每次成效都在預料之內。

分散是指按照能有效使用的比例把孢子分散至介質內，使每次的用量都恰到好處。實際作法是把孢子散布在另一種介質上（或者混入介質），例如中筋麵粉或米粉。分散法也能讓孢子變沉重，以免飛到你呼吸的空氣中危害健康。先前提過，真菌孢子很小，如果只有一顆沾在指尖，肉眼看不見，必須有數萬個孢子聚集在指頭上才看得到。體積這麼小也代表我們必須分散孢子，以免用了遠超過一次所需的量。

收到孢子時，打開包裝前必須先確認空間內沒有空氣流動。關掉吊扇或抽風機，也要關上附近的門窗，這是極其重要的安全步驟。長期接觸麴菌屬特定品種的黴菌及孢子，可能會感染麴菌病，種類包括過敏性支氣管肺部麴菌病、慢性肺麴菌病和皮膚麴菌病等。麴菌屬特定品種的真菌進入人體後，會認為找到食物來源。孢子可能會在肺部、鼻道甚至是皮膚落地生根、開始生長。有些品種會產生毒性足以致命的次級代謝物。請注意，用來製作食物的麴菌品種和變異種沒有這個問題！另外，孢子本身非常小，可能會大量湧入呼吸系統而鈣化固結於內。我們不想嚇你，但認為必須說明這些問題。只要是向經過核可和認證的孢子生產商買來的孢子，不論任何品種都會經過顯微分析來確保其屬於食品級而非病原品種，也沒有感染令人擔心的壞菌。在經核可的工廠培養室中，作業員會穿戴防毒面具和防護衣，避免與大量孢子直接接觸。只要不刻意吸入孢子，就不用擔心會跟種麴生產商接觸到同樣密度的孢子，在處理未分散孢子時稍留意即可。總之，用大頭巾圍住臉或戴上防護型口罩來處理密集孢子就沒問題了。

如果你想自己培育孢子，像做醋母或酸麵種那樣，不是不可以，但最好不要這麼做。剛才提過，孢子生產商會將每一批培養好的孢子送去分析，確保純度高，而且沒有被致命病原體感染。這些供應孢子給他人使用的生產商受到層層規章監管。只要培養過正在產孢的真菌便會明白，不是在嚴密控制的無菌環境產出的孢子，極可能遭到其他微生物感染，而導致馴化培養環境中的真菌死亡。這點對所有真菌都一樣，包括舞菇這樣的菇蕈和麴菌這種絲狀黴菌。儘管孢子遭麴菌屬可能有毒的病原品種或其他黴菌感染的風險確實極低，但不是不可能。既然有更好、更安全的方法，又何必冒險？日本的麴產業在過去十年面臨嚴重挫敗，越來越少人自行培麴，也就越來越少人買孢子，而向經認證的廠商購買孢子，有助於維繫麴產業。這些廠商大部分都是傳承數世紀的家族產業，至今彼此關係密切並持續營運。花錢買種麴也有助於維持麴菌的生物多樣性，讓可用的品種和變異種續存。只要有人向生產商買麴菌

分散孢子的方法

我們使用的分散比例是 1:10，代表 1 克孢子需要用 10 克介質來分散。建議你採用同樣比例。我們選擇的介質是米粉和中筋麵粉，如果要做完全無麩質的麵製品就用米粉。

分散完畢後，用 1 克分散孢子接種 1 公斤煮好的基質，可以是米飯、豆子或任何你想用的食材。

步驟如下：

1. 準備一個梅森罐（1 公升的即可）或其他蓋子可密合的容器。
2. 用剪刀小心剪開孢子的包裝袋，捏緊開口，將袋子完全放入罐底再倒出孢子。目視確認罐內的孢子落定後，再將手連同空袋抽出。
3. 抽出手和空袋後，就可以加入麵粉。一開始輕輕撒一點，足以覆蓋孢子，以重量將孢子壓沉即可。動作要輕，避免孢子飛起。
4. 待孢子覆上一層麵粉，就可以將剩下的麵粉倒入。
5. 蓋緊罐子搖晃幾分鐘，讓孢子均勻分散在麵粉中。麵粉會被染成與孢子相近的顏色，例如米麴菌會讓麵粉變成淺軍綠色，泡盛黑麴菌（Aspergillus luchuensis var. awamori）則會讓麵粉變成淺炭灰色。
6. 均勻分散後，即可使用孢子。
7. 如果不立即使用，就要蓋緊容器存放在陰涼處，我們偏好放進冷凍庫。我們曾存放分散好的孢子長達一年半，活性依然與剛開封的孢子相同。存放原則是讓孢子遠離適合生長的環境，直到準備使用。在密封罐裡放乾燥劑也是好方法，能進一步確保罐內的濕氣不凝結。

孢子，這些公司就會持續投資來培育具有最佳功效的品種和變異種。效益包括蛋白酵素產量高，成麴最適合用來做胺基酸糊醬和胺基酸醬汁；或者解脂酶產量高，成麴將釋放不可思議的香氣，連最芬芳的花朵都相形遜色。如果不投資創新，必定會引發災難，如同蘋果產業裡五爪蘋果獨霸至令人作嘔的程度，而且你能買到的麴菌種類也肯定會縮減。

聽我們的建議，去買麴菌孢子吧！這樣能消除潛在的感染致命風險，讓優質的古老產業繼續興盛，並保護重要的生物多樣性和物種演化。最重要的是，孢子的價格相對便宜，以接種基質後能收穫的產量來看更是如此。一袋 40 克左右的孢子含運費約為 35 美元，能培養出數十公斤的麴。

▌傳統至上

日本人制定的傳統培麴步驟，確實會因最終產品不同而稍有差異。清酒釀造商會碾除米含有脂肪和蛋白質的外殼（對大多數酒飲來說是不討喜的成分），味噌業者則不會碾米，因為希望味噌裡含有較多蛋白質。這些差異也會影響培麴方法。例如，因為清酒要直接飲用，品嘗其中的細緻風味，所以清酒釀造者必須悉心確保麴臻至完美。喝清酒時，你會直接感受到清酒麴的特色，包括米飯內含的蛋白質所賦予的質地和酒體感覺、脂肪釋出的迷人香氣，以及來自澱粉的均衡甜味。這就是傳統培麴法如此嚴格的原因。只要稍有瑕疵，產品就不配掛上釀酒廠的商標，任何釀酒廠都不樂見這種事，因此會「嚴謹而有藝術性地」遵照傳統步驟。

另一方面，儘管味噌和醬油的傳統製程是仿效釀造清酒的方法，卻能容許部分誤差。如果說味噌和醬油是要與其他食材合奏交響樂，清酒就是上演個人秀。例如，就算味噌業者把麴養過頭，到了產孢的地步，也不用太擔心，因為產孢麴帶有的潮濕黴味會在味噌熟成期間被掩蓋或消失。用麴來接種肉、

蔬菜或乳製品也一樣，有時產孢麴帶來的風味譜反而討喜。清酒釀造廠通常是無菌狀態，工人要穿上潔白的無菌衣。相較之下，木桶熟成的味噌和醬油是在很簡樸的環境製作，還會有其他微生物一起參與長期發酵。

用傳統作法培出基本米麴

讓我們一起看看培養基本米麴的步驟，包括傳統作法和我們試過可行的辦法。

1. **挑選適合的米：**麴菌偏好直鏈澱粉，而長粒米的直鏈澱粉含量較高。米粒主要有三種尺寸：短粒、中粒和長粒。一般來說，長粒品種的直鏈澱粉含量高於支鏈澱粉，短粒品種的米則相反，支鏈澱粉含量高於直鏈澱粉。糙米含有較高的微量營養素和巨量營養

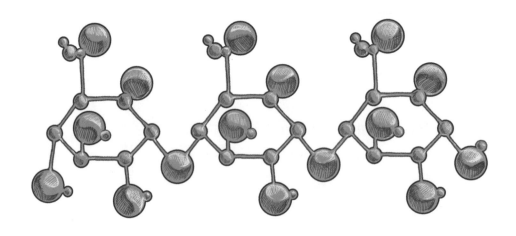

直鏈澱粉分子，麥斯·霍爾繪製。

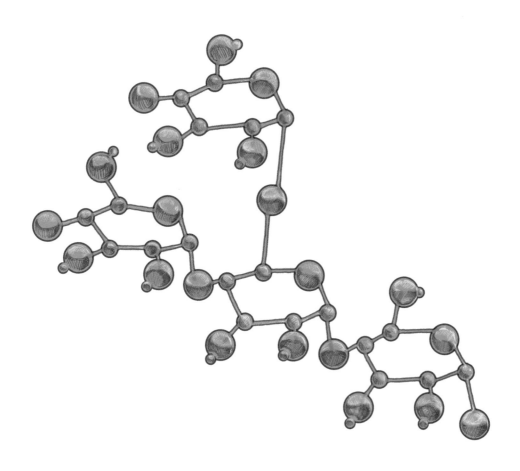

支鏈澱粉分子，麥斯・霍爾繪製。

素可供麴利用，糙米麴主要用來製作鹹味麴製品，例如胺基酸糊醬。長粒白米是最棒的萬用基質，我們喜愛泰國香米（jasmine rice）培養出來的麴，意思不是要你只用泰國香米，單純只是我們通常偏好這個品種。你或許也會偏好使用有機米，不喜歡非有機米。簡單來說，根據你認為重要的特性和想做的產品來選米。

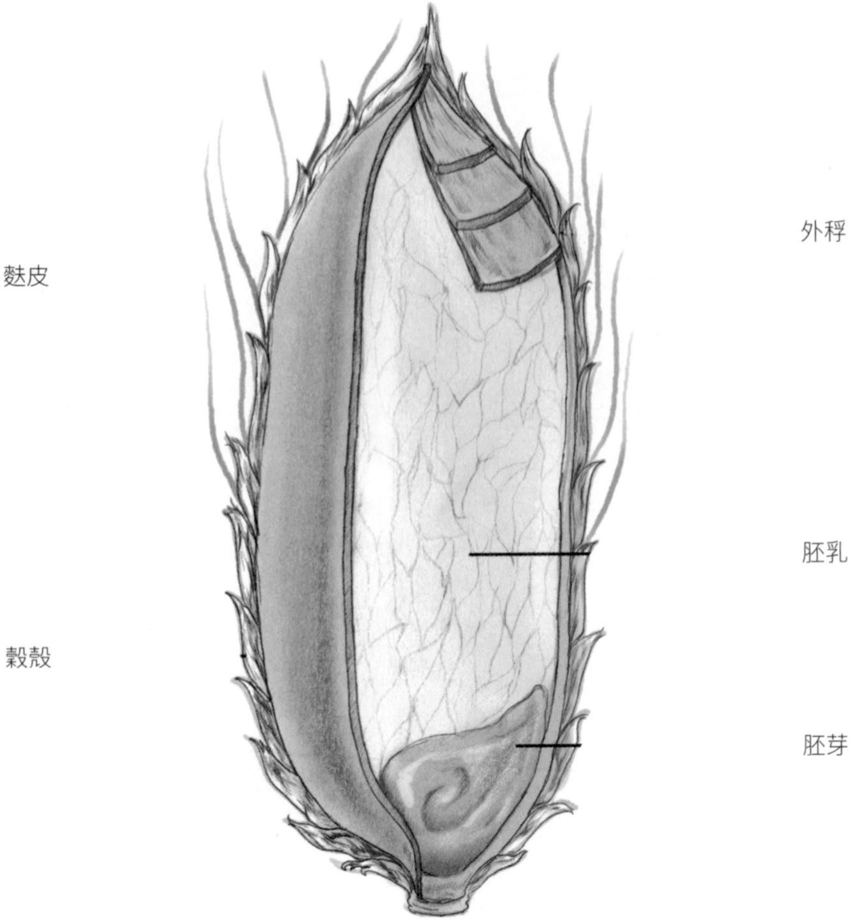

麩皮

外稃

穀殼

胚乳

胚芽

米粒解剖圖，麥斯・霍爾繪製。

2. **洗米：**目的是沖掉碾過的米表面殘留的澱粉。碾米時，會去除外
殼、麩皮和胚芽，得到白米。碾過的米粒表面則會留下大量澱粉
粉末，伸手觸摸生米，可以清楚感覺到這些多餘的澱粉，摸完手
上會有粉塵般的觸感。這些不必要的澱粉可能會使煮好的米飯黏
成一團，對培養強壯的清酒麴不利，因為麴需要適度接觸空氣。
所以必須用流動的冷水持續沖洗米，直到水變得清澈、不再有澱

粉漂浮。洗米可能要花上至少半小時，視米的種類和你想要的乾淨程度而定，這步驟對清酒的基底風味影響最大。不過如果是做其他大多數麴製品，洗米不需要這麼仔細，甚至完全不洗也無妨。

蒸籠裡蒸好的米飯，麥斯‧霍爾參考派翠克‧索西（Patrick Soucy）的照片繪製。

3. **浸泡**：米必須在室溫下浸泡至少 6 小時，讓米粒吸收部分水分，才能在蒸煮過程中糊化到適當程度。絕對不能省略此重要步驟。

4. **蒸煮**：傳統蒸法是竹製蒸籠內裝米，架在一鍋沸水上蒸。首先，在蒸籠內鋪上無棉絮布巾，防止米掉入底部細縫。接著瀝乾泡好的米，放入蒸籠，按照同樣步驟將米裝入其他相同尺寸的蒸籠，然後疊起蒸籠加蓋，蒸 45-75 分鐘，直到口感類似煮好的義大利麵（即彈牙〔al dente〕），日文稱為「外硬內軟」，指米飯表面硬、中心軟，迫使黴菌生長時深入米芯，而不只是附著在表面。

5. **放涼米飯**：將米飯均勻鋪在寬廣的平面，時而搧風協助冷卻。如果培養量較小，鋪在方形調理盆或烤盤內即可。一般來說，能放入培養箱的食品級平底盤或淺盤都行。將米飯平均鋪滿淺盤後，高度不宜超過 3.8 公分。如果暴露在超過 46° C 的環境中，麴菌會開始逐漸死去，到了 54° C 左右，則會完全死亡。麴菌偏好的溫度為 21-35° C。冷卻過程有助於蒸散多餘濕氣，使米飯中的糊化澱粉就定位。專業培麴者靠觸摸就知道米飯的溫度是否降得夠低，你也可以用精準的探針溫度計或測溫槍來確認。

6. **接種米飯**：傳統上，麴菌孢子是用類似撒鹽罐的手持小型竹製撒粉罐來接種。培麴的人撒下孢子，讓孢子如同一片厚薄均勻的雲般覆蓋住米飯。如果培養量少，我們發現用小湯匙舀起需要的孢子量，一邊在飯上方移動，一邊輕拍湯匙撒下孢子即可。我們採用的比例是 1 克孢子接種 1 公斤米飯。

7. **混合米飯和孢子**：用手輕輕混合米飯和孢子，要確保孢子均勻散布並盡可能覆蓋米飯。過程中，要避免將米粒壓碎、壓破或揉成

一團。麴菌必須接觸空氣中的氧氣，要是米粒黏在一起，麴菌將無法生長。徹底攪拌數分鐘就足以散布孢子。

8. **將接種麴的米飯堆成丘狀，開始培養：**傳統作法會將已接種的米飯在防水布上堆成一座大丘，蓋住靜置至少 6 小時。少量培養的情況下，將米飯均勻鋪在淺盤上靜置 12 小時即可。至於如何覆蓋米飯，要視使用的培養法而定（步驟 10「盛麴」將詳細說明）。

9. **攪拌米飯：**首次靜置後，要攪拌米飯。培養過程中，攪拌有三種作用：讓米飯接觸空氣、使米飯冷卻並促進菌絲蓬勃生長。麴菌生長時會生熱，可能使米飯大幅升溫至超過 54°C，導致麴菌在

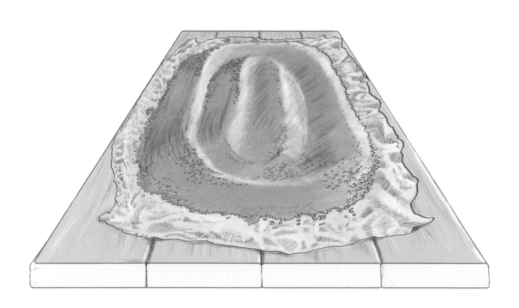

將米飯堆成丘狀有助於冷卻，麥斯・霍爾繪製。

完全長出菌絲體之前就死亡。如果不攪拌米飯，麴菌會無法順利生長而腐壞分解。攪拌過後，麴菌的菌絲會碎成小段，而更加積極生長。某方面來說，這步驟與修剪果樹的原理類似。

10. **盛麴：**將攪拌過的接種米飯裝進鋪了無棉絮布巾的日本柳杉方形麴盤。這時不要將米飯鋪平，而是要堆成數條田壟或小丘狀，讓米飯表面起伏，可以平行直條排列，也可以堆成環狀。這個步驟是藝術，如同精心打造的禪園，彷彿能讓人沉思冥想，但也有實際效用，因為田壟或小丘形狀能增加米飯的表面積，讓更多米粒接觸到空氣。用無棉絮布巾蓋住麴盤以維持高濕度，接著將麴盤疊起靜置。日本人稱這種布巾為「手拭巾」，材質是細織棉布，不易磨損或掉絮而沾黏在麴上。無棉絮棉布在許多零售店都買得到。

11. **多次攪拌靜置：**攪拌與靜置的循環要重複數次，直到麴菌生長繁盛並深入每一顆飯粒。你可以掰開飯粒看看菌絲扎根的深度（越接近中心越好）。每 12 小時將米飯攪拌並堆成小丘，培養滿 48 小時即可。

12. **最終檢查：**最後，要檢查米麴的狀態。你能從香氣和外觀得知麴培養完成而可使用的準確時機。成麴香氣四溢，許多人形容那是新鮮真菌、栗子、金銀花、香檳和熱帶水果組合成的香氣。主要的外觀線索則是在飯粒上緊密扎根的純白蓬鬆菌絲體。只要這些現象明確，就代表麴大功告成。整個培養過程平均花費 2-4 天。

你可以依照類似作法，用任何富含澱粉的豆類、其他穀類或種子來培麴。剛開始培麴時，我們只用米麴菌來接種基質。隨著時間過去，我們越來越熟練，於是開始用各式各樣的菌種來培麴，不只是米麴菌的不同菌株，還包括麴黴屬的其他品種，像是用豆類來培養醬油麴菌，或用乳製品來培養泡盛黑麴菌。不論選用哪種菌株或品種的麴菌，培麴的過程都相同：取得種麴、準備、接種，然後用特定基質培麴。

▌現代培麴法

現代培麴法運用各種器具和方法，從仿製傳統日式麴箱到簡單的烤盤加保鮮膜都有。我們將在這一節討論各種選項的花費和需投入的精力，並介紹數種方案，有些器材極簡，有些則運用精緻餐飲廚房和某些居家廚房才會準備的高科技設備。歸根究柢，培麴只需接種煮過的穀物並放在潮濕環境下即可，所需材料極少。關鍵在於打造或調整出可控制的環境並維持幾天。

我們大量用來培麴的介質，是加水蒸煮的飯或抓飯，我們稱之為標準熟飯。儘管這種米飯通常無法讓麴菌長到最佳狀態，不過只要妥善照料，在某些情況下以乳酸發酵輔助，就能培養出接近完美的麴。我們培養的麴總是擁有充足酵素，以大部分麴製品來說（尤其是胺基酸糊醬和胺基酸醬汁）輕微酸化也不是問題。對大多數人而言，特別是希望做出夠多成品供給繁忙餐廳的業者，煮飯的步驟不需太苛求講究是一大優勢。在拉德熟食與烘焙店，我們用麴製作大部分料理，而每天用來培麴的主要基質，就是標準熟飯。

我們研發的標準熟飯培麴法，在烹調、接種和最終使用上都很方便。一切從選擇適合的米開始，就是長粒米（先前提過，長粒米的直鏈澱粉含量較高，那是麴菌偏好的食物）。我們愛用泰國香米或印度香米，因為香氣和風味都十分美妙。泰國香米還有一項強大誘因，就是經濟實惠，用不到 40 美元的價

格就能買到 23 公斤的米，代表 1 公斤不到 2 美元，對餐飲業者來說極具優勢。培麴用麴需要投入大量人力，因此維持原料費低廉頗有幫助。買好米之後，接著準備接種，動手接種，讓麴菌生長，最後把成麴用掉或存放起來。我們因應廚房功能和麴的用法做了調整，所以你會發現接下來的步驟跟前一節介紹的傳統方法有些不同。稍後會討論部分差異以及改變步驟的原因。

改變作法的主因之一是我們的方法研發於專業廚房。在專業廚房工作的讀者大概能體會，大廚掌管的專業廚房裡有各種級別的專業料理人，從洗碗工到行政主廚等，其中，大多數成員是需要每天學習的烹飪新手。在這種情況下，通常會按照個人技能來分派任務。許多廚房的洗碗工和備料廚師要負責各種任務，包括將洋蔥、馬鈴薯、大蒜等食材去皮，採摘並洗淨香料植物，以及切檸檬瓣等，卻很少被派去宰殺大西洋牙鮃、調製醬汁或製作發酵食品。這些工作通常會交給廚房裡專責此任務的人，可能是醬汁廚師、副主廚或屠工。我們在專業廚房研發培麴和用麴方法時，以簡單為目標，希望自己忙碌時，任何有空的人都能擔起這項工作。因此我們盡可能簡化傳統培麴法，變得易於操作。在大廚管理的專業廚房採用簡化烹飪法的最大好處，就是即使員工還不會繁複工序所需的專業技能，也能照著步驟執行。這套簡化法不限於職業廚師，不管專業還是業餘廚師，都能順利運用這套方法。

以下步驟不只各種米能用，換成豆類、種子或其他你能取得的食材都沒問題。只需烹調、接種和培養，就有麴可用了（使用非米基質的注意事項，見 101 頁〈爆米花麴〉食譜）。

用這套方法煮米時，要注意盤底的部分米飯會過熟，這點有好有壞。主要的壞處是出現糊爛的過熟米飯，好處是麴仍然能在過熟米飯上生長，也很適合用來做甘酒（106 頁的〈甘酒〉篇章會詳細說明）。

1. **烤箱預熱至 176°C：**這套方法源自歐洲，精確來說是法國，用烤箱取代爐子和蒸鍋煮飯。將米倒進烤箱可用的器皿，高度不超過器皿深度的一半。我們用 15.2 公分深的 1/1 長方形調理盆，但只要能煮出你想用來培麴的飯量，用任何器皿都無妨，甚至湯鍋也行。接著把手平放在米表面，倒入冷水直到剛好淹過掌指關節。這套方法沒有洗米，並非不能洗，只是如同前述，為了方便而簡化步驟罷了。

2. **器皿加蓋送入烤箱：**倒水蓋住米後，覆上可密合的蓋子，或以鋁箔紙包住，用烤箱烤 90 分鐘，取出不掀蓋靜置至少一小時。

3. **將米飯取出撥散：**將靜置後的米飯移出烤盤，取出潮濕過熟的部分，留著做濕麴或甘酒。輕輕撥散狀態良好的米飯，使米粒可移動而不結塊，確保麴菌能蓬勃生長。這是非常重要的步驟，結塊會使米粒無法接觸空氣，撥散米飯則能在麴菌生長時讓氣流與飯粒間增加接觸，也使麴菌孢子散布得更均勻，有利生長。

4. **接種米飯：**分散米飯後，就該來接種了。先測量米飯的溫度，不應超過 37°C，否則孢子可能會死亡。你可以用溫度計量，或直接把手放在飯上，如果感覺飯比你的手熱，就再等一會，讓米飯冷卻至適當溫度。米飯放涼後，就能撒上孢子。要將孢子均勻撒落，然後輕輕攪拌並搓揉米飯，以徹底散布孢子。用指頭輕輕攪拌，不要將米粒捏碎或揉成一團。接著將接種過的米飯小心放入金屬淺盤，不要壓實，高度也不要超過 5 公分，這是在不攪拌的情況下讓麴菌順利生長的關鍵。高度超過 5 公分的米飯，必須像傳統作法一樣攪拌，低於 5 公分則不需要，這樣的高度不至於造成溫度過高。可省略攪拌是這套方法的主要優點之一。

5. **用保鮮膜緊包住淺盤：** 在保鮮膜上戳幾個指頭大小的洞，然後用理想溫度培養，想要較多的蛋白酵素就用 26°C，想要較多的澱粉酵素則用 32°C。約 36 小時後，麴菌就會完全長成，可以直接使用或儲存。

▋保存方法

新鮮的麴有數種保存方法，用保鮮膜包緊或裝入夾鏈袋冷藏，可存放兩週左右。若裝入真空袋冷藏，可保存六週。如果一定要冷凍，必須盡可能排除空氣，請真空密封，這樣可以存放長達半年，但效果遠不如新鮮的麴來得好。我們向來偏好立刻用掉，考慮到培麴所花費的時間精力，更該如此。

「麴蓋」是日本傳統培麴淺盤。圖為南河味噌公司所使用的麴盤，麥斯·霍爾繪製。

如果沒有空間冷藏或冷凍剛長好的麴，也可以脫水處理。用 37°C 慢慢將麴烘乾，直到質地變得易碎。酵素的成分畢竟是蛋白質，要是烘乾溫度超過 73°C 就會變性，形同失效。酵素失效的麴已經產生糖分，因此還是可以用在仰賴單醣進行發酵的食物，不過利用活性酵素才是用麴的原始目的。烘乾的麴可以攪碎成粉狀，有各式各樣的創意用法，例如拿來調味或增稠；也可以不加改變，作傳統用途。不論你想怎麼做，都要將乾燥的麴放入氣密容器或包裝袋，並遠離熱源、濕氣和光線，在兩三個月內用完。

總之，用你順手的方法保存新鮮的麴，並盡早使用就對了。切記，麴放得越久，酵素活性就越差。

▌淺盤

先前討論過，米麴菌需要氧氣才能生長，而提供氧氣最簡單的方式就是盡可能增加表面積，讓麴菌接觸空氣。傳統上，蒸過的穀物要在鋪了大布巾的平面上翻攪直到冷卻，接著添加孢子，再將穀物移至另一個鋪了布巾的平面來維持初步生長所需的熱度，最後移至杉木麴盤，讓最終階段產生的熱度得以消散。杉木的優點在於保溫效果好，可以讓穀物維持定溫，同時還能吸水，使蒸氣不會冷凝成水珠或一灘水。使用數次後有個額外的好處：黴菌會開始在木材落地生根。不過，除非像傳統製麴商那樣大量培麴，否則杉木麴盤可不易照管。

現今世界各地的廚房都用一般餐飲業用的淺盤培麴，通常是用方形調理盆（5 公分深的不鏽鋼矩形盤）或烤盤，隨手可得、價格便宜又好清理。即使是最高級的精緻餐飲餐廳，從頭到尾都用淺盤培麴也夠滿足需求了。實際上，只要能放入培養箱，任何不會起化學反應的淺型容器都可以用。

請記得，製作食物時清潔最重要。麴菌的培養環境極適合有害的食品微生物生長，因此培養箱本身和放入箱內的一切器具都必須符合餐廚用具的清潔標準。

▌極簡培麴條件

培麴有幾個簡單要件：(1) 溫和熱源，用來保溫澱粉培養基 2 天；(2) 一些環境氣流，以提供氧氣；(3) 大量濕氣，但不至於在穀物表面凝結成水珠。

培麴所需的最佳溫度為 30°C（產生將蛋白質分解為胺基酸的蛋白酵素）和 35°C（產生將澱粉分解為糖的澱粉酵素）。在家中和工作的廚房，你應該能想到幾個溫暖舒適的地點，比如冰箱上、只開著燈的烤箱、地下室的火爐旁等。

維持環境最好的方式就是選擇最接近理想狀態且最容易控制的地點。現今人們活動之處大多會將溫度調到人體覺得舒適的溫度，所以調高到適合麴菌生長的溫度並不麻煩。

▌水浴培養法

最簡單便宜、又能用家裡可能已經有的基本器材打造的培養器具，其中一項就是加蓋的微熱水浴的培養箱。這組設備有兩個重點：(1) 運用箱內水面蒸發來產生需要的濕氣；(2) 靠水來散熱和維持溫度。視工作環境而定，將培養箱保溫是另一個重點。如果室溫能控制好，將溫度調節器設在 18°C 左右，大概就不需要保溫了。

以下是打造這套系統所需的材料，條件盡量設寬鬆些，方便你視情況選用。

- 一個大型不透水容器和蓋子。
- 不會起化學反應、符合食品安全標準的淺盤，大小能置入上述容器。
- 乾淨、無棉絮且符合食品安全標準的布巾，用來覆蓋煮好的穀物。
- 可維持理想培養溫度的微溫飲用水。
- 將淺盤架高而不碰水的器具。
- 能產生濕氣的器具會有幫助，但非必要。

▎小型水浴培養箱

以下是架設小型入門培養箱的方法。我們建議第一次培麴時採用這種方法，能培養出 500 克的麴。這套系統的關鍵器材是舒肥棒，能維持理想培養溫度並攪動水來幫助產生濕氣。

器材：

1 個 20 公分深的 1/1 聚碳酸酯方形調理盆

1 枝家用舒肥棒

4 個 236 毫升梅森罐或 473 毫升塑膠保鮮盒

1 個 23×33 公分的長方形蛋糕烤盤，用來裝煮好的穀物

1 條廚房布巾

保鮮膜

將溫水倒入聚碳酸酯調理盆，高度依照你所用的舒肥棒建議，但不要淹過梅森罐。將舒肥棒放入調理盆短邊，把水倒入 4 個罐子裡，水位與調理盆同高，以免漂浮。將罐子放入水中排成長方形，用來托住蛋糕烤盤，也讓烤盤遠離舒肥棒。把裝有已接種穀物的烤盤架在罐子上，用乾淨的濕布巾蓋住穀物。最後用保鮮膜包住調理盆，將舒肥棒調至適當溫度。

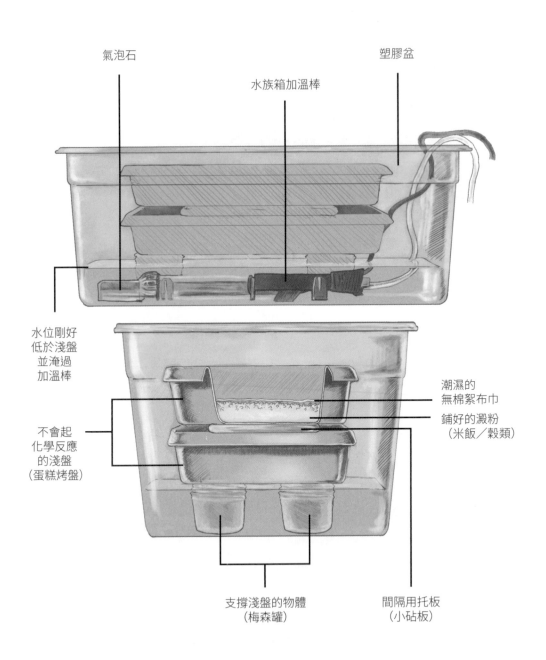

氣泡石　　　　　　　　　　　塑膠盆

　　　　　　　　水族箱加溫棒

水位剛好
低於淺盤
並淹過
加溫棒

不會起
化學反應
的淺盤
（蛋糕烤盤）

潮濕的
無棉絮布巾

鋪好的澱粉
（米飯／穀類）

支撐淺盤的物體
（梅森罐）

間隔用托板
（小砧板）

用水族箱加溫棒和兩個淺盤打造的水浴培養箱，麥斯·霍爾繪製。

大型水浴培養箱

這款器材是瑞奇從多年前首次嘗試培麴以來，養出所有麴的重要設備。他向《發酵入門指南》（*The Everyday Fermentation Hand-book*）作者布蘭登．拜爾斯（Branden Byers）學來這套方法和培麴的基本知識。這套系統的美妙之處在於用大型保冷箱當作培養箱，因其具備所有必備條件：盛裝水浴的不透水容器、保留濕氣的蓋子和保溫功能。唯一需要增加的是熱源和加濕功能，而這兩項都能靠便宜的水族用品辦到，可在任何水族用品店買到。

請注意，我們最近開始在水浴裡加鹽來抑制有害微生物。用鹽與水的重量比例來算，調出鹽度 3% 以上的鹽水即可。如果你家有製作熟肉的設備，應該就明白添加鹽水能稍微增加濕度的道理。

器材：

1 個能容納方形調理盆的大保冷箱

1 條 1 公尺的水族箱風管

1 顆氣泡石，圓盤形直徑 10 公分，圓柱形 20-30 公分高

1 個 38 公升水族箱打氣幫浦

1 個 150 瓦可調溫水族箱加溫棒

4 個 236 或 473 毫升梅森罐

1 個 5 公分深不鏽鋼方形調理盆

1 條廚房布巾

把 3% 鹽水倒入保冷箱數公分高，風管一端連接氣泡石，一端接至打氣幫浦，然後將氣泡石和加溫棒放入水中。把水倒入梅森罐，水位高過水浴，以免漂浮。將罐子排成長方形以架起方形調理盆。加溫器調到 30° C，替打氣幫浦和加溫器插電。用濕的廚房布巾蓋住裝好已接種穀物的方形調理盆，擱到高於

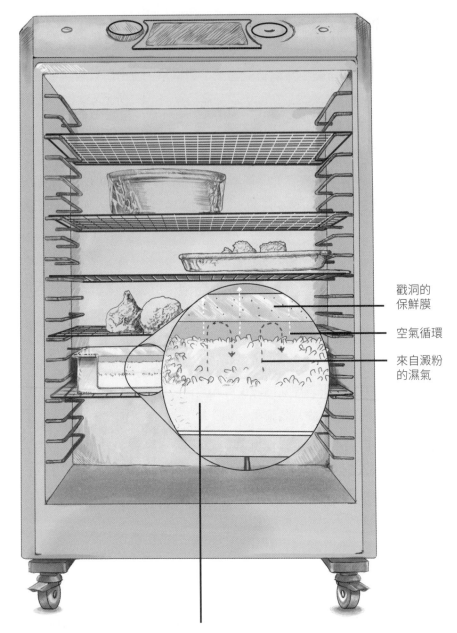

戳洞的
保鮮膜

空氣循環

來自澱粉
的濕氣

鋪好的澱粉（米飯或穀物）

食物乾燥機培養法解說圖，麥斯・霍爾繪製。

水面的梅森罐上。架好之後，將風管和加溫棒電線從保冷箱前端角落拉出，這樣蓋子就能覆蓋到足以維持熱度和濕度的程度，而無須改造箱體。如果想將蓋子完全蓋上，用美工刀在保冷箱頂端切個凹槽即可。

▍食物乾燥機（乾熱）培養法

食物乾燥機等同於可控制的乾熱培養箱，能調至適合麴菌生長的溫度。儘管這種機器會蒸乾黴菌生長所需的濕氣，但我們很早就發現，只要蓋住裝有穀物的淺盤或容器就解決了。這樣一來，你能用穀物內含的濕氣打造潮濕環境，不用額外加水。唯一要注意的是需讓氣流進入，只要蓋子上戳幾個洞就能辦到。

選購食物乾燥機時，記得挑定溫範圍可較低的款式。市面上許多型號的定溫範圍都在 37°C-73°C，而先前提過，這樣的溫度太高了。我們建議的變通辦

艾瑞克・艾德金的培麴法：麴室搭配加濕器與電暖器

傳統的日本麴室（可維持適合麴菌生長條件的培養箱）也有現代版本，我們的朋友艾瑞克・艾德金（Eric Edgin）就手工打造出極佳的現代版。我們知道有少數人會用杉木訂做獨立培麴設備，他是其中一人。艾瑞克累積研究和多年培麴經驗，才有了這項周全的設計。

「麴室」是杉木製成的培養箱，尺寸相當於小烤箱。內部設有層架，上層用來擺裝有麴的淺盤，下層則放入當作熱源的個人用電暖器和小型室內加濕器，並連接至設定妥善的標準溫濕度控制器。下面的說明是參考艾德金先前的網站所寫：

「這款培養箱是用杉木製成。杉木是製作麵室的理想木材，原因如下：首先，杉木可不經特殊處理直接使用，因此能吸收濕氣，避免水汽凝結在麵室。其次，杉木能天然抗腐，吸收濕氣也不影響麵室的使用壽命。在使用與不使用的週期間，麵室的熱度和濕度會改變，而杉木很耐得住如此變化。另外，杉木會隨著

時間產生漂亮的皮殼（patina）。」

「整個麵室幾乎都用榫接合和鳩尾榫工法打造，因此內部沒有鐵製扣件和五金（可能會腐蝕），有助於延長使用壽命。建造時也預留縫隙，這樣麵室使用時，吸收了濕氣的木材才有膨脹空間。」

法是打開乾燥機的門固定在一定角度，甚至拆掉，並用溫度計來協助你將溫度維持在理想範圍。

我們在拉德熟食與烘焙店使用的商用食物乾燥機，可將溫度維持在 10°C 的低溫，效果相當一致且精準。更多資訊請見書末的「社群資源」章節。

▋極簡烤箱培養法

如果不確定是否想額外花錢來培麵，也可以用家裡原有的器材。你家廚房的烤箱就具有讓食物保持定溫的空間。某些烤箱只要開著燈就足以產生需要的熱度，有些瓦斯烤箱則具備常燃小火，可當熱源使用。如果開著常燃小火培麵，關上烤箱門對麵來說可能太溫暖，但只要半開就能維持在理想溫度，把裝著穀物的淺盤放在靠近烤箱底部較低溫處也能避免過熱。不論哪種方法，都必須用精準的探針溫度計測量烤箱內的溫度。重點是，用比室溫稍高的現有熱源搭配其他器材來培麵並不難。只要天氣適合，你甚至可以直接靠室溫培麵。

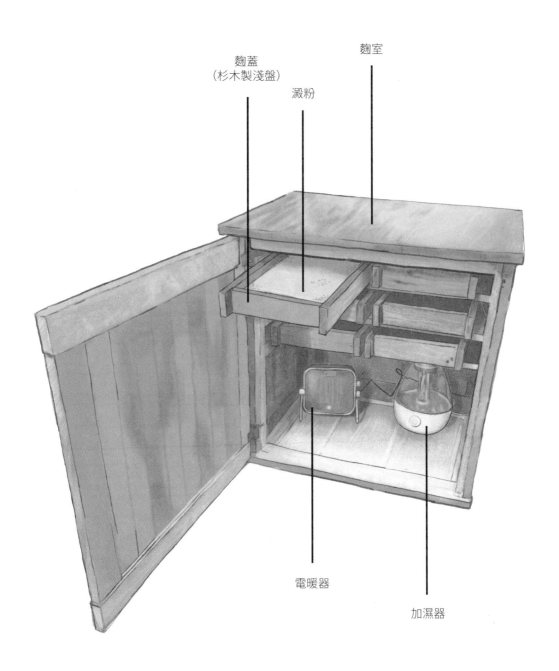

麴蓋
(杉木製淺盤)

澱粉

麴室

電暖器

加濕器

加濕器與電暖器培養法解說圖，圖為艾瑞克・艾德金的麴室，麥斯・霍爾繪製。

發酵機器人

摘自採訪麻省理工學院媒體實驗室的尤金・澤蘭尼（Eugene Zeleny）的報導

過去不曾有設備可以讓小型廚房的人追蹤控管少量發酵品，要製作少量多樣的發酵品，也始終不存在業界認可的製作標準。現在，巴斯克廚藝學校（Basque Culinary Center）和麻省理工學院媒體實驗室（MIT Media Lab）的開放農業行動計畫（Open Agriculture Initiative）共同研發出發酵機器人（Fermentabot），希望將食物升級再造與發酵結合工程學、控制系統和數據收集等技術。

發酵機器人能微調溫度和濕度（未來將增加酸鹼值、氧氣和二氧化碳等項目），監控原料在特定環境中如何變化，並根據事先輸入的食譜進行調控。發酵期間，溫度和濕度的些微改變可能劇烈影響酵素產量，而研究證實，培麴過程中收集數據極有幫助，能讓烹飪過程更安全可靠、作法統一、有效利用資源，還不會犧牲風味。想像一下，只要按下按鍵就能用廚餘來製作更多食物，像是再利用胡蘿蔔皮和甘藍菜的外層葉子，這就是研發發酵機器人的主要目的之一。發酵機器人可望大幅影響人類製作食物的方法。目前，少量生產的發酵品大多仰賴手工，沒有紀錄顯示曾運用工程學來改善效率、產量和影響孢子生長的因素。發酵機器人能監控發酵過程，可望能將資訊提供給生產商、大廚和授課老師，專業和業餘人士都能使用。

巴斯克廚藝學校前任副教授迪亞哥・普拉多（Diego Prado）戲稱這款機器人為「超級花俏的烤箱」，其實還算精準。發酵機器人的設計原理本來就是盡可能運用現成器材來打造，包括加溫器、風扇、加濕器、螺帽、螺栓和外燴餐盤等，全部組合成像是保溫餐盤搬運箱的設備。機械、電子和軟體等領域的工程師設計了外罩、流體系統、印刷電路板和線路，用雷射切割訂製零件，並在開放農業行動計畫位於麻薩諸塞州密德頓（Middleton）的製造廠組裝。儘管不是所有人都能使用雷射切割機或自造者空間，熱愛發酵的社群仍大有機會創新，想出更簡單便宜的方法來打造個人專屬的發酵機器人。

和開放農業行動其他計畫一樣,發酵機器人的設計、組裝說明、材料清單和收集而來的數據全部公開,可以在網路上免費取得。人們不用買發酵品,而能自己在家做,堪稱發酵的再民主化。團隊希望發酵機器人成為標準化且普遍使用的工具,從而產生影響卓著的涓滴效應。

未來,因為食材都能在當地取得,運費得以降低。非科技人士可以透過網頁版的使用者介面參考其他發酵機器人用戶上傳的氣候友善食譜,並創造自己的新食譜。如此一來,全世界都能培養繁殖出一模一樣的麴。研發團隊預測這只是未來趨勢的開端,而世界各地熱愛發酵的社群在這項工具輔助下能激發出哪些創新,還未可知。

基本米麴簡易培養指南

1. 浸泡米至少 8 小時,瀝乾蒸至口感彈牙。

2. 將米飯移至方形調理盆、烤盤或淺盤,然後放涼至人體體溫。

3. 把種麴撒在米飯上混合均勻(1 公斤米飯用 1 克種麴)。

4. 將接種的米平鋪不緊壓,高度控制在 2.5-4 公分。

5. 依照所採用的培養法指示覆蓋米飯,以進行後續步驟。

6. 將淺盤放入培養箱,以 30°C 培養 12 小時。

7. 取出淺盤,攪拌米飯並鋪平,再培養 12 小時。

8. 取出淺盤,攪拌米飯並堆成丘狀,再培養 12 小時。

9. 如果米飯與菌絲體緊密連結,麴就完成了。如果還沒有,就再重複一次步驟 8。

發酵箱和其他商用廚房培養法

先前討論過，商用發酵箱能提供酵母菌喜愛的生長條件。這種器材特別適合在大量培麴時維持品質一致。發酵箱的優點在於能將溫度設在適合麴菌生長範圍的最低溫，即 30°C，也能提供所需的濕氣。這種設備能容納數個全尺寸烤盤（66×46 公分），高度約 0.8-1.7 公尺，能培養出的量可多了！

我們的朋友山姆‧傑特（Sam Jett）建議用舊冰箱當作現代麴室，只要效法 79 頁〈艾瑞克‧艾德金的培麴法〉，放入設定好的加濕器與電暖器即可。

正式的餐廳廚房大多會配備專業烤箱，可準確維持培麴所需的溫度和濕度，只要設定即可。唯一的缺點是，這種了不起的烤箱是使用頻繁的設備，不太能連續占用 48 小時。

培麴很有趣，能帶來成就感。每次培麴，就如同扮演守護九千年食物傳統的導師。這項傳統令人讚嘆之處在於依然活力蓬勃，並在許多方面持續進化和成熟。培麴時，你能掌控自己想要的培養方式以及如何使用成品。增添個人特色正是使食物、烹飪和料理私密而特別的原因。你可以把自己的故事融入具體的感官經驗，並與他人分享。開始培麴吧！

EXPANDING YOUR KOJI MAKING

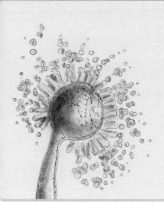

第五章
拓展你的培麴種類

這一章的重點，是深入探討如何製備各種麴，而不只是簡單的白米麴。參考本章的準則，你將能為米麴菌打造出幾乎用任何澱粉都能培麴的最佳生長環境。我們會以主要穀類為基礎，說明最佳烹調方式，也提供爆米花等非傳統碳水化合物培養基的烹調準則，協助你成功培麴。最後，我們將檢視孢子的種類及菌株挑選須知。

了解從營養到環境等各方面的理想條件，是培麴的成功要件。讀到這裡，你已具備足夠的基礎知識，明白培養米麴很簡單，我們現在要告訴你方法，讓你能培出想得到的任何一種麴。以下逐一說明四個要素：打造有毒微生物無法生存的環境、維持溫度、維持濕度和提供麴菌可利用的結構完整的澱粉。這些知識會協助你做決定，調整出最佳作法，就能一再獲得理想成果。

打造有害微生物無法生存的環境

培麴時，確保食品安全的關鍵要素之一，就是打造有害微生物無法生存的生長環境，這點幾乎適用於所有將特定菌種隔離，並提供特定培養基，以獲得特定產物的受管控發酵法。切記，米麴菌在人工繁殖過程中已經消除黴菌毒素，所以沒有毒性，這點跟大多數麴菌屬的菌株不同。米麴菌存活至今，是數千年來人類培養的結果，起先人類是為了生存需求，現今則用來烹調美食。這種黴菌之所以能在富含養分且沒有競爭者的環境蓬勃生長，是因為原料都已事先烹煮。穀類及豆科植物經過蒸、沸煮或高壓烹煮，穀粒及穀粉則經過烘烤。攪拌造成的空氣循環和接觸當然會讓其他微生物趁機進入，但只要在培養環境就緒時立刻植入孢子，麴便能在理想環境下迅速生長，而且只要不發生交叉感染，也能戰勝其他可能試圖落地生根的菌種。

維持溫度

先前討論過，米麴菌要在特定溫度範圍內才能順利生長。不過，這可不是將培養箱設定在恆溫就能達成，還必須考慮黴菌生長時的放熱反應，這種化學反應會使培養基溫度升高。傳統製麴法透過定期攪拌來控管溫度，一方面翻鬆穀粒，一方面散熱，並在攪拌後將平鋪的穀物劃出溝槽（堆成長條形小丘），以增加額外表面積協助散熱。堆起的穀物高度也會影響控溫，太高會導致穀物疊壓過密而更難散熱，建議將高度控制在 2.5-4 公分。

穀物過熱會使米麴菌感覺有壓力，而產生孢子保護自己，最終停止生產酵素，影響我們用麴製作食品的效果，所以避免過熱很重要。根據我們的經驗，過熱的麴依然可用，只是要知道這種麴會有哪些作用、又有哪些部分會受影響。一般來說，如果培養達到 36 小時，過熱的培養基已明顯長出菌絲，代表仍有充足的酵素可供使用。

過熱的主要問題在於麴會長出孢子和自然發酵。如果澱粉維持過熱長達一定時間，把穀物表面的孢子層用在短製程食品（例如醃肉或加入雞尾酒裡）時，就會產生異味。另外，空氣中的微生物可能也會導致穀物開始自然發酵。最常見的微生物是自然產生的乳酸菌，從德國酸菜到優格等各種食品裡都有，會使培養基稍微變酸。但在麴大部分的用途中，這不見得是壞事，因為微酸通常能讓風味譜達到平衡。

控溫時，還得考慮溫度與酵素生產的關係。麴在 35-40°C 會產生澱粉酶，過量會導致麴變黏。為了減緩這個問題，可以在培養第 18-27 小時之間攪拌，讓原料降溫。通風也有幫助，但過冷可能會遏止澱粉酶產生。真菌會在第 36 小時前後成長趨緩，並在低於 35°C 的環境開始產生重要的蛋白酶。[1]

總之，偏高溫的環境有利於產生澱粉酶，偏低溫的環境有利於蛋白酶將蛋白質轉化為胺基酸，如何控溫則視最終目標而定，看你是想要甘酒的甜味，還是醬油的鮮味。如果你有適當的控制措施，想養出最佳的麴，可以使用這套很好用的溫控原則。不過我們發現，將溫度控制在偏低的 30-35°C，效果很好，能產生足量酵素，幾乎任何用途都夠用。

▋ 維持濕度

培麴另一個重要的環境條件是濕度。澱粉已糊化的穀物在潮濕環境中能避免脫水而導致結構改變，結構維持完整就能方便米麴菌消化。不過我們發現，我們打造的環境不必嚴格控制濕度百分比，只要運用煮過的米飯、穀物或其他培養基在通風有限的容器內自然產生的濕氣，並採用加蓋的水浴培養箱（使持續產生的濕氣在表面凝結成水）。使用水浴培養箱或任何持續加濕的器具只有一個難關，就是要控制可能會滴進澱粉的冷凝水。麴菌在過濕的糊狀表面無法順利生長，有時甚至完全不長。表面過濕也可能使有害微生物大量孳

生。幸好冷凝水的問題不難解決，用沾濕的無棉絮毛巾蓋住穀物即可。總之，如果採用前一章介紹過的培養方案，就不用太擔心濕度問題。

▌提供結構完整的可利用澱粉

「麴菌可以利用的結構完整的澱粉」是什麼？或許從反面解釋比較容易。麩皮完整的生穀類就不是結構完整的**可利用**澱粉，例如帶外殼的麥仁，麴菌無法在纖維素裹住的穀粒上生長，也無法穿透穀粒內部未經烹煮而過硬的胚乳。然而，稠粥也不是**結構完整**的可利用澱粉，因為澱粉的濕度有範圍限制，而稠粥對黴菌來說太濕。為了讓你了解恰當的澱粉製備法，以下先來介紹流傳數世紀的可靠作法。

以下四種製品能讓你牢牢掌握準備澱粉的基礎知識：精碾穀類（味噌最廣為人知的關鍵原料，也是本書許多製品的標準食材）、醬油醪（煮過的大豆和烤過碾碎的小麥混合物）、豆豉（中國發酵黑豆，基本食材是煮過的大豆，裹著烘烤過的麵粉）和 meju（將大豆糊塑形成磚狀並吊起發酵的產物）。我們將詳述每種製品的作法，讓你獲得基礎知識來製備適合麴菌生長的非白米澱粉培養基。除了基礎作法，我們還研發了其他適合培麴的澱粉製備法。希望本章介紹的傳統與現代麴菌培養基作法，能成為你培麴的入門磚。你會發現有許多方法可以達成目標，有些難度比較高。本章所有衍生作法背後的理念，都在於盡可能提供最多「方法」，使你能用任何澱粉來培麴。挑選吸引你的方法試試吧！擁有這些基本知識，終將使你能利用手邊可用的資源，發展出屬於自己的作法。這是培養直覺的過程……但每個人的方式不同。

精碾穀物麴：先前討論過（見 62 頁〈用傳統作法培出基本米麴〉），用去糠白米飯培麴是目前最簡單、也最容易成功的方法。米飯要煮到「彈牙」，如此一來澱粉已經糊化，米飯形狀卻仍維持著，就成了黴菌理想的食物來源，

能輕鬆消化和穿透。每顆穀粒皆維持形狀，能提供菌絲體充足的表面積扎根蔓生。

醬油醪：製作醬油的基本原料，是煮過的大豆和烘烤過且碾碎的小麥等量混合再接種麴。[2] 大豆所含的碳水化合物比穀類低很多，蛋白質含量則較高。因為大豆能提供給麴的養分遠不及穀類，表面結構也往往太濕，所以只靠大豆來培麴並不容易。然而，只要混合兩種原料做成醪，碾碎的小麥增加了澱粉量並吸收多餘水分，就能大幅減低培養基的濕度和黏度。每顆麥仁都碎成 4-6 塊，提供麴菌足夠的表面積來攝取碳水化合物。豆麥組合的優點在於培養基已含有高蛋白，因此不用像做味噌時一樣追加蛋白質，烘烤過的穀類也增添了風味層次。

豆豉（中國發酵黑豆）：簡單來說，豆豉可以定義成發酵的黑豆麴。你或許已經在用來搭配豬肋排的醬汁、或是點心推車上小蒸籠裡的蛤蜊裡，嘗過這種帶有鮮味的鹹香玩意。豆豉的功能如同保有整粒大豆的味噌，兩種麴的作法也大同小異。不過，把豆子一顆顆單獨發酵能產生截然不同的可口風味，在日本（濱納豆）、菲律賓（tao-si），甚至印度（tao-tjo）都有類似製品，只是各地製作程序和使用的黴菌品種或變異種各有不同。

各地豆豉的作法都相同。先將豆子浸泡、烹煮（蒸或沸煮），然後放涼。接著將烘烤過的麵粉（分量是煮過並適度乾燥的大豆的 1-6%）與黴菌孢子混合以接種豆子。[3] 包裹大豆的麵粉含有麴菌立即可用的澱粉，有助於促使麴菌生長，也能吸收水分來控制濕度，對後續生長有利。接著沖洗豆子，去除可能讓成品有苦味的黴菌孢子。然後將豆子放入鹵水醃漬，有時會添加辣椒、大蒜和薑。最後，將豆子乾燥至質地軟綿。

豆豉的另一種作法，是直接用你手邊任何醬油麴菌的菌株來接種大豆。我們

發現因為不需添加麵粉或其他澱粉類基質來滿足麴菌的生長條件，所以這個方法效率極佳。有些醬油麴菌的變異種（例如樋口松之助商店培育出的 12 號醬油麴菌）會在生長時散發近似芒果和鳳梨的美妙果香。用這種麴做出的成品都會保有這股香氣底蘊，就算是經過鹵水發酵和乾燥的豆豉也不例外。

我們還發現另一種妙法，就是用乾鹽取代鹵水來醃漬豆豉。如果希望豆豉產生乳酸的酸勁，就添加豆子重量 3% 的鹽；想要讓麴的風味更突出、鮮味更濃厚，就添加豆子重量 7% 的鹽。不論鹽量多寡，都將豆子發酵或鹽醃數週，然後沖洗並乾燥。這種乾鹽醃漬豆豉讓許多人想到墨西哥墨雷醬。豆子彷彿產生了類似巧克力和葡萄乾的香氣和風味，適合加在許多墨西哥料理和東歐料理中，例如 cholent（一種猶太燉菜）或 tzimmes（一種猶太胡蘿蔔麵包）。

meju（韓國大豆酵種）：meju 是一種乾燥的發酵豆磚，提供了韓式調味料基本的風味。現今最為人熟知的韓式調味料是韓式辣椒醬，即一種常加入醃醬、醬汁和湯裡的辣椒醬。meju 的基本作法是將大豆煮成濃稠糊醬，做成磚狀或球形，接著適度乾燥至變硬，再吊起來自然發酵。傳統上會用稻稈包裹、支撐並綁縛豆磚，使稻稈和空氣中自然存在的微生物「播種」在 meju 上。人們世世代代在不同環境依各自的發酵體系與作法製作 meju，每個製作者便因不同的風土條件而發展出風味獨到的 meju。但商業生產時，製造商可用已確定配方的微生物群來接種培養基，獲得風味一致的產品。因為 meju 的發酵是由多種微生物而非一種主要的隔離種所促成，故與本節討論的另外三種麴製品大不相同。多元的微生物活動也使成品所需的發酵時間拉長，與前述其他製品的作法相比，meju 發酵更接近肉和乳酪的熟成。不過，正因 meju 內有多種微生物同時產生作用，這種超複雜的原料很適合二次發酵。如果你擔心 meju 較自然的發酵環境可能使有害微生物落地生根，請記得 meju 的自然發酵法已安全流傳了好幾個世紀。我們越是研究探索傳統的培麴發酵技術，就越明白，只要遵照既有作法和衛生標準便能做出安全產品。

超越傳統的要訣

我們對這四種傳統製品又敬又愛，同時也想徹底分析，找出這些製品的關鍵步驟，並調整成更符合當今現代需求的模式。我們需要完全遵照每個步驟嗎？發酵品的成功基礎何在？我們為何不試試其他方法？促使原始發酵法成型的要素，是可取得的原料、設備、技術，還是其他類似因素？我們能否運用現代知識更有效率地獲得類似成果？我們對已發展成熟的傳統培麴步驟有了基本知識後，發展出一系列想法，想讓黴菌在各種富含澱粉的環境成功繁殖。我們試過，知道這個概念可行，和世界各地許多朋友分享後，他們也順利做出成品。切記，這些概念並非金科玉律，也不見得優於其他方法，只是涵括了我們考慮的面向，你可以自行判斷哪些面向最符合你的需求。

穀物的大小和結構很重要

我們了解培養米麴的傳統方法後，開始稍微跳脫框架思考，想將這套方法調整得更完善。傳統上，米麴是用中粒米來培養，我們就納悶：為何不用長粒米？按照標準作法，如果採用中段較細瘦的米，不論水合、烹煮和黴菌深入核心的速度都會加快，最終提升培麴效率。此外，長粒米的直鏈澱粉含量最高，那正好是麴菌喜愛的食物。我們發現用長粒米培麴，只要培養 36 小時就能獲得優質產物，採用中粒米的標準米麴則須培養 48 小時。再從這個概念稍微延伸，我們想到「碎米」，也就是米的處理過程中留下的破碎米粒。多數大型亞洲市場都有賣，泰式料理中便有用碎泰國香米煮成的稠粥。碎米的優點是能成為完美的培麴原料，而且便宜多了。

用非白米穀類（或其他精碾穀類，例如珍珠大麥）培麴的極大挑戰，就是這些穀物的麩皮仍然完好。以糙米、麥仁、大麥和黑麥為例，傳統的浸泡和蒸煮程序不足以使穀物的麩皮充分破開而便於黴菌穿透。將蒸過的穀粒打碎成

1/2 或 1/4 大小是不錯的解決辦法，就像醬油醪中的小麥要碾碎以利於接種。不過我們發現破碎的穀物烹煮後容易變得更濕黏，並非培麴的最佳狀態，所以建議穀物**煮過之後**再打碎。另外，對大多數食物調理機來說，軟化的穀物也比較容易打碎。有些家用食物調理機的刀片轉速不夠快，連蒸過的穀物也無法打碎，所以也許得手動搗碎，或小批放入果汁機用瞬轉功能間歇打碎。另一種方法是用絞肉機打碎，不過要先確認機器消毒過。不管用什麼機器，切記別將穀物打得太碎，以免濕度過高。穀粒之間一定要有空氣存在的氣孔，

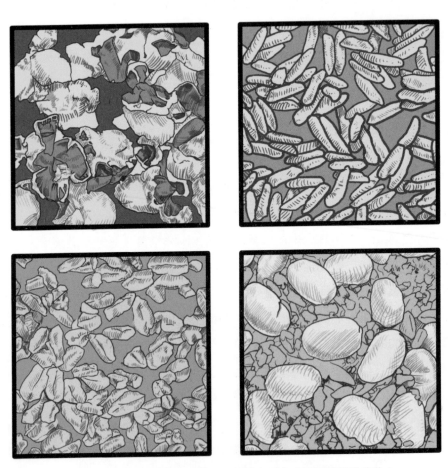

各種麴基的表面積比較，各圖比例相同。從左上起順時鐘依序為：
濕爆米花、泰國香米、大豆與碾碎的小麥，及大略打碎的小麥。麥斯・霍爾繪製。

才能構成最佳培麴環境。掌握顆粒大小和濕度的平衡是關鍵。

還有一種方法能使澱粉可供黴菌利用，就是用水沸煮穀物直到麩皮迸開。麴菌最容易利用這種方法處理的澱粉，由於未完全脫去麩皮，單顆穀粒結構完整，穀物層中能輕易產生氣孔。不過，你也許會納悶我們這時為何又推薦煮過頭的澱粉，畢竟這樣的澱粉太濕，不利於麴菌生長。事實上，只要添加一樣東西，煮過頭的澱粉就能使用了。將同一種穀物烘烤並磨成粉，撒在沸煮過的穀物醪上，就能妥善控制濕度。你也許記得，裹上穀粉並不是什麼新作法，豆豉製程中就有這個步驟，用來幫助黴菌附著在大豆上。

用乾玉米製作馬薩玉米粉（即脫殼玉米粒）時，要透過「鹼法烹製」（nixtamalization）去除種皮。煮過的玉米粒幾乎都破成 1/4 大小，成為優質的麴菌培養基。

我們也試過一種不需用水的快速澱粉烹調法：爆米花。只要把玉米粒加熱到一定溫度，烹煮中的澱粉就會蓄積壓力、衝破種皮成為爆米花。這樣的充氣澱粉非常適合黴菌生長時利用，在我們嘗試過完全跳脫傳統的方法中，這是最早的其中一種，也是目前最快的穀物烹調法。唯一的問題是爆米花沒什麼濕氣，但稍微用噴霧器加濕即可。細節見 101 頁〈爆米花麴〉食譜。

▌適度接觸空氣

絲狀黴菌需要氧氣才能生長。雖然我們先前提過，但要再次強調：盡可能增加澱粉接觸空氣的表面積是養出好麴的關鍵。在傳統作法，鋪好的精碾穀物盤裡一顆顆穀粒交互堆疊，內部空隙自然形成氣孔網絡。這就是為什麼每顆穀粒都必須結構完整，這樣才能盡量彼此分離，否則只要與旁邊的穀粒碰觸，那一面就無法接觸空氣。

穀粒越軟，就可能使彼此碰觸的範圍越大、接觸空氣的表面積越小。穀物堆疊得越高，穀物的結構就必須更完整，因為底層的穀物受擠壓的程度會更嚴重，而不易形成氣孔。穀粒的形狀也會影響堆疊方式，從而影響能否有空隙讓黴菌生長。我們看過有人用鋪上廚房布巾的有孔方形調理盆培麴，以增加空氣接觸，Noma 餐廳就用這種方法。我們也看到工作室廚房（Studio Kitchen）的肖拉・歐倫羅優（Shola Olunloyo）擴展這個概念，用金屬網籃來培麴，增加更多的空氣接觸。

▍3D 列印

如果能將可利用澱粉任意塑造成最適合培麴的形狀呢？想像把裝有尖嘴的擠花袋接在 3D 列印機的噴頭上，然後用 3D 噴頭將糊化得剛剛好的澱粉擠成立體的網狀，做成成熟菌絲體易於穿透的理想厚度，空隙分布也恰到好處，利於空氣循環和散熱而無須攪拌。我們正在找人合作這個計畫，認為這樣可望更加提升培麴效率。

▍深入探究麴菌孢子

麴菌有許多種類。如果不想使用通用的輕度發酵米用種麴，就得釐清你想要哪種孢子（然後取得），再考慮要採用怎樣的培麴法。釐清要用哪種孢子時，第一步是確定你要製作什麼樣的產品。你是釀酒人，想要在孵芽時使用麴嗎？你是大廚或屠夫，想用麴來做熟肉或加速肉類熟成嗎？你是烘焙師，想在做麵包的水合階段使用麴嗎？對乳酪工匠來說，麴也能製作乳製品。當然，麴還能用來製作各式各樣的胺基酸醬汁與胺基酸糊醬。此外，也必須考慮產品的數量。例如，你要做出 20 公升還是 380 公升的產品？我們經過數年的實作和測試，已根據特定用途縮小範圍確認了該採用的麴菌品種和菌株，後續篇章會詳細說明。

你必須明白，用來製作食物的黴菌不是只有麴菌屬的數個品種，還包括每個品種數不清的變異種。日本每家種麴生產商都會自行培育變異種並命名，就像菜籽生產商為自家產品種出的各種蔬菜命名。這些變異種經由選育得來，各自具備培養到最好的不同特質，包括特定酵素產量最高、產生特定香氣，甚至是產生檸檬酸。本節將討論我們所採用的部分品種和變異種，皆出自樋口弘一經營的樋口松之助商店。* 這些菌種以用途分類，例如製作胺基酸糊醬、胺基酸醬汁和各種酒類等。隨著本書內容推進，你會發現這些用途只是建議而非硬性規定。只要悉心照料，不管是什麼品種或變異種幾乎都能用任何基質成功培麴，並用在無數令人興奮的創意用途。

清酒

Hikami 吟釀（米麴菌）：這個變異種能耐受吟釀麴生長時產生的高溫，成麴含有大量澱粉酶，蛋白酶則少，強大的澱粉酶作用力最適合釀造酒和醋。

---

* 菌種的來源，除了作者常使用的樋口松之助商店以外，亦包含「秋田今野商店」、「丸福」等多家公司，臺灣讀者可視需求選用。（編註）

酸鹼值的重要性

山姆‧傑特

因為我們在所有實驗中，不論用什麼基質來培麴，幾乎都不曾遭遇多大的困難，所以沒有花太多時間研究酸鹼值如何影響麴的生長。不過兩年前，

我們的大廚朋友山姆‧傑特（他與大廚尚恩‧布洛克〔Sean Brock〕共同創立拼布製作公司〔Patchwork Productions〕）寫了一篇貼文，說明

他如何提高熟可可粒的酸鹼值，使麴菌得以繁殖其上。我們想不到比他更適合討論這個主題的人選了。

麴菌喜歡潮濕的環境，但不能太潮濕；也喜歡溫暖的地方，但不能太溫暖。酸鹼值也一樣。令人意外的是，麴菌與其他真菌相比，可接受的酸鹼值範圍還算大。我嘗試用各種不同基質來培麴後，發現我們可以調整基質的許多性質來幫助成功培麴。例如，如果打算用熟可可粒來培麴，就一定要明白熟可可粒**酸度太高**。就連水的酸鹼值也會影響基質的成分。此外，培養時用來覆蓋麴的毛巾是否用漂白水消毒過？徹底了解這些細節並留意每個步驟，對培麴有益無害。

麴菌喜歡中性環境。當我將基質的酸鹼值控制在 6-7.8，米麴菌長得最好，低於 5 或高於 8.3 則會導致培養失敗。好消息是，這代表調整空間很充裕。大多數食物的天然酸鹼值就落在這個範圍，就算不是也很容易改變。例如經過處理的脫殼玉米粒，靠長時間沖洗和沸煮便能將酸鹼值降至足夠接近中性，讓麴菌消化利用。以熟可可粒來說，原本酸鹼值為 5，沸煮幾分鐘就能輕易提高數值，基本上就是讓麴菌想要消化利用的澱粉發生

水合來中和酸鹼值。另一種酸鹼值調整方式是使用酸鹼值緩衝劑，例如檸檬酸鈉或是各種粉狀酸式鹽，只要調成溶液加進基質裡用真空低溫烹調，或與基質一同真空密封即可。

了解接種的環境也很重要。我會用效力極強的化學消毒劑來清潔餐具。以四級銨消毒劑為例，要沾附在餐具上然後烘乾來防止微生物孳生。如果覆蓋麴的毛巾用漂白水消毒過，接種期間必定會有一些漂白水滲入培養物。我不是建議你別注重衛生（製程安全是發酵最重要的一環），但了解培養環境的各個面向很重要。

麴養好後，就該來發酵了。麴在偏酸的環境容易產生更多澱粉酶和蛋白酶。我最成功的發酵試驗品，酸鹼值都介於 5.3-6.5，低於 3 或高於 8.5 會使酵素活性降低。這代表我們能使用各式各樣的原料，做出五花八門的產品！我就做了脫殼玉米粒味噌、白脫牛奶醬油、香蕉味噌、蘋果鹽麴、鄉村火腿版「古魚醬」等，可能性無窮無盡。重點在於透過實驗找出可行作法，接著靠練習來精通這套方法，然後再次練習。重點永遠在於作法。

Kaori（米麴菌）：這款新種麴菌能培養出香氣迷人的麴。日文的「Kaori」正是「芳香」的意思。我們最愛用這種麴菌培出的麴來釀造香氣四溢的酒和米醋。

▎燒酎

大麥用本格燒酎菌（琉球麴菌）：這個變異種的特色在於檸檬酸和酵素產量特別高。如果用米飯取代大麥培麴，酵素產量依然極高，但檸檬酸產量會降低。

黑麴菌（泡盛變種麴菌）：黑麴菌是一種遠古麴菌，遭忽略多年後重返流行。如果想釀出具有獨特酒香的燒酎，就選用黑麴菌來培麴。用米飯培養黑麴菌時產生的檸檬酸量，與培養本格燒酎菌時差不多；但如果用大麥培養黑麴菌，則檸檬酸產量降低。我們喜歡用黑麴菌養的麴來發酵奶油乳酪和其他新鮮乳酪。

▎味噌（胺基酸糊醬）

米味噌用 BF1 號菌（米麴菌）：這種菌所養的麴可用來製作淡色味噌和甘酒，把澱粉糖化的效果很好，蛋白酶的催化效果也最強，是我們最愛的萬用孢子。我們會用這種麴做各式各樣的食物，從胺基酸糊醬、胺基酸醬汁到甘酒不一而足。

米味噌用 BF2 號菌（米麴菌）：這種菌所養的麴可用來製作淡色味噌和赤味噌，把澱粉糖化的效果最好，蛋白酶的催化效果也好。

麥味噌用菌（米麴菌）：這種菌所養的麴可用來做赤味噌和甘味噌，糖化與蛋白酶的效果都好。這個變異種能引出大麥或黑麥等穀物本身的強烈土質風味，我們喜愛這種味道。

豆味噌用橋本菌（米麴菌）：這個變異種培出的麴以散發類似芒果香的美好香氣聞名。糖化澱粉的效果中等、蛋白酶效果強，在我們用過的豆科植物上都生長茂盛。用白豆和大北豆（great northern bean）來培養，會散發特別濃郁的香氣。

米味噌用白 Moyashi 菌（米麴菌）：這個變異種成熟時會長出白色孢子，我們最愛用這種麴來做甘酒和鹽麴。如果想避免麴菌產孢時產生不討喜的顏色或異味，就選用這種菌。

▎醬油

9 號醬油麴菌（醬油麴菌）：這種菌養出來的麴適合用來製作淡色醬汁。最顯著的特色是蛋白酶產量最高，孢子產量低，因此不易形成孢子粉塵，是釀造醬油絕佳的真菌。這種麴也適合製作熟肉，或與其他富含蛋白質的食材一起運用。

12 號醬油麴菌（醬油麴菌）：這種菌株最能體現醬油麴菌的特色。如果想要醬油麴菌的獨特香氣或製作淡色生醬汁，採用這種菌最為適合。我們愛這種麴帶有芒果和鳳梨的香氣，最喜歡用它來做純豆胺基酸糊醬和豆豉。

Hi 醬油麴菌（醬油麴菌和米麴菌）：主要是用醬油麴菌與米麴菌調配出來的種麴。如果希望養出來的麴具有醬油麴菌的特性但香氣清淡，就用這款麴菌。

家族事業

在這場麴的冒險之旅中，為了開拓更多可能性，向美國的孢子進口商買種麴已不能滿足我們，於是我們直接找上孢子生產商。一開始，我們有點擔心傳統的種麴製造商能不能接受我們的現代實驗。意外的是，當我們找上一位先生，告訴他我們用麴所做的事情時，他張開雙臂歡迎我們。我們因此與日本大阪的樋口松之助商店第七代經營者樋口弘一先生成了好友。他對近期世界各地用麴的發展深感興趣，也很期待看到由自家傳統產品衍生的變化。

種麴源起

種麴的源起不明，因為缺乏文獻記載。基本上，一般認為麴菌如同植物的種子，透過長時間培養篩選出理想特質，出現最佳表現的特定孢子則用來培養下一批麴菌。這個方法的問題在於，經過幾輪反覆培養，麴會遭壞菌感染而影響品質，連帶釀出劣質清酒。為了維持品質，人們在麴中添加草木灰燼來抑制感染，而人們也發現草木灰燼含有微量的磷和鉀元素，具有防腐作用。20 世紀以後，由

於殺菌技術進步，人們不再使用草木灰燼，也發展出能培育單一微生物的方法。樋口家族剛開始生產種麴時，只有從三種菌株培育而來的兩種產品，一種用來釀造清酒，另一種用來製作醪（清酒醪）。此後，該公司陸續培育出 50 種麴菌菌株，分別主打不同的風味和酵素生產力，成麴則適合製作各種日本傳統發酵食品和飲料，包括甘酒、清酒、味噌、醬油、燒酎、味醂和醋。另外，為了增加產品多元性，他們也結合不同菌株以同時獲得多種優點。例如，用來釀造清酒的種麴就不只有單一麴菌，為的是強化並平衡清酒的細緻口感和香氣的層次。

這家公司成立於大阪這個貿易活絡的港口城市，樋口家族的祖先曾在此經商，許多大公司也在此歷史背景下蓬勃發展。這座城市的地理位置便利，位於兩大清酒之鄉兵庫縣灘五鄉和京都府伏見區之間。在那運輸不便的年代，樋口家族的麴公司策略性地設於同時鄰近兩地的位置，實為幸事。至於現今，由於附近就有數家清酒釀造廠，一旦客戶針對產品提出回饋訊息，該公司可以迅速做出反

應，為未來產品進行必要的改良。

該公司打從創立便志在協助清酒穩定生產，主要目標始終在於產出盡可能不受細菌影響的種麴。第二次世界大戰後，在物資缺乏期間，他們致力於培育酵素作用力強的菌株以盡量提升清酒產量。1970 年代，該公司在酵素與清酒相關的產品開發上獲得更大的進展。釀造清酒時原本會出現兩個問題：酪胺酸酶使酒粕（擠壓過後留下的殘渣）變成黑色，及清酒與鐵作用而變成黃色。培育出不產生這些物質的麴菌後，問題迎刃而解。1980 年代起，他們研發出用來釀造高雅優質清酒的種麴，近來也因應吟釀風潮研發出專用種麴。

這種市場導向所催生的種麴（為了吟釀客製化的種麴配方）令樋口大為興奮。吟釀被視為最高等的清酒，釀酒商各自對理想的種麴抱有強烈主張。用來釀造這類清酒的麴非常重要，還要採用高度精碾的米，培養期間也必須密切監控溫度和濕度。資深吟釀釀酒師相當重視優質麴的生產過程。根據一份日本各地的麴分析報告，樋口家族累積了數百種適合釀造吟釀的菌株，再經過縝密思索調配出公司產品。過去 25 年來，採用樋口

家種麴的吟釀酒廠都對釀出的清酒感到驚豔。在我們看來，這就是科技與匠人精神的美妙結合。

種麴生產現代化

樋口松之助商店是種麴製造商，但已不再用傳統方法生產種麴。主因在於持續加濕會導致感染壞菌，不利於生產各式各樣的麴菌。現今，該公司採用科學實驗室技術來生產種麴，但仍維持傳統生產時的目標，即提供品質一致且純淨的產品。米麴菌這種黴菌已用於日本料理長達數世紀，跟任何其他廣受認可的食品微生物一樣安全。採用現代技術和安全標準，使該公司不論在麴菌孢子的客製化配方或品質上都達到創業以來的巔峰。

樋口先生表示，未來促進人們使用並認可麴的最佳方式就是親自體驗，品嘗運用各式麴製品的傳統食品和現代料理是不可或缺的過程。他相信，只要大眾嘗過這些菜餚有多美味，就會開始了解麴的力量，最終更加認可麴能做到的事情。

讓人們接受麴在既有用法之外還有其他潛能，也是很重要的事。在日本，麴菌依然主要用來製作傳統發酵食品，但樋

口先生希望用途能更加廣泛。他認為自　　作者不論身在何處，皆得以融合麴與在地
家生產的多款種麴，將使世界各地的製　　原料，獲得美好風味。

培出不一樣的麴

下列每一種培麴法都有複雜之處和必要條件。以下分享我們最成功的食譜，
希望能讓你了解如何運用本章討論的傳統與非傳統澱粉烹調法。這些說明可
當作接種和培麴的基本指南，你選擇的任何基質都適用。

速成米麴
Quick Rice Koji

在家自行培麴的人，偶爾會面臨米麴用完卻必須立刻培養一批的情況。用微
波爐是快速煮出外硬內軟米飯的方法之一。把米放入可微波碗中，裝 3/4 滿，
並倒入剛好淹過米的水。將盤子放在碗上蓋住米（蒸氣仍能散逸），接著放
進微波爐以固定的時間間歇加熱，以免沸騰的水溢出，每次加熱完都要攪拌。
微波時間和次數要視米飯的烹調情況和微波爐功率而定，但我們發現每次加
熱 2-3 分鐘，共加熱 12 分鐘即可。如果米飯微波到後期顯得很乾，就添加一
點水。當大部分的米芯不再是純白色，咬起來彈牙時，就代表煮好了。這樣
的米飯可以立即使用，也可蓋著盤子靜置 10 分鐘以增加米飯含水量。

爆米花麴
Popcorn Koji

本章稍早討論過，我們踏入培麴世界後最早開始的研究之一，就是尋找比米

更容易烹調且更利於麴菌使用的澱粉。最後發現答案就顯而易見地擺在食材櫃中——爆米花。

第一步是爆玉米粒。你想怎麼做都行，但必須盡可能減少用油量。氣炸爆米花機無須用油，因此是理想的選擇。爆出足以填滿培麴淺盤的爆米花，然後找個容量大到可攪拌的大碗。將碗放上磅秤扣除碗重，以克為單位來秤爆米花。每 200 克爆米花，需要中筋麵粉 20 克加種麴混合物 1 克。用小碗秤好需要的麵粉和種麴後混合。將爆米花放入大碗，一邊翻動，一邊用噴霧器噴水，讓爆米花稍微萎縮，但不至於整顆濕軟。將麵粉混合物撒到爆米花上並翻動，直到均勻裹覆。接著按照標準培麴步驟，每 12 小時攪拌一次。培養 36-48 小時應該就完成了。

———— 過熟穀物麴（速成味醂）————
Overcooked Grains Koji (Instant Mirin)

傑瑞米剛開始培麴時，想回收其他料理使用的原料重新用作基質，例如用來讓高湯變濃稠的過熟米飯，或剩下的熟義大利麵。傑瑞米了解麴菌畢竟是種真菌，本能就想生長繁殖，於是比較了麴菌與其他自己熟悉的野生真菌，發現傳統培養法採用的悉心烹調米飯並非唯一可用的基質。野生真菌會在任何地方，以任何可能的方式生長。儘管傳統烹調的米飯最有助於麴菌充分實現潛能，但傑瑞米明白，歸根究柢，麴菌需要的只是澱粉和一些蛋白質。就算在過熟的基質上，麴菌也能生長繁盛，效果幾乎跟採用細心烹調的基質一樣好。

傑瑞米開始用原本拿來加稠蔬菜高湯的過熟米飯培麴。他瀝除高湯，挑掉調味蔬菜，接著瀝乾米飯去除多餘水分。他將處理好的米飯接種，讓麴菌生長，那批麴長得漂亮無比。他發現麴菌在這種米飯表面長得相當茂盛，會結成很厚實的菌絲體，厚到可以從米飯表面整塊取下的程度。由於米飯過熟，飯粒

在接種和最初生長階段會糊成一團，使黴菌菌絲和菌絲體無法扎根太深。黴菌所產生的酵素發生作用，使表面形成毯狀的菌絲體下方的米飯開始液化，無需進一步製作程序，就成為名副其實的「速成甘酒」。這種速成甘酒冷藏1-2 天後，會開始滲出糖漿般的金黃液體，滋味、風味和香氣幾乎等同於味醂風調味料（味醂的一種，幾乎不含酒精，且名聲不佳。許多人認為味醂風調味料是最廉價的味醂。由於幾乎不含酒精，有些製造商捨棄本味醂、鹽味醂等需要繳稅的高酒精含量味醂，轉而製作味醂風調味料）。這種過熟穀物製成的「速成味醂」和商業生產的味醂風調味料完全不同，後者往往經過高度人工調製，大多含有高果糖玉米糖漿等添加物。

想做這種速成甘酒和速成味醂，採用過熟米飯即可，接種和培養方法都和使用一般米飯時相同。麴菌生長茂盛後，移至鋪有濾布的細網篩，放進冰箱，瀝乾速成甘酒 2 天。如果希望速成味醂清澈沒有殘餘澱粉，就不要擠壓。這種速成味醂能用於任何需要味醂的料理，例如照燒醬汁。

熟可可粒麴

山姆・傑特

接續山姆探討酸鹼值的專文，下面介紹熟可可粒麴的詳細作法。

這篇食譜偏重技術面，但很獨特所以值得一提。用了熟可可粒澄清湯製作巧克

力塔後，我開心地發現有一種衍生的副產品能用來培麴。由於不想浪費食物，我二次利用製作澄清湯剩下的熟可可粒。熟可可粒原本的酸鹼值約為 5-5.1，但煮過後較接近中性。經過調查，我發現南

卡羅萊納州查爾斯頓（Charleston）的自來水屬於鹼性，熟可可粒吸水後，平衡了原本的酸性。這個發現給了我測試這道食譜的靈感。

熟可可粒麴的培養法與傳統方法非常類似，但我小心不在培養環境中添加任何其他鹼性物質。另外，熟可可粒的吸水能力不如米飯或大麥，所以多餘水分會讓環境太濕導致培養失敗。熟可可粒麴能大幅增添味噌（我最愛高粱巧克力味噌）、鹽麴或胺基酸醬汁的風味層次。想想用巧克力鹽麴來調味墨西哥墨雷醬會有多棒！

熟可可粒1公斤
水3公升（查爾斯頓市當局把自來水的酸鹼值調整到 8.3）
種麴，重量為基質的 0.3%

將熟可可粒裝入袋子，把水倒入後真空密封（或許需要分批裝），移至舒肥棒水浴箱，以 60°C 水浴浸泡 1 小時。將袋裡的液體瀝乾（留作他用，或者當作胺基酸醬汁或味噌的液體成分），然後用酒精消毒雙手，戴上乳膠手套來處理種麴。將熟可可粒撒在淺盤上風乾約 1 小時，讓外表濕氣大致蒸散，但必須稍微潮濕，好讓孢子附著。

將熟可可粒移至培麴淺盤，把種麴撒上，並用雙手拌勻。鋪平接種的熟可可粒，用微濕毛巾蓋住。再次提醒，請留意毛巾的消毒方式。將裝有熟可可粒的淺盤放入培養箱，維持 25°C 的溫度和約 75% 的相對濕度。如果你有 Wi-Fi 溫度計就放入淺盤，並將警鈴設定在 30°C，這樣麴變得過熱時你就會聽到警示音。

培養 18 小時後，檢查麴的生長情形，並稍微攪拌以提供氧氣。如果毛巾乾了，就再次弄濕蓋上。培養 24 小時後，再次檢查並翻動麴，可以捏成田壟狀，但別讓厚度太薄。檢查毛巾的濕度，必要時重新加濕。培養 30 小時後，重複以上步驟，之後菌絲隨時可能結成扎實的一片。因為麴菌屬的真菌生長時會產生大量的熱，要特別留意溫度。培養不宜超過 36 小時。菌絲結成厚實的一片後，要立刻用電風扇冷卻吹乾，必要時將菌絲掰開降溫。

SHORT-TERM ENHANCEMENT: QUICK KOJI APPLICATIONS

第六章
短時間增進風味：
快速用麴的方法

許多添加了麴的食物都需要很長的製作時間，胺基酸糊醬和胺基酸醬汁可能要花上數月、甚至數年才能完成，某些酒類也一樣。這代表如果要享用剛養好的麴，至少得等上幾個月嗎？不，有許多用法屬於我們所謂的「短時間增進風味」，幾乎麴一養好就能運用，而且用途極廣。

甘酒和鹽麴就屬於最基本的短時間增進風味用法，剛好也是利用麴產生風味最快的方式。只要添加水就能輕易轉化這兩種麴的原料，水能讓酵素催化劑立即接觸原料所含的蛋白質、脂肪和碳水化合物。鹽麴是麴、水和鹽混合而成的漿狀物，通常用作短期醃醬，使食材在烹調前、烹調時、甚至烹調後產生美味的胺基酸。另一方面，甘酒的原料為麴、煮過的澱粉（米飯、燕麥或其他穀類）和水。培養或發酵這樣的混合物，會產生一種有甜味、有時帶點

酒精的稠粥狀飲品。甘酒的用途遠比鹽麴多元，用於鹹食和甜食皆可。鹽麴並非不適合用在甜食上，只是用途不如甘酒來得廣。

運用麴製品在短時間內快速增進風味的方法，從傳統發酵技術到納入精密控制裝置等現代科技的新方法都有。日本和其他亞洲地區已採用傳統方法數百年。歸根究柢，先進技術與傳統方法沒有多少不同，關鍵差別在於現代人明白如何讓酵素活性達到最強，進而在所有用途上都獲得最佳結果。本書就經常討論如何使用酵素，最簡單地說，精準掌控已接種基質的培養溫度或麴製品的發酵溫度即可，不論是製作含有大量可發酵游離糖的甘酒或含有大量美味胺基酸的鹽麴都一樣。含鹽量、酸鹼值和水活性（詳細資訊見〈附錄 B〉）等其他變因也會影響酵素作用，但不論在專業或居家廚房，最有效也最容易掌控的因子就是溫度。

▌甘酒

甘酒是清酒和其他以米為原料的酒類的基本材料（延伸到發酵品方面，也是米醋的基本材料），但本身就是一項美妙食品，可溯源至水果、蜂蜜、麴和米飯製成的早期酒類，產地在現今的中國。撰於西元 720 年的《日本書紀》中所提及的「天甜酒」，就被認為是早期的甘酒。甘酒多年來一直是家庭常備品，原因眾多，包括作為大多數亞洲風酒精飲料和烈酒的基本材料、在廚房添加於食物中能改變風味、而且營養美味。

我們剛開始使用麴時，正是甘酒令我們大開眼界，讓我們發現麴能為廚房裡的食物製作帶來無窮可能。新鮮的麴所擁有的迷人感官體驗，甘酒一項不缺，而且功能更多元、實用性也更高。多年來，我們將甘酒運用在各種地方，例如發酵鮮奶油、製作奶油及用作麵包糕點的水合原料。但甘酒與其他麴製品相比，除了含有酵素，最大的優點就是沒有用鹽調味。相對地，鹽麴添加了鹽，

我們認為鹽麴的實用性因此稍微降低。身為專業料理人，我們想盡可能嚴格控制食物的含鹽量，有時不希望有半點鹽，因此甘酒是我們廚房裡基本的萬用食材。甘酒的另一個優點是澱粉酶效用極強，超越蛋白酶的能力，在做甜點和糖果類點心等特定用途效果絕佳。

傳統甘酒是在室溫下製成，約 2-3 天便完成。作法很簡單，混合煮過的澱粉（傳統上用米飯或大麥）、接種澱粉和水即可。煮過的澱粉和接種澱粉可以是米飯或鹼法烹製的玉米等任何澱粉類。混合原料並靜置，通常是不加蓋置於室溫下，讓麴產生的澱粉酶發揮分解作用。如果想加速製程，就用罐子或容器盛裝混合物放入溫水浴，可用舒肥棒輕鬆做出。

我們早期調查研究時，發現可以製作不同種類的甘酒來滿足不同用途。例如，我們做過一種質地稀薄的甘酒，需靜置數天，好在乳酸菌屬的細菌朋友幫助下略微酸化。事實證明，這種酸味甘酒的用途很多元，可以當作收尾的調味醬淋在盤上，或用來取代煮海鮮的蔬菜白酒湯，也很適合添加至淋醬、醃醬、真空壓縮料理及任何需要美味液體的料理中。

另一方面，你也可以把酸味甘酒的水量縮減一半，做出傳統的甜味甘酒。這種甘酒很適合直接當甜品享用，但也能用來醃肉，甚至打成滑順的泥狀，再用冰淇淋機攪拌成美味的雪酪。

不論是甜是酸，甘酒的用法都千變萬化，可以隨用途選擇你要的風味。

以麴一般的用途而言，澱粉酶在 55-60° C 的作用力最強，可有效將澱粉分解為糖。[1] 雖然還有許多因素能讓糖化效果更上層樓，但我們發現溫度控制是普遍有效的作法。只要混合原料並靜置於室溫下即可做成甘酒，但維持恆溫則可加速程序，這點在製作非常甜的酒或醋的基底時特別有效。你會發現，室

溫下製成的甘酒和精準加熱製成的甘酒有顯著差異。

使用控溫裝置時必須注意,這類設備並不完美。培養箱、水浴或烤箱加熱時,溫度有可能超過設定值,偏差多寡則視使用的設備而定。我們建議另外用探針溫度計來追蹤溫度以了解偏差幅度。如果沒有探針溫度計,將系統設定在偏低溫的 55° C,應該就沒問題。如果想讓蛋白酶產生胺基酸(鮮味)的作用力提升到最強,同樣將溫度控制在 55-60° C 即可。

室溫下製成的甘酒能夠(或者說「將會」)產生酸味,因為產生乳酸的益菌會落入基質。這種酸化現象有極大好處,製作風味酸甜平衡的料理時特別有利。酸味甘酒非常適合用來做麵包,因為有酸酵麵包的部分風味層次,卻無須培養酸麵種。拉德熟食與烘焙店做的麵包,大部分都會在水合過程添加甘酒。我們當初研發這種麵包時,只是把一部分的水替換成瀝除固體物的酸味甘酒。酸味甘酒也是適合各種用途的美妙調味料,我們最愛用來浸泡新鮮的生扇貝或蝦子,做成義式生魚片。酸味甘酒也能當作各式油醋醬的基本材料,甚至是富含風味的提味劑,可添加至高湯或醬汁中畫龍點睛。將水果與甜味或酸味甘酒一起真空壓縮,能讓風味更上層樓。如果水果本身的味道稍嫌單調,效果會更顯著。

甜味甘酒的作法

1. 混合 1 份煮過的澱粉、1 份麴和 2 份水。
2. 攪勻材料以增加澱粉的表面積。
3. 靜置於 55-60° C 的環境 10-14 小時。
4. 密封冷藏。

酸味甘酒的發酵時間越長,味道會越酸,也極可能產生酒精而不是酸味。每個人製作甘酒的環境都不同,微生物群也會有極大差異。我們鼓勵你採用不同的參數和變因來實驗,找出最喜歡的成品。為了做出符合喜好的甘

酒，我們建議一旦甜味或酸味甘酒變成你喜歡的味道和風味，就立刻放入氣密容器冷藏以減緩發酵。將甘酒加熱至 73°C 殺菌也能停止發酵，但這樣會使酵素喪失活性，只剩下甘酒本身的味道和風味。活性酵素對大多數下一步的烹調步驟都大有幫助，所以冷藏就好，不要加熱。

酸味甘酒的作法

1. 混合 1 份煮過的澱粉、1 份麴和 4 份水。
2. 靜置於 55-60°C 的環境 10-14 小時。
3. 瀝乾甘酒。
4. 將瀝乾的甘酒放在室溫下接觸空氣，1 天至少攪拌 1 次，發酵 1 週。
5. 密封冷藏。

▍鹽麴

鹽麴是種絕妙食材，具有許多胺基酸糊醬或胺基酸醬汁所具備的優點，風味和香氣則接近新鮮的麴和甘酒，我們在本章開頭說過，鹽麴和甘酒的主要差別在於是否添加鹽。把鹽麴想成萬用風味增強劑就對了，滿滿的鮮味會讓大家對你的食物欲罷不能。

大部分鹽麴最快發酵數天就能使用，但發酵整整一週才會開始全力發揮潛能。回想一下，我們先前提過成熟得恰到好處的番茄切片加一撮鹽有多美味。但添加了鹽麴，在鹽和活性酵素輔助下，番茄將變得美味至極，讓你再也不想吃沒加鹽麴的番茄。鹽麴也會引出可口的發酵風味，像是壽司飯的精華鹹香和帕馬森乳酪的臭味。這些風味層次會因鹽麴的基質、鹽量、發酵時間和發酵溫度而有所差異。

製作鹽麴時請注意，水和鹽與接種穀物的比例可依個人喜好調整。如果想少用一點鹽，例如只添加 2-3% 的鹽，絕對沒問題，想多加鹽也行。不過切記，發酵食物的鹽濃度低於 2%，很容易形成利於病原體孳生的環境，而增加鹽量儘管有好處，但耐鹽的細菌和酵母菌在鹽濃度高於 7% 的環境無法生存。如果想增減鹽麴的水量也無妨，有些人就喜歡相較於上述比例稀一點的鹽麴。永遠要記得將水與接種穀物的重量相加，再按比例添加鹽。

也別忘了，鹽麴的發酵時間越長，風味會越強烈。如果酸鹼值下降、鹽麴變酸，酵素也可能因此變性而失去活性。前面介紹酸味甘酒時提過，像鹽麴這樣的食材，缺乏酵素便無法充分發揮潛能。

鹽麴是絕佳的萬用調味料和醃醬。炒豆子時添加一匙，或用來醃肉幾天都行，你肯定會愛上鹽麴改變的任何食物。鹽麴與蛋白質猶如天作之合，部分原因是製作鹽麴的溫度比甘酒的最佳製作溫度低很多，使蛋白酶活性較高，因此我們建議製作鹽麴時採用相對高蛋白的穀物來接種，例如大麥。我們也建議以培養溫度範圍的低溫端（即 30°C）來培養接種大麥的麴菌。結合這兩項最佳條件，你將能做出美味程度幾乎媲美短期發酵胺基酸糊醬的鹽麴。

鹽麴的作法

1. 混合 1 份麴和 1 份水。
2. 將混合物秤重，並添加總重 5% 的鹽。
3. 攪勻混合物以增加接種澱粉的表面積。
4. 將原料裝入不會起化學反應的容器中，例如梅森罐。
5. 將鹽麴混合物放在室溫下接觸空氣，每天攪拌 1-2 次，連續 7 天。
6. 7 天後，鹽麴就完成了。密封冷藏。

運用表面積

在短時間增進風味的方法中，與液體麴接觸的程度是產生胺基酸的關鍵，因此只要增加接觸麴的表面積，就能讓蛋白質更快變得鮮味十足。我們認為透過例子來說明最為具體，有兩位廚師想出了我們怎麼也沒想到的點子，哪有比他們更適合現身說法的人選？

鹽麴漢堡的誕生

亞歷·塔伯特和雅琪·卡莫薩瓦

亞歷·塔伯特和雅琪·卡莫薩瓦（Aki Kamozawa）名列我們所知最啟發人心的食物實驗家，他們在 2004 年設立美食好點子（Ideas in Food）部落格，後來出版同名書籍，受到各界讚譽。他們的文章帶讀者探究標準技法之外的烹飪奧妙，再集結成書，詳細說明背後原因。兩人剛開始分享心得時，少有美食作家像他們一樣，深入淺出地解析精緻餐飲運用的相對新穎的科學原理和食品科技。那時，連美食愛好者都還不甚了解水合膠（hydrocolloid）和真空低溫烹調法。他們讓我們明白，想要真正了解如何烹飪和烘焙，就必須懂得批判性思考。我們很榮幸受邀至兩人的廚房分享麴的相關知識和實驗。

麴一直令我們深感興趣。我們使用鹽麴遇到的問題之一是，儘管鹽麴能為料理增添鮮味和風味層次，卻也總會帶來某種一致的風味譜。因為大多數的麴都是白米飯發酵而成，就算把麴添加至不同料理中，這些料理也都會帶有同一股熟悉的風味。我們參與瑞奇·施的工作坊時，想了解用不同穀物來培麴會有怎樣的結果。為此，我們挑選了三種麴，分別以泰國香米、糙米和大麥發酵而成，接著用與麴等重的水，以及水和穀物總重 10% 的鹽，製成鹽麴。

我們認為漢堡排是測試這種調味料的完美食物。我們先取一批牛絞肉，用 10% 的鹽鹵水調味，接著做另外 3 個漢堡排，分別用 10% 的三種麴調味（我們決定添加總重 10% 的調味料，因為每種調味液都含有 10% 的鹽，使每塊漢堡排的最終含鹽量為 1%，在烹調前的調味比例均等）。

我們拌勻絞肉與調味料做成漢堡排後，放上架子冷藏一夜，讓酵素有時間對肉施展魔法。沒有加蓋的漢堡排表面形成一層乾殼，這點後來成了額外的優點，因為似乎防止了肉黏在烤架上。

隔天，我們烹調這些漢堡排。頭一個立即顯現的成果是，用麴調味的漢堡排比用鹽鹵水調味的更快褐變。我們用手指按壓漢堡排以判斷熟度，不過後來發現這個方法不精準，因為肉的表層在風乾後變得更硬，讓我們以為漢堡排已煎到三分熟，實際上裡面還很生。但我們可沒放棄試吃。

漢堡肉豐富的風味立刻令我們驚豔。鹽鹵水漢堡排調味適中、肉味濃且多汁；泰國香米麴為肉增添了一絲甜味；糙米麴漢堡排帶有令人驚喜的藍紋乳酪風味；

大麥麴則帶來強烈的牛肝菌風味。明顯的風味差異，以及發現能針對想搭配的料理，運用不同穀類來培麴以創造新風味，都令我們大感震撼，為我們開啟了有待探索的嶄新世界。

後來，我們陸續用其他幾種穀類做實驗，包括二粒小麥和田牧米，也將自製鹽麴拿去冷燻，增添另一層次的風味。我們培麴的目標始終是讓麴強化搭配食材的美味，而非喧賓奪主，畢竟每種麴都有獨一無二的風味，很容易就搶走所有風采。我們的目標向來是將麴融入料理，加強整體風味。

重新思考，以柴魚為靈感創造新菜色

強·艾德勒

強·艾德勒（Jon Adler）曾與姊妹凱瑟琳（Katherine）於麻薩諸塞州北安普頓（Northampton）一起經營七強餐廳（Sevenstrong），現任單引線餐廳（SingleThread）的侍酒師。七強餐廳的核心理念是採用當地食材，箇中要素之一便是全隻屠宰和物盡其用。

我們總會發揮創意來烹調邊角肉，例如側腹橫肌牛排、腹脇牛排、牛臀蓋肉（spider cut）或豬肩胛肉（secreto）。不過，在人手有限的小餐廳，你不見得有時間專門做一件事，於是我們決定將這些肉拿去熟成，大幅降低含水量。熟成好的肉能用片肉機逆紋切出非常薄的肉片，像柴魚片一般。接著，我們用鹽麴噴灑肉片，靜置於空氣中一夜。這使肉片變得更乾燥，並透過鹽麴裡的鹽分完成調味。最重要的是，麴裡的酵素能分解牛肉蛋白質中的胺基酸鏈，不斷釋放出美妙鮮味。我們的食譜如下：

不帶筋膜的未去油邊角肉，可用豬肉、牛肉或任何質地硬韌的肉

將瀝乾的鹽麴放入噴霧瓶

將肉塊放在架子上冷藏，擺在出風口前2-4週，或直到肉質變得像皮革或肉乾一樣乾。肉的水活性必須低於 0.85，才能確保濕度不足以讓害菌孳生。肉經過乾燥，重量大概會減輕 30%。接著用片肉機切出薄如紙張的肉片，放在鋪有烘焙紙的淺盤上，並噴灑鹽麴，直到完全覆蓋肉片表面。靜置一夜，然後冷藏。

AMINO
PASTES

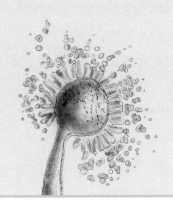

第七章
胺基酸糊醬

以高蛋白材料為基本材料，透過自解作用和發酵製成的調味料，我們稱作「胺基酸糊醬」。「胺基酸」是指這些易保存食品富含的美味胺基酸，「糊醬」則最精確地指出食品質地。你也許已經很熟悉韓式辣椒醬和日本味噌，這兩種傳統鹹味胺基酸糊醬在文化上都特別重要，而且數世紀以來，人們已將製作方法標準化，長期製造和食用。各種文化背景的人都喜愛這兩種胺基酸糊醬的美味，因此我們非常樂於鼓勵你製作自己獨有的胺基酸糊醬。

胺基酸糊醬能用來增添沒有其他調味料能辦到的複雜風味，傳統用途非常廣泛，可作為湯或醬汁的基本材料、醃醬和醃漬原料，也能拿來調味和提高營養價值，用途之廣可媲美奶油或蛋。每種胺基酸糊醬都有明確的用途，但也能不受限制地運用並隨意替換。重點在於，不論哪種胺基酸糊醬都飽含鮮味，

只要適量添加，就能讓任何食物變美味。為什麼胺基酸糊醬長期以來都極具重要性，還有以下幾個原因：美味更勝其他任何植物基底的調味料、價格比其他蛋白質來源低廉許多、耐放且無須冷藏、富含巨量營養素和微量營養素，以及製作容易。

不同種類的胺基酸糊醬反映各自的風土條件、可取得的原料及產地的民族面貌。中國是所有胺基酸糊醬的發源地，這點體現在數不清的各類中式酵種和成品上，光是最基本的培養物「麴」，就超過 120 種。韓國胺基酸糊醬的主要原料是一種混合多種材料的培養物，內含各種細菌和黴菌（尤其是麴菌屬的菌種），乾燥後會放至鹵水中二次發酵。日本胺基酸糊醬的主要原料則是麴，經由發酵製成。這些胺基酸糊醬的共同點在於原始材料都是高蛋白食材、鹽和培養物，只是熟成時間不同。

這些基本款胺基酸糊醬可衍生出不可思議又迷人至極的變化。先前提過，任何含有蛋白質的原料都能產生鮮味。傳統上，胺基酸糊醬裡主要造成鮮味的蛋白質是大豆，但我們也嘗試用其他豆科植物、堅果、種子，及包括乳清粉、餅乾麵團、培根和可可豆在內的各種原料當作營造風味的材料。我們從中獲得許多特別的發現，其中一種是以瑞可達乳酪為基本材料的味噌，竟能在兩個月內產生熟成帕馬森乳酪或羅馬諾乳酪通常要花一年才能形成的風味。總之，任何含有蛋白質的食材都能當作胺基酸糊醬的基本材料。至於要用哪種，就看你的想像力有多豐富。

我們累積多年經驗後，已歸納出可做出優質胺基酸糊醬的簡單明瞭步驟。你別被這些詳細的準則嚇壞，動手後，就會徹底明白那些準則的重要性。我們主要以一般味噌為基礎來創造其他胺基酸糊醬，因為簡單步驟就能做出優質成品（當然，還得靠麴這項魔法食材來產生風味深度，或說鮮味）。

味噌只有三項必要原料：麴、蛋白質基底和鹽。以傳統製法來說，三者的比例是以風味和發酵時間決定。短期熟成（2週至3個月）、以糖推動發酵的「淡色」味噌需要較多的麴和較少的鹽；長期熟成（半年至數年）、鮮味濃厚的「深色」味噌，則需要蛋白質較多的基底材料來產生胺基酸，並多加鹽來防止發酵品腐壞。根據我們的經驗，山鐸・卡茲所著的《自然發酵》裡有條簡單的準則很好用。以重量來算，短期胺基酸糊醬需要1份麴和1份基底，加上總重6%的鹽（但我們通常用5%）；長期胺基酸糊醬則用1份麴和2份基底，加上總重13%的鹽。麴和蛋白質基底的種類可隨喜好選擇。

如果讓短期胺基酸糊醬發酵太久，產生鮮味的蛋白質會變少，也要冒一絲成品風味變差的風險，但我們從沒遇過這個情況。成功關鍵在於妥善封存，本章稍後會說明（見118頁〈梅森罐裝填法〉和120頁〈特製發酵蓋：用鹽當材料的實用解方〉）。我們發酵至少一年的淡色胺基酸糊醬，本身風味就相當豐富，加上含鹽量低很多，使用起來方便不少。總之，我們建議你先按照長期胺基酸糊醬的建議比例製作，等到對計畫好的成果滿意且有信心時，再考慮其他作法。

有一點也許很明顯，但值得再次強調：胺基酸糊醬是一種**糊醬**。這代表要將基底原料處理成糊狀或小顆粒，以達到最佳發酵條件，同時抑制致病的有害微生物孳生。為了成功發酵，我們強烈建議至少將一半混合物打成泥狀，否則糊狀物中的小氣孔不只可能導致腐敗，也提供病原微生物蓬勃生長的環境。泥狀原料能填滿這些容易產生危險的空隙。除了降低食安風險，糊醬越細緻，就越容易讓酵素和有益微生物利用各自所需的能量來製造美味產品。如果你希望胺基酸糊醬滑順無比，就在發酵完成時和使用前都攪打成泥一遍。

水含量是胺基酸糊醬能否妥善發酵的另一個重要因子。有時，使用乾麴或嘗試新作法可能會使混合物變乾。此外，你或許也會想做較稀的糊醬，以利用原料所釋出的液體（製作味噌時產生的液體叫做「溜醬油」，與一般醬油類似，

能以相同方法使用）。如果最終混合物摸起來是濕的，代表水分含量適中。如果感覺不夠濕，就添加一點水來達到理想濕度。水是最基本的液體，但只要是合乎常理的液體，添加哪種都可以。不論添加哪種液體，請一定要秤重，才能控管成品的鹽度百分比。

為即將發酵數月至數年的混合物做準備是簡單卻極其重要的步驟，必須盡可能將胺基酸糊醬緊密填入不會起化學反應的容器，例如木頭或玻璃容器，填得越緊越好。有種傳統作法是用手將混合物捏成球狀並壓緊，然後扔進發酵缸。[1] 將混合物捏成雙手能輕易擠壓的大小即可，就像在做雪球。如果混合物捏成的球破裂散開，就代表太乾了。接著將混合物球扔進發酵容器進一步擠壓，並層層堆疊直到裝滿。儘管這種作法有趣又有效，但不全然必要。我們發現單純填入混合物再層層擠壓也能達到好結果，不用那麼麻煩。

容器接近全滿後，就要設法加蓋，壓縮發酵品並與外在環境分隔。覆上不會起化學反應的蓋子，可以僅是個裝滿鹽水或鹽的塑膠袋，也可以是玻璃或石頭材質的重物，放入容器直接接觸發酵食材。蓋子必須穩固，通常靠重量維持不移動，才能防止發酵期間產生的二氧化碳累積壓力而在混合物內形成氣孔。但這股壓力必須獲得釋放，所以蓋子上方和容器開口之間必須留一些空間。蓋子覆上前，撒一層鹽在混合物上能提供額外保護。這樣的高鹽度環境能短暫阻絕有害微生物，在理想狀態下，防護作用足以維持至混合物發酵到一定程度，使得有害微生物無法生存。除了加蓋，還可以鋪一層保鮮膜在混合物表面，確保妥善封存。

▌梅森罐裝填法

如果你剛開始做胺基酸糊醬，想運用手邊就有的材料，可以參考我們研發的標準梅森罐壓縮裝填法。

材料

準備裝填的味噌

廣口梅森罐（473 毫升、946 毫升或 1.9 公升）

標準口徑的塑膠或金屬蓋，疊在密封環上，再用保鮮袋套住

鹽

保鮮膜

廣口的金屬蓋和密封環

將味噌照一般方式密實填入梅森罐，盡可能排出空氣，直到壓實了的胺基酸糊醬與圖片右方標示的薄鹽層等高。把標準口徑的蓋子和密封環倒放在味噌表面，以檢查高度。密封環必須剛好高出梅森罐開口，才能形成加蓋封存所需的表面壓力。增減味噌量以達理想高度。

以保鮮袋套住的標準密封環和蓋子

廣口蓋

廣口玻璃罐

倒放的標準口徑蓋子

鹽層

透過蓋子與罐子間空隙排出的氣體與液體

以梅森罐裝填胺基酸糊醬的方法，麥斯・霍爾繪製

填至理想高度後，取出蓋子或密封環，將鹽慢慢倒入直到足以覆蓋味噌表面。罐子朝各角度傾斜，使整個表面覆上一層薄鹽。倒出剩下的鹽。鋪 2 層保鮮膜在罐口，四周至少要多出罐口 2.5 公分。將標準蓋倒過來，一併將保鮮膜

從罐口壓入，直到接觸味噌。

將保鮮膜的邊角集中收進倒放的蓋子內，蓋上廣口蓋。接著將蓋子往下壓，同時旋緊密封環，直到蓋子接觸並壓縮味噌，具體來說是旋入 1/8 段左右。如果密封環無法旋入，可能得取出少許胺基酸糊醬。

裝填完成後，頂部絕對**不能**蓋太緊而封死。必須留有空隙讓發酵產生的二氧化碳釋放，否則容器會蓄積壓力，可能會爆炸。如果上述步驟做得正確，就無須擔心味噌表面會長出有害微生物。我們不曾在使用這個方法時遇到問題，唯一的小缺點是發酵期間，必須處理從罐裡湧出的溜醬油。我們通常會把罐子放進不會起化學反應的大淺盤或大箱子，像是康寧牌器皿，或是放至塑膠盆中，這樣溢出的液體會集中在容器裡，很好清理。我們把罐子放在不時能看一眼的地方，有時放在流理台上，有時放在地下室的乾淨區域。基本上，放在你覺得最理想的位置即可。

▋ 特製發酵蓋：用鹽當材料的實用解方

你一旦認真製作胺基酸糊醬，就會發現適合用來壓縮裝填的容器不多。此外，大多數人也喜歡一物多用，直接使用手邊現有或可取得而不會起化學反應的容器。

味噌桶和味噌槽的蓋子，設計成比容器開口稍小，會接觸到胺基酸糊醬。這種蓋子夠堅固，能承受重物或石頭在發酵期間持續壓迫，使得蓋子與胺基酸糊醬的接觸面積達到最大，並保留空隙，讓二氧化碳和液體得以洩出蓋子之外。

梅森罐與陶罐專用的重物是覆蓋並重壓胺基酸糊醬表面的常見用具（除了用發酵桶附帶的蓋子），但這些重物無法完全覆蓋表面，需要其他輔助材料，

較常用的是保鮮膜。
你也可以裝一袋鹽水
來當作蓋子，放入罐
口時能貼合容器的形
狀。不過水袋大幅受
限於密度，往往難以
維持固定位置，也不
易加重重量。這些都
只是沒有特製蓋子的
權宜之計，並非理想
的解決辦法。

有一個方法可以特製
蓋子（而且不用花大
錢）。傳統味噌發酵
桶的蓋子是量身訂做
的，但如果能用三樣
東西達成相同目的、
適用於任何容器，還
省事許多的話，會怎
麼樣？絕對辦得到！

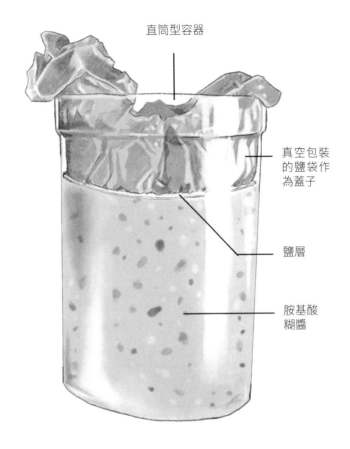

直筒型容器

真空包裝
的鹽袋作
為蓋子

鹽層

胺基酸
糊醬

**特製真空鹽蓋，蓋在盛裝胺基酸糊醬的罐子上，
麥斯・霍爾繪製**

你只需要真空封口機、寬度比容器開口至少寬 5 公分的真空袋和食鹽。

我們都知道，相對於體積，一盒鹽算是相當重。鹽的密度是每立方公分 2.15
克，是水（密度每立方公分 1.02 克）的 2 倍多（我們選擇食鹽是因為質地細，
而且能盡量透過壓縮排除空氣）。經由水置換法測試，可快速得知 1.47 公斤
重的真空鹽蓋的體積，而算出其密度為每立方公分 1.51 克，約在鹽與水之間。

透過頭幾次實驗，我們很快發現猶太鹽的緊實度不佳，做成鹽蓋後密度跟水差不多，因此會漂浮。我們希望鹽蓋的密度大於水，是因為當胺基酸糊醬冒出的鹵水累積在表面時，蓋子要能沉在水中壓住固體。

製作鹽蓋前，必須先製作填鹽的模具。先從發酵容器頂端往下量 7.5 公分，然後用廚房防水膠帶或遮蔽膠帶標示幾個位置。如此一來，做出的密封鹽袋

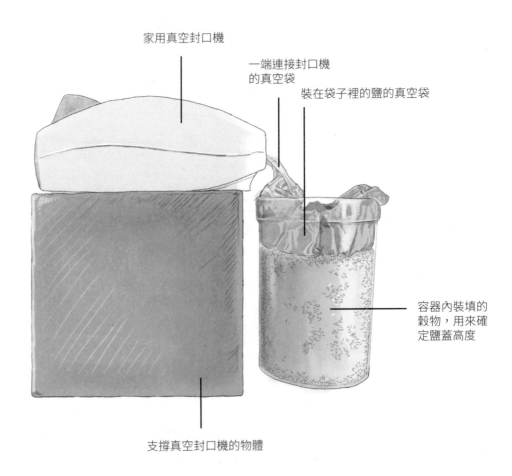

家用真空封口機

一端連接封口機的真空袋

裝在袋子裡的鹽的真空袋

容器內裝填的穀物，用來確定鹽蓋高度

支撐真空封口機的物體

製作鹽蓋的材料設備，麥斯·霍爾繪製

將有 5 公分高，頂部空間則有 2.5 公分。將任何一種穀物裝填到容器中，裝至膠帶標示的高度，接著量好需要的真空袋長度和寬度，以便稍後裁剪。將真空封口機架在袋口稍高於容器的位置。兩者距離越近，耗費的真空袋材料越少。拉出真空袋，直到確定長度足夠，能在穀物上面填入 5 公分高的鹽之後還可以真空密封袋子。如果容器開口稍小或很大，就得做成中間分離的 2 瓣式鹽蓋（分割成更多部分應該也行，但我們至多只需分成 2 瓣）。剪下真空袋材料並密封其中一邊，做成袋子。接下來你已經知道怎麼做了。有時，你可能需要用木湯匙柄推實袋子邊角的鹽。

順道一提，如果想用鹽蓋來壓酸菜、泡菜、醃漬品等發酵品或其他製品，必須先將固體原料壓入鹵水中。要做到這點，只需增加蓋子和容器開口的間隙即可。你可以將厚紙板或有可塑性、能提供間隙的材料剪 1 條 5 公分寬的長條，長度能捲成環狀放入容器內的穀物上方即可。這條材料會使鹽蓋變得較薄。

至於較大的重物，我們目前只知道乳酸發酵陶罐專用的重物，形狀像切半的甜甜圈，也有陶瓷和玻璃材質。我們用圓筒型容器特製的鹽蓋，跟現成的 3.8 公升陶罐專用的甜甜圈形重物大小差不多。假設陶瓷重物重 1.1 公斤要價 20 美元，代表 1 公斤要價 18 美元。假如你可以使用現今並不少見的家用真空封口機，讓我們算給你聽，1 罐標準的 737 克裝食鹽不到 1 美元，2 罐剛好滿足我們需要的鹽量，因此是 2 美元，再加上袋子約 0.5 美元，1.5 公斤重的鹽蓋材料費只需 2.5 美元，因此每公斤只要 1.7 美元，不到甜甜圈形重物 1/10 的價格。另外，先前提過甜甜圈型重物無法將固體原料完全壓入鹵水，因此不適合裝填味噌時使用。

如果你是發酵新手，可能會納悶我們為何如此注重裝填。簡單來說，裝填的步驟對成品的品質有關鍵影響。另外，並沒有所有發酵容器都適用的可靠封裝法。我們一直因為缺乏好選擇而困擾，所以認為鹽蓋是很不錯的辦法。儘

管如此，使用真空鹽袋也有潛在問題。最大的問題是，萬一袋子被刺破，整罐發酵品就毀了。不過切記，真空袋材質堅韌，沒那麼容易被刺破，想想那些每天在冷凍、堆疊和運送之間被粗魯對待的真空包裝產品就會明白。當然，你可以做一些措施來確保袋子不會破，多套一層袋子是最符合直覺的作法。如果想在鹽袋上添加重物，就要墊上盤子或較堅固的器具來隔絕，以免磨損鹽袋。

請注意，如果你可以使用商用真空封口機，並想以餐廳用的標準方形容器來裝發酵品，請選用較窄且開口與做鹽袋的模具相同大小的容器。

▍監控發酵程序

隨著裝填方式不同，胺基酸糊醬發酵時可能會產生小氣孔，但無傷大雅。那些氣孔是有益微生物產生的二氧化碳所形成（儘管不含游離氧的氣孔可能讓人擔心是否會孳生肉毒桿菌，但發酵中的胺基酸糊醬的酸鹼值和鹽度並不適合肉毒桿菌毒素產生）。發酵正活躍的階段中還有件事讓人掛心，如果壓在發酵物上的蓋子靠近容器開口，液體可能會湧出容器。但如同先前所說，這點很好解決，只要將容器放至乾淨的淺盤承接液體即可。

胺基酸糊醬究竟該發酵多久？說真的，答案是直到你喜歡成品的味道為止。一般而言，你無須擔心胺基酸糊醬發酵太久。脂肪含量較高的製品（例如原料是肉的胺基酸糊醬）發酵太久可能會導致酸敗，不過這個問題比較關乎品質而非食品安全，因為酸敗脂肪吃起來很噁心（見 132 頁〈攝取「酸敗」或氧化脂肪是否有害健康？〉）。有些胺基酸糊醬在使用前要熟成數年，而且通常放越久越好吃，因為經年累月的發酵會產生多層次且強烈的風味。你會發現味噌的顏色因為長期梅納反應變深，這跟肉經過煎煮而變色的原理相同。我們建議胺基酸糊醬至少要熟成半年，這是一般準則。主要原因在於能讓蛋

白質有充分時間分解為胺基酸而產生鮮味。熟成少於半年的味噌主要具有發酵風味，這不見得是壞事，但這樣來不及形成你通常會想在味噌裡吃到的豐富風味。說到底，還是要靠你的味蕾決定熟成時間。

儘管如此，有兩種胺基酸糊醬不宜熟成超過半年。第一種是用煮熟的肉所做的胺基酸糊醬。不管你是用香腸、培根還是牛胸肉燒焦的邊角，都要明白烹調這些食物的不同步驟已使肉本身的蛋白質變性。一旦添加了麴，蛋白質變性的過程會大幅加速，快到只是拌入麴，原本的肉品就變得鮮味滿滿。這種以肉為基本材料的胺基酸糊醬短暫熟成 2-4 週，往往就會產生熟成半年以上才會出現的豐富濃厚風味。另一個主要例外是用醬油麴菌接種的豆類製成的胺基酸糊醬。這類胺基酸糊醬是用煮過的豆子和接種豆類混合製成，而非以麴接種的穀物。這種豆類胺基酸糊醬，最短只需熟成 4 週就滋味鮮美可供使用。

▋事前增添風味層次

面對非傳統原料，你可以用已學會的技巧來處理，讓糊醬材料更適合發酵。例如，想想傳統醬油使用的碾碎小麥會經過烘烤，你就能明白熱度能輕易使風味深度大增。

White Rose Miso 的莎拉・康尼奇歐和艾賽亞・貝靈頓製作美味的非傳統味噌之前，就會處理幾項原料。為了讓風味更突出並控制濕度，他們喜歡巧妙運用基本食材，再和麴混合製成胺基酸糊醬，而烘烤堅果、種子、菊芋或甘薯等食材就是一種方法。這麼做能產生極佳的豐富風味，並且不會在熟成的過程中消失。

▋胺基酸糊醬熟成期間的變化

熟成期間，胺基酸糊醬會「溶解」（lyse），意思是酵素會將脂肪、碳水化合物和蛋白質分解成較簡單的化合物，而正是這些化合物使胺基酸糊醬變得美味。發酵是由微生物驅動，和酵素造成的自解作用不同。但自解作用和發酵在溫暖的環境中會共同作用，所以我們喜歡將胺基酸糊醬存放於 15-37° C 的環境來維持良好作用力。低於 15° C，胺基酸糊醬裡的作用便會停止；高於 37° C，則會使有益微生物死亡。要在廚房裡找到溫度落在這個區間的地點來熟成胺基酸糊醬應該不難。你可以將胺基酸糊醬維持在 60° C 的恆溫熟成，完全仰賴酵素作用，但在我們看來，這樣會失去微生物發酵產生的豐富風味，因為微生物無法在如此高溫的環境生存。另外，將食物維持在這個溫度，不只需耗費大量電力等資源，對大多數人來說也非必要作法。

胺基酸糊醬發酵時，可能會出現一些稀奇古怪的情況，例如引來蒼蠅、接觸空氣的表面長黴、鹽結晶沉澱於懸浮液中等，這些都是正常現象，無須驚慌。只要胺基酸糊醬裝填妥當，這些情況就只會侷限在可見範圍，而且能輕易去除，剩下的胺基酸糊醬依然完好可用。至於潛在的腐敗問題，靠眼睛和鼻子來判斷就對了。就像其他食物，如果看起來、聞起來都不對勁，大概就是有問題。當然，你可能不太清楚哪些是可接受的情況，尤其是初次嘗試時，所以儘管勇敢請教更有經驗的人。這就是我們在社群媒體討論區使用主題標籤「#KojiBuildsCommunity」的原因。只要搜尋，你肯定能找到許多相似問題的解決範例。既然花了那麼多時間精力做胺基酸糊醬，在扔掉之前先找人問問，以免浪費了無比美味的食物。

一旦胺基酸糊醬的風味變成你滿意的味道，就該立刻冷藏或妥善裝好存放在陰涼處。如果你真的非常喜歡這款胺基酸糊醬的整體風味，或許也會考慮烹煮來阻止微生物進一步轉化食材。只要將胺基酸糊醬的中心加溫至超過

73°C，就能幾乎停止所有作用。你可以把胺基酸糊醬倒入鍋中用小火加熱並持續攪拌，或者倒入烤盤用烤箱低溫烘烤，或裝袋放入舒肥機烹煮（以氣密容器密封，用恆溫水浴烹煮）。一般來說，我們偏好使用舒肥機，而非用其他方法，因為不需持續監控，胺基酸糊醬也不會煮乾。將真空包裝的胺基酸糊醬以 88°C 加熱 2 小時就夠了。

你會發現煮過的胺基酸糊醬顏色變深，整體風味都深沉許多，性質還會變得非常穩定，不論滋味、風味、質地或顏色都不會再改變。缺點則是無法進一步利用胺基酸糊醬當中的活體微生物和活性酵素。如果還想運用微生物和酵素，就要將胺基酸糊醬存放於低溫處保持活性，不能加熱。

▌ 使用胺基酸糊醬最重要的心態

胺基酸糊醬的用途之多，潛能遠超過傳統已知的方式。我們曾將胺基酸糊醬加進雞湯麵、漢堡排、番茄醬、波蘭餃子（pierogi）、鷹嘴豆泥、餅乾、派、果醬和巧克力冰淇淋等許多食物，都大獲成功。胺基酸糊醬調和奶油是我們非常喜歡的糊醬，從炒蔬菜到塗抹 bialy（一種猶太麵包）無處不用。胺基酸糊醬的優點在於非常濃稠，水分也很少，所以大多數時候都無須調整食譜，可直接添加。味噌成為世界各地都普及的食材正是因為功能多元、價格相對便宜且美味。把胺基酸糊醬想成風味更豐富的鹽就對了。

我們在本章提供了幾道胺基酸糊醬食譜幫助你開始動手。我們希望你隨喜好自由製作胺基酸糊醬，不要被食譜限制，所以請把這幾道具有冒險精神的食譜當作起點，激發你的未來創意。

基本胺基酸糊醬
Basic Amino Paste

以下是胺基酸糊醬的主要配方，我們做任何胺基酸糊醬幾乎都採用這道食譜，不論食材是大豆還是牛心。我們始終將這道食譜維持簡潔明瞭以便記憶。你可以自由調整分量，按比例增減原料即可，做 9 公斤的胺基酸糊醬就跟做 900 克一樣簡單。先想想你打算用多少胺基酸糊醬，再適度調整食材分量。不論是做淡色還是深色的基本胺基酸糊醬，我們都建議用新鮮的麴，但如果用乾燥麴，就和 25 克溫水一起在小碗中混勻，讓麴在室溫下吸水 2 小時。如果不想等，就大致攪打成糊醬再使用。

淡色胺基酸糊醬（熟成 2 週至 3 個月）
麴 250 克
猶太鹽 25 克
蛋白質 250 克

深色胺基酸糊醬（熟成半年至 1 年以上）
麴 165 克
猶太鹽 65 克
蛋白質 330 克

請注意：製作發酵品時，我們建議用「克」作為測量食材的單位，而非美制單位，這能確保鹽度百分比精準而達到食品安全。

將麴和鹽放至中型攪拌碗中，用乾淨雙手攪拌，使鹽均勻散布。接著邊攪拌邊揉捏麴和鹽，將麴盡量捏碎以形成糊醬。不用急著將原料壓得極細，也不必擔心仍有顆粒，這些顆粒在發酵期間將有機會完全分解。

如果蛋白質的質地結實，無法直接拌入糊醬，就要處理材料。大部分原料都能切塊並用食物調理機打碎。

把蛋白質與麴徹底混合，將混合物倒入不會起化學反應的容器中（容量為 473 毫升），建議用梅森罐。接著按照淡色或深色味噌應有的熟成時間，將罐子置於室溫下熟成。

烤整顆南瓜味噌
Roasted Whole-Squash Miso

我們想用本身風味就夠濃郁的單一蔬菜來做味噌，以保證等待數月至一年後會得到美味成品。Row 7 公司是第一間廚師與育種家合作的種子公司，由石倉藍山餐廳（Blue Hill at Stone Barns）主廚丹‧巴柏（Dan Barber）和康乃爾大學的麥克‧馬茲雷克（Michael Mazourek）領導創立，我們選用的整顆小型 898 號南瓜，就是這間公司的產品。這種南瓜很特別，育種的目標是增進美味，而非大多數育種家在意的高產量。你也許曉得與 898 號南瓜同源的第一代產物蜂蜜南瓜（Honeynut），這種瓜是選育白胡桃南瓜改良許多代才培育出的成品。

當你想到 898 號南瓜著名的甜味果肉，或許會納悶我們為何不用它來做美味的甘酒或麴漬。答案與南瓜籽有關（這是墨西哥料理的主要食材）。我們剛展開麴的旅程時，用苔麩（teff）麴做了南瓜籽胺基酸糊醬，結果愛不釋口。既然如此，沒道理不用南瓜籽與瓤一起做成胺基酸糊醬。先前提過，你無須大肆朝味蕾澆灌鮮味，重點在於如何運用細緻複雜的因子，以甚至令人渾然不覺的方式提升風味。你所嘗到的味道是關鍵。

每逢南瓜產季，餐廳便彷彿要被南瓜瓤淹沒。食用南瓜瓤最簡單的方式是烘烤後調味吃掉。不過，由於南瓜籽有纖維外殼，大多數廚師不怎麼喜歡，大量剝殼再供餐廳使用也不實際。你知道南瓜籽可以連殼烘烤磨碎，做成類似中東芝麻醬的糊醬嗎？你知道無須將連著南瓜籽的瓜瓤纖維剝除嗎？事實上，瓜瓤和籽一起烤能帶來絕佳風味。說到完全利用食材，可還不只這樣。南瓜皮通常會因為質地硬而被削除，但我們發現，如果將南瓜連皮切塊，刷一層油在皮上再加進味噌，南瓜皮就會褐變並產生豐富風味。這是既不浪費又省事的作法！

乳清粉胺基酸糊醬

Whey Powder Amino Paste

我們總是納悶：到底可以添加多少蛋白質到味噌中來產生鮮味？根據我們製作高鮮味調味料的經驗，我們添加至混合物中的蛋白質應該不曾超出蛋白酶可分解的量。也許我們只是加得不夠多？為了挑戰這個說法，我們決定用蛋白質濃度非常高的乳清粉當作基質試做味噌，因為碳水化合物和脂肪含量都很低，是胺基酸糊醬的完美原料。除了蛋白質極高的乳清粉，我們也曾用數種乳製品成功做出胺基酸糊醬。

製作這款胺基酸糊醬，只需將足量的乳清粉加進麴中攪拌，使穀粒均勻裹上乳清粉即可。接著倒入足量的水，以形成稠度如味噌的糊醬，再添加總重 5% 的鹽並攪拌。照前述方式裝填，放在室溫下熟成 2 個月，成品將產生濃烈的烤乾酪辣味玉米片起司風味。

高脂肪胺基酸糊醬

在介紹這款胺基酸糊醬之前，我們想先討論使用高脂肪原料製作胺基酸糊醬的疑慮。人們由於擔心吃進酸敗脂肪，向來避免用高脂肪的基質來做胺基酸糊醬。脂肪酸敗可能是氧化、光照、酵素分解脂肪和熱所造成，其中有些反應是特定微生物所引發。[2] 酸敗脂肪通常會散發明顯異味，但並非總是如此。有不少動物研究顯示，攝取酸敗脂肪會造成嚴重的健康風險，導致缺乏維生素或在體內產生毒素。[3] 關於人類攝取酸敗脂肪的研究屈指可數，只有幾項嚴重案例研究。[4] 不過，酸敗脂肪存在於人類飲食當中，有些料理在製作時還會**刻意**讓脂肪酸敗。當然，只要環境適合，任何脂肪都會酸敗，因此發酵期間最好試著減緩脂肪酸敗的速度，例如用暗色容器貯存發酵品，盡量隔絕氧氣，並在發酵完畢後立刻存放於陰涼處。

我們曾用酪梨和乳酪等其他高脂肪原料做胺基酸糊醬，成品十分美味。以重量來算，我們取高脂肪原料和米麴各 1 份，然後添加總重 5% 的鹽，接著熟成長達一年，然後採用與味噌相同的裝填法，嚴格限制氧氣接觸量。儘管我們沒遇過酸敗讓胺基酸糊醬味道變糟的情形，但這種風險肯定存在。為了保險起見，建議放在冰箱裡發酵。

我們也用吃剩的馬鈴薯泥和培根做過美味的高脂肪胺基酸糊醬。我們做馬鈴薯泥胺基酸糊醬時，添加了不可或缺的小麥麩質或乳清蛋白粉來增加蛋白質含量。如果不添加，成品可能會出現類似凝乳（來自奶油和鮮奶油）和外用酒精等不討喜的味道。我們試做培根胺基酸糊醬時，採用前述的控制方法，從沒發生問題。事實上，拉德熟食與烘焙店的培根胺基酸糊醬總是賣得很快，常讓我們應接不暇。

攝取「酸敗」或氧化脂肪是否有害健康？

強尼·德蘭

強尼·德蘭（Johnny Drain）在倫敦一家具前瞻思維的餐廳「小獸」（Cub）擔任發酵研發部部長，他也是創新精神十足的雜誌《MOLD》的共同編輯，這本雜誌旨在構思飲食的未來。強尼以深入探討食物與發酵的科學聞名。下文擴寫自他替北歐食物實驗室（Nordic Food Lab）寫的部分文章，能讓你放心相信脂肪可以安全發酵。

首先，酸敗的定義是長鏈脂肪酸被分解成結構較短、氣味和滋味都較強烈的脂肪酸。概念上，這跟碳水化合物被分解成單醣或蛋白質被分解成胺基酸沒什麼不同，只是產生風味的另一種方式。脂肪酸本身並非不討喜或危險的物質。短鏈脂肪酸普遍存在於人類飲食中，但在高濃度的情況下，可能會變得刺鼻而令人難以接受。例如，適量酪酸造就了帕馬森乳酪等硬質乳酪美好的風味譜，但濃度高的食物，例如放了非常久的奶油，吃起來可能會像是嬰兒的嘔吐物！總之，了解脂肪酸敗背後的作用就能獲得極致的美好風味，只是比起蛋白質和澱粉的

分解，脂肪酸敗作用更須留意。

有些說法提醒人們注意酸敗脂肪會危害健康，把致癌和諸多害處與酸敗脂肪牽上關聯。不過我們發現，這些說法所援引的研究大多只是推斷或其實不直接相關。例如有些實驗，為了獲得可測量的不良反應，給予動物遠超過人類可能攝取的酸敗脂肪量（以體重和壽命來計算）。湯姆·考泰特（Tom Coultate）便在《食品化學：解析食物中所有主要與微量的成分》（Food: The Chemistry of Its Components，合記出版）裡強調這點，並表示：「氧化脂肪可能對人體有毒性一說仍未證實……〔儘管有反面說法〕，目前少有證據顯示氧化脂肪會使人體致癌。」[5]

此外，哈洛德·馬基（Harold McGee）也在《食物與廚藝》（On Food and Cooking，大家出版）中保證：

「酸敗脂肪不見得會致病，只是不討喜。」先前也提過，某些乳酪的製作過

程和產生的化合物，就跟造成脂肪酸敗的作用很類似。[6]

因此歸根結柢，這個問題的答案是：只要保持均衡飲食，你所攝取的酸敗脂肪量並不會危害健康。

—— 葵花籽版「豆豉」——
Sunflower Seed "Douchi"

我們製作葵花籽版「豆豉」的方法源自於傳統豆豉，即中國發酵黑豆。豆豉的作法很有趣，因為大豆的培養時間較長，能確保黴菌充分穿透，卻也因此產生大量孢子，可能帶來不討喜的風味。為了防止這個情形，得輕輕沖洗豆子除去孢子。[7] 這讓我們想起剛開始用麩皮完整的整顆穀粒培麴時，不斷與產孢搏鬥的經驗。即使用珍珠大麥，也可能使麴菌感受到壓力而進入繁殖階段。那麼何不仿照豆豉的作法來處理？既然需要的酵素已經產生，何不像沖洗大豆那樣沖洗穀物？

這理論聽起來沒什麼問題，麻煩的是穀類主要由澱粉構成，只含有少量蛋白質，但我們要的就是鮮味，所以得解決這點。我們開始思考如何更恰當地利用蛋白酶。何不按照醬油的作法？儘管原料不是傳統大豆加上烘烤過的碾碎小麥與麴的混合物，但我們認為只要是蛋白質加麴就行了。仔細想想，鹽麴就是一種短期發酵的胺基酸糊醬或醬汁。

我們決定用烤葵花籽來實驗。以重量來算，我們混合重量相同的葵花籽和沖洗過的產孢大麥麴，並添加總重 5% 的鹽。將混合物放入玻璃罐中，再倒入 5% 鹵水，直到淹過混合物 2.5 公分高。就這樣放在室溫下發酵 3

個月不攪拌，罐子裝上單向排氣閥，就像發酵酒類時那樣。

經過幾個月，罐裡酒香濃厚。如同所有麴製發酵品，糖已經被分解，開始自然發酵成酒精。接著我們當然得瀝乾葵花籽和大麥混合物，使之乾燥、風味集中並揮發酒精，而成果棒極了。葵花籽與大麥的混合物彷彿鹹香而略帶酸味的堅果麥片，發酵所產生的乳酸味有畫龍點睛的效果。我們分送了一些給在康乃狄克州密斯提克（Mystic）牡蠣俱樂部（Oyster Club）餐廳擔任廚師的朋友詹姆斯·威曼（James Wayman），他加進墨西哥風格的乾擦料中，用來塗抹油封雞。除了大量鮮味，脂肪中透出的一絲酸味也更加凸顯雞肉的味道。

當然，葵花籽版豆豉並非豆豉或醬油，甚至也不是味噌，而是胺基酸造就的製品，是我們以基礎知識為根柢創造出有趣的胺基「鹽」。這種衍生產品體現傳統上製作失敗的食品如何能轉變成美妙產物，而這還只是我們用麴發酵的成果之一。

▌ 回歸不依賴酵種的自然發酵

本書的重點在於使用種麴培養物來發酵，種麴即麴菌屬各品種的孢子，以米麴菌為主。本書從頭到尾都沒鼓勵你以野生菌種發酵的方式利用黴菌，因為我們自己也還沒開始探索這方面。我們忙著研究麴的各種面向，沒有多餘的時間精力。此外，自然發酵也是較困難的發酵法之一，不易上手，總是存在不小心養錯微生物導致食物中毒的疑慮，尤其是發酵場所大幅遠離麴菌原生地的情況下——我們住的地方就是如此。不過我們要告訴你，只要具有理想條件並按照既有步驟，自然發酵是**可行**的。讀了接下來這篇〈meju〉就會明白，韓國人已實行自然發酵長達數千年，做出的meju則是韓國調味料的核心原料。既然如此，製作meju肯定不會比培麴困難多少。

meju

約翰・哈特和柳仁晶

由於我們缺乏製作 meju 的經驗，於是請兩位朋友來討論這個主題。一位是約翰・哈特（John Hutt），他是紐約布魯克林區飲食博物館（Museum of Food and Drink）的行政主廚；另一位是柳仁晶，她在美食頻道（Food Network）擔任攝影主任。兩人都對亞洲料理有深刻了解，而且對任何感興趣的主題都會投注熱情研究。我們為了研究 meju 的製程找上兩人時，他們正好開始發酵一批 meju。他們很樂意分享所學與深入研究的成果。下文中，兩人將說明什麼是 meju，以及如何安全製作並使用 meju。

meju 是以大豆為主要成分的野生菌種發酵酵種，用來製作韓國的「醬」，這就是一類胺基酸糊醬。作法很簡單，讓煮過的大豆自然發酵而富含米麴菌和枯草桿菌（*Bacillus subtilis*）即可。因為韓國是製作 meju 的主要地點，以韓式作法來解釋最能協助你了解 meju。製作發酵品時，環境也會成為原料的一環，像 meju 這樣的野生菌種發酵品，影響特別明顯。發酵環境不同，細菌、野生酵母菌和黴菌的種類也會有差異，而使用特定發酵技法將使好菌得以蓬勃生長，並防止致病和腐敗細菌損壞產品。韓國就特別強調「手味」（son-mat）的概念：手會為所有發酵品和料理增添風味，尤其是泡菜和醬類。

各種醬是韓國烹飪的基礎。這些大豆糊醬和醬汁是許多韓式燉鍋與菜餚的基石。以下介紹三種主要醬類：

韓式醬油：特指「湯醬油」（guk-ganjang）或「家醬油」（jip-ganjang），以 meju 和鹵水製成，是韓式湯品和小菜的基本材料。

大醬：這種發酵大豆糊醬以 meju 和鹵水製成，是製作韓式醬油時的副產品。用作 jjigae（一種韓式燉湯）和醃醬的基本材料。

韓式辣椒醬：這種發酵辣椒醬是用辣椒粉、meju、糯米和大麥麥芽粉製成。

meju 非常類似中國的「麴」（中國麴可說是 meju 的原型），在韓國的製作歷史長達數世紀。儘管 meju 可溯源至麴，在中國卻從未有哪個發酵培麴的學派會派出學者和行家來確認製作過程符合中國標準，[8] 反而是在製麴法引進朝鮮半島後，人們自行把玩、調整，最終發展出新技術。當我們說「韓式醬油」的製作歷史長達數百年時，我們明白這不是一個人的功勞，而是一群釀造者的傳承。發酵，或說製作食品的整體過程，是世代流傳並持續演進的口述和實作傳統。製作 meju 的傳統技法便由韓國主婦一路傳承至今。

現今的 meju 是一種自然發酵的混合酵種培養物，基本材料僅有大豆，接種了枯草桿菌、米麴菌和各式各樣的接合孢子、細菌和真菌，種類則依天氣、空氣、製作者的手與汗及地點而有所不同。[9] meju 與味噌較顯著的差異，在於 meju 的原料通常只有自然接種的大豆，味噌則是專門用米麴菌（麴）接種大豆（或其他穀類），並常與小麥或其他原料混合。另外，meju 大幅仰賴空氣促進發酵，味噌則是厭氧發酵而成。* 「野生菌種發酵」泛指不依賴酵種的發酵法，是最容易製作的發酵作法，成品包括酸麵種、紅酒和 meju 等。這些自然發酵酵種常用作其他發酵品的基本材料。

酵種可以是製作優格數次的罐子，放滿鄉村火腿的房間，一箱米糠、乾草或香蘭葉，稻田旁吹來的微風，甚至是蜂蜜。定義越抽象，人們越容易理解自然發酵只是對自然作用的微幅調整。韓式醬油製程看似令人不明所以，卻在後續製作大醬時成了合情合理的步驟；在韓式料理中，韓式醬油如同燒烤一樣不可或缺。

meju 製作概觀

製作 meju 這樣的自然酵種，跟做酸麵種一樣簡單，只是耗時較久，原料也不同。製作 meju 有四個步驟：製作大豆磚、乾燥豆磚、發酵豆磚，以及再次乾燥豆磚。meju 完成後，只要浸泡鹽水數月，然後分離固體和液體，便形成大醬和韓式醬油。另一種普遍作法是將 meju 磨成粉，和大豆與辣椒一起做成韓式辣椒醬。

---

* 製作味噌時，培麴階段為好氧發酵，麴加入大豆或米麥等基質後則以厭氧發酵為主，但好氧菌仍持續成長與作用，促進發酵。（編註）

韓式辣椒醬的 meju 是用大豆和糯米、大麥或小麥混合製成，比例是 6 份大豆加 4 份小麥，或 5 份大豆加 2 份糯米。[10] 用來製作韓式辣椒醬的 meju 通常不會久放，製程較接近中國製作固態發酵醬油（即韓式醬油前身）的作法。

自製 meju

首先，準備 2.5 公斤乾燥大豆，挑掉小石頭或皺縮的褐色豆子，只保留顆粒完整的白色和黃色豆子，用水沖淨，然後用豆量 3 倍的水浸泡 1 夜，置於約 20°C 的環境。瀝乾豆子後，沸煮 4 小時或蒸 2 小時，[11] 放涼至 40°C，粗略處理成糊狀，接著塑形為 8×10×20 公分的豆磚。

接著讓豆磚乾燥。為了加速乾燥，可將豆磚放在用來乾燥物體的空間，維持在約 40°C，或用淺盤盛裝放在散熱器上或放進鍋爐室。這些地點的額外好處在於促進豆磚內外的細菌與酵母菌生長，但絕非必要。等豆磚乾燥至便於操作的程度，就要吊在平均溫度不超過約 20°C 的環境 40-80 天。[12] 第 1 週前後，豆磚會散發強烈的臭味（別擔心，這是正常現象）。經過初步乾燥和發酵，meju 上生長的主要菌種會是枯草桿菌。為了完成發酵，還必須接種麴菌屬的菌種。

接種麴菌屬菌種的一般作法是將 meju 和乾稻稈一起放入盒子或其他容器中。如果沒有稻稈，也可以用乾草、麥稈或木槿，甚至是印尼常用的乾燥香蘭葉。[13] 接著，將裝有 meju 和稻草的容器置於溫暖環境，例如電毯（作用相當於韓國地暖「溫突」）或暖氣上，或放進鍋爐室。培養環境的理想溫度是 37-40°C，同時必須具有高濕度。讓豆磚在盒中發酵 14-30 天。

從盒中取出豆磚，再次乾燥 14-30 天或直到使用前。豆磚上會長出真菌，主要是白色和綠色（屬於麴菌屬）。這樣 meju 就完成了，可以用作韓式醬油、大醬或任何胺基酸糊醬的酵種，meju 成品幾乎可以永久存放。

meju 裡長了什麼？

meju 磚或其他型態的 meju 是黴菌和細菌繁殖的溫床，這些菌種對存放和使用 meju 至關重要，而且不代表有害食品安全。在使用 meju 製作韓式醬油或韓式辣椒醬之前，必須先洗掉表面大部分的真菌。有些真菌會長得較為茂盛，而黑

色、灰黑色、綠色或橘色的地方最好完全刮掉，也可以使用前再刮除。以下是生長於 meju 裡外的已知微生物：

真菌：

米麴菌、豐富毛黴（Mucor abundans）、灰藍毛黴（Mucor griseocyanus）、霉白黴（mucor mucedo）、毛黴目菌種（Mucorales spp.）、Penicillium kaupscinskii、羊毛狀青黴（Penicillium lanosum）、中國根黴（Rhizopus chinensis）、日本根黴（Rhizopus japonicus）、黑根黴（Rhizopus nigricans）、米根黴等。

酵母菌：

Rhodotorula flava、Saccharomyces coreanus、魯酵母菌（Saccharomyces rouxii）和 Torulopsis datria。

細菌：

短小桿菌（Bacillus pumilus）、枯草桿菌和金黃色葡萄球菌（Staphylococcus aureus）。

如何使用 meju ？

meju 最常用來做韓式醬油和大醬，作法是浸泡鹵水數個月，然後瀝乾並與浸泡的鹵水分開發酵，確保個別產品的保存期限。不分開發酵的產品叫做「toejang」，保存期限不長。

製作韓式醬油前，要用冷水洗 meju 磚，輕輕刮掉表面的真菌和黴菌。接著乾燥豆磚 1 天，要翻動好讓每一面都乾燥。將 meju 磚放入陶罐中並用鹵水淹過，meju、鹽和水的比例是 1:1:3。可以隨喜好添加木炭、棗子和韓國乾辣椒，或是完全不加，然後加蓋發酵 2-3 個月。瀝出發酵完成的液體，沸煮半小時，韓式醬油就完成了。這種韓式醬油還可以繼續發酵並熟成數年，讓味道從魚露般的臭味變成醇厚的鹽味。發酵熟成期間，黴菌在液體表面長出的菌絲體可以輕易去除。

大醬是瀝除韓式醬油後剩下的發酵大豆（剩餘 meju）。可以攪打成糊醬，放入陶罐中用鹽覆蓋，然後繼續發酵半年。將大醬與韓式醬油調和，可使糊醬的質地不變。

其他 meju

韓式辣椒醬專用的 meju 是 meju 常見的種類之一，是用大豆和糯米、大麥或小

麥混合製成，比例是 6 份大豆加 4 份小麥或 5 份大豆加 2 份糯米。韓式辣椒醬專用 meju 不宜久放（請用來做韓式辣椒醬）。這種 meju 要處理成粉狀，與發芽大麥、糯米粉和辣椒粉混合，然後進一步發酵。還有一種「改良 meju」，是將大豆特別與米麴菌混合製成，以控制並縮短發酵時間。

meju 還有許多種類。大豆是最常用的原料，但也能用番薯、山藥、蠶豆和小麥做 meju，只要是澱粉和蛋白質含量高的食材即可。每種 meju 都各有特點，例如製作甜麵醬（韓國稱為「春醬」〔chunjang〕）的 meju 是用瓜皮包住麵團做成，能做出較甜的糊醬。

你會發現 meju 及衍生製品潛力無窮。你可以發揮創造力製作各式各樣的胺基酸糊醬，每款都蘊含獨一無二的故事。

吊起來的傳統 meju 磚，麥斯・霍爾繪製。

▌勇敢嘗試

我們認為透過胺基酸糊醬來了解麴製品不可思議的風味力量，是非常容易的切入點。但製作胺基酸糊醬確實得花時間，對於不是已經做了幾罐放在食材櫃、隨時可以取用的人來說，還真是個挑戰。我們建議你去最近的亞洲市場看看各種胺基酸糊醬，種類多得驚人，可能會令你眼花撩亂。就像首次嘗試任何新東西時一樣，先做點研究，並請教熟悉胺基酸糊醬的親朋好友。如果沒有結果，就大膽挑幾種感覺符合需求的胺基酸糊醬，開始取代鹽加進鹹食。你可以把胺基酸糊醬想成青醬，沒有什麼用法是錯的。有幾種直接了當的用法，效果都很好，例如用 1 茶匙到 1 湯匙的胺基酸糊醬作為湯頭的原料，或和鍋底的食物殘渣一起做成鍋底醬，或抹在準備烘烤的蔬菜上。

開始用胺基酸糊醬後，你就會了解為什麼我們（和其他數十億人）會愛上這種食材。胺基酸糊醬正是當初讓我們對麴的所有可能性著迷不已的用途之一。試著量身打造出你喜歡又能傳達自身故事的調味料吧！

AMINO
SAUCES

第八章
胺基酸醬汁

胺基酸醬汁與胺基酸糊醬的功能差異不大，不過比較味噌和醬油口味的拉麵，可以清楚凸顯兩者不同之處；或想想為什麼醬油通常搭配牛排，味噌則搭配魚。儘管兩者的精髓都在於麴造成的鮮味，但仍各有獨到的特色。

胺基酸醬汁和胺基酸糊醬的主要差異是含水量。胺基酸醬汁液體含量較高，使麴的酵素更能接觸到澱粉和蛋白質，進而更徹底地將兩者分解為糖和胺基酸。用碎肉或碎魚來做胺基酸醬汁時，這點格外重要，因為要讓酵素觸及碎料與骨頭分離時產生的凹槽隙縫。胺基酸醬汁能裹覆食物，也能當作淋醬或蘸醬，具有畫龍點睛的效果，讓食物更美味。從定義來看，醬汁能為食物增添濕度和風味。《食物與廚藝》（On Food and Cooking）是有史以來最重要的烹飪相關著作之一，作者哈洛德・馬基在探討調味醬料的章節開頭，有段相當

精彩的描述:「醬料是用來搭配菜餚主要成分的液體,目的是強化風味……有的能增加食材原有風味的深度和廣度,有的則能提供對比、增補滋味……還有醬料,這是調味料的終極表現:廚師為展現特殊菜色,利用醬料來賦予廚師想要表現的風味。」[1]

在這個章節中,馬基將醬油和魚露歸類為調味料,我們同意這個說法。不過他表示,醬汁有時也包含調味料,而我們想在此說明兩者的關聯。

眾所周知和廣受喜愛的大部分鹹味醬汁和調味料都含有胺基酸。想想人們最愛的各種醬汁,例如番茄醬、鮮奶油,及任何加了乳酪的醬汁,你會發現這些全都含有高濃度的麩胺酸。美國熱門調味料蛋黃醬和莎莎醬所含有的鮮味,也是由相同的成分所造就。人類為何如此喜愛胺基酸?為何會為之垂涎?為何攝取胺基酸如此令人滿足?一切都因為胺基酸是蛋白質的指標,而蛋白質是豐富的營養來源。人類的生理機制天生就能察覺胺基酸的存在,這很合理,畢竟含有高蛋白的鹹食能提供人體大量能量,並有助於延長飽足感,效果勝過高糖食物。

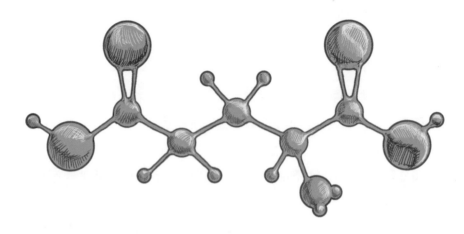

麩胺酸分子,麥斯・霍爾繪製

不過，這項基本需求也可能被趁機利用。受利潤和貪婪所驅使的量產食品製造業便利用人類的本能慾望，在原料簡單的食物中添加味精或同類的麩胺酸製品，使風味大增。你有想過日本的蛋黃醬為什麼這麼好吃嗎？因為添加了味精！當然，遠近馳名且廣受喜愛的純美式沙拉醬 —— 田園沙拉醬也有加味精。但重點是添加多少和吃下多少。誰不喜歡時不時來點味精？我們就很喜歡。

▌由你掌控

製作胺基酸醬汁時，風味的力量由你掌控。那股力量由蛋白質與麴的比例促成（最終是蛋白質與蛋白酵素的比例），從而產生胺基酸。說到傳統胺基酸醬汁，人們通常會想到飽含鮮味的醬油和魚露。然而，並不是非得靠一大堆蛋白質才能產生美妙鮮味，鹽麴本身就算得上一種胺基酸醬汁。前幾章談過，穀物內含的蛋白質便能提供充足的飽滿風味，完全體現「少即是多」的道理。不論你手邊有什麼食材，都能運用麴的酵素力轉化而變得更美味。切記，一味增添鮮味並非一體適用的作法，加得巧才是關鍵。

先前提過，胺基酸醬汁的關鍵特色在於高含水量。所有材料都在鹵水溶液中，酵素和微生物容易四處移動，在醬汁中接觸其他食材並分解，產生強烈的豐富風味。我們已歸納出製作胺基酸醬汁時要留意的三個驅動因素：透過自解作用的轉化，把風味拓展到最大限度；運用「廚餘」的潛能，例如難以消化或無法食用的食物部位；以及確保食品安全。

幾乎所有含有蛋白質的食材都很容易做成美味調味料。現在，「只要加水」有了全新意義。

以日式醬油來說，以下這段話摘錄自〈醬油、日式醬油與溜醬油的歷史〉（*The*

是鮮味粉末，還是味精？

李加樂

儘管味精會引發頭痛和其他健康問題的迷思已多次獲得澄清，珍妮佛・拉梅蘇里（Jennifer LeMesurier，柯蓋德大學〔Colgate University〕寫作與修辭學教授）、張碩浩（David Chang，桃福餐廳集團老闆和《美食不美》〔Ugly Delicious〕節目主持人）和日本食品品牌「味之素」（Ajinomoto，熊貓寶寶調味素製造商）近來也再度說明這點，但人們依舊對味精抱持刻板印象和毫無來由的恐懼。為什麼？

在〈了解種族〉（Uptaking Race）一文中，拉梅蘇里表示：「對中國移民的不信任體現在反中國食物的言論上。」以及：「『語體領會』（genre uptake）*，即資訊選擇與翻譯的過程，助長了這種偏見，從醫學討論到熱門新聞皆如此。」[2] 潛在的種族歧視和仇外心理體現在相關言論和購買的商品上，不論這商品是否為食物。抱怨頭痛比承認害怕中國人容易。

這個現象跟全球對於鮮味的遐想和讚揚相反。鮮味遙遠、神祕又性感；味精則否。但如果將生動的報導和具體的形容擺一邊，「察覺到神祕第五味」的意義，其實就只是嘗到胺基酸（游離麩胺酸）或說蛋白質指標；味精則是被提煉出來，最穩定的胺基酸形式（即非游離麩胺酸）。你現在已經很清楚，麴在你選擇的基質內作用時，會產生酵素，其中一種（蛋白酵素）將蛋白質分解成可馬上利用的個別胺基酸分子。味精、鮮味和麴的唯一差異在於味蕾嘗到的麩胺酸是如何分解釋放出來。

但如同生活中大多數的事物，就算是好東西，太多也會令人難以忍受。既然你已明白這些鮮味增強劑十分天然，現在你也許會想撒點味精到雞尾酒裡、添加鮮味食材到漢堡裡，或添加麴到所有料理中，但切記，你嘗到的只是游離胺基酸，而非完整實際的蛋白質。所以不論使用哪種鮮味食材，都放點蔬菜來讓風味更完整吧！

---

* 語體領會：人們看見或聽見詞句時，會選擇性閱聽與理解話語，並構成新的語言情境。（譯註）

History of Soy Sauce, Shoyu and Tamari，夏利夫和青柳所著），精準地描述了日式醬油有多複雜：「製作醬油時，在發酵期間米麴菌直接長在大豆（和小麥）上，酵素開始分解麴的基質，接著在後續的鹵水發酵階段繼續分解大豆（和小麥）。這種活體內外的擴大水解作用，產生複合的代謝性化合物、加強蛋白質水解和液化作用，並使醬油產生比味噌更豐富、更強烈的風味。」[3]

若把醬油這種把鹵水輸送到食材各角落的系統，和味噌這類混勻的濃稠糊醬相比，你會發現液體有著獨特的優勢，可以輕易包圍任何固體填滿縫隙。這代表你可以儘管拿食材當中無法消化的部分來萃取風味，例如骨頭、殼、種皮、蔬果皮、動物的皮等。這就是製作魚露時用上整條魚（包括骨頭、腸子等所有部位）的原因。

燉高湯也是運用相同的概念。單純用水微滾烹煮肉和骨頭以萃取風味的過程，跟製作胺基酸醬汁差別不大。有趣的是，為了增加風味深度，可以先將骨頭烘烤過再下水滾煮萃取風味。這跟先烘烤小麥再用來培養胺基酸醬汁的麴，概念差不多。功能上，燉高湯和製作胺基酸醬汁的差異在於前者靠熱來萃取風味，後者則是靠酵素和發酵。

表面上，醬油和魚露這兩種重要的傳統醬汁好像沒什麼關係，但深入了解就會發現兩者驚人地相似。除了都是廣受歡迎的調味料，也都反映了過去食物必須做成易於穩定長期保存的時代特色。當作物盛產，鹽水醃漬是簡單的保存方式。只要將食物放入容器，添加鹽和水並等待即可。沒有比這更簡單的了。

但在食材中添加鹽水和製作胺基酸醬汁有個關鍵差別：是否含有酵素。沒有酵素，你只會得到鹹味發酵食品，儘管好吃，卻遠不及經過酵素轉化的食物那般美味。醬油裡的麴提供酵素，將植物蛋白質分解成胺基酸。傳統上用整

基本魚露配方

山姆・傑特

做魚露時，請記得主食材的品質非常重要，買來的魚必須無可挑剔、非常新鮮（活跳跳就更好了）。脂肪含量高的魚能做出更美味的魚露（不過裝瓶前，一定要去除脂肪，因為味道一點也不好）。試著保留魚的內臟，如果已去除掉了，就不能使用傳統的高鹽長時間發酵法。不過即使魚隻已無內臟也別慌，麴能提供足夠的酵素來啟動自解作用。

表 8.1 列出我製作魚露時的鹽、麴比例。如果要加速製程，我會減少鹽量，並用

60°C 烹煮材料。以這樣的水活性（見〈附錄 B〉）和溫度，我能在兩個月內得到風味強烈的胺基酸醬汁。如果發酵時間拉長，我通常會按比例降低材料的水活性和溫度。如果打算發酵一年，我會直接用傳統作法，並讓材料保持高鹽度。

處理魚時，不要沖洗或用任何方法清潔魚。戴上手套，以切肉刀切成 5 公分長的塊狀，與其他原料混合。如果是用體型較小的魚，例如鯷魚或沙丁魚，就拌入鹽並用絞肉機絞碎，再與麴和水混合。移至附有單向排氣閥的氣密陶罐中，以免魚露蒸發，接著放在室內貯存（或熱燙的屋頂上），放多久隨你喜好。

製作胺基酸醬汁的魚，麥斯・霍爾繪製

	2 個月	6 個月	1 年以上
魚	100%	100%	100%
鹽	8%	12%	16% 以上
麴	20%	20%	無
水	10%	無	無
溫度	60°C	45°C	29°C

表 8.1 魚露配方比例和發酵時間

條魚做成的魚露並沒有添加麴，不過製程同樣倚靠酵素（來自魚的消化道），這種使用整條魚製作美味醬汁的基本作法有其美妙之處。

當然，我們用發酵保存食物時，始終注重食品安全。如果使用帶骨的肉或魚來發酵，更要特別注意，因為骨肉之間的縫隙可能讓病原體孳生。幸好，由於所有原料都會被徹底分解浸泡在鹵水中，這種情況幾乎不可能發生。

▍醬油的基本作法

醬油的一般作法是用烘烤過的碾碎小麥和煮過的乾燥大豆來培麴，兩種材料須等重，接著添加與麴醪等量的水，鹽量則視情況增減。添加總重 15% 的鹽是很好記的比例，不會太多，也不會太少。製作醬油時，要根據受溫度影響的發酵情況來制定攪拌醪的日程。以小批製作來說，第一個月每天攪拌 1-2 次，之後每 1-2 週攪拌 1 次即可。[4]「新鮮空氣透過攪拌進入醪中，使酵母菌和其他有益微生物得以生長，並抑制有害厭氧細菌孳生，同時有助於蒸散不必要的二氧化碳和硫化氫，也能促進成品氧化變色和讓醪混得更勻。」醪發酵 1 年後，醬油就完成了。接著濾除固體，並熬煮液體濃縮至理想濃度。烹煮後醬油也就殺菌完成。

你明白醬油的詳細製程後，應該不難看出可以如何替換原料，就像我們在胺基酸糊醬章節說明的那樣。最簡單的入門法就是用 1 份麴、1 份蛋白質加 2 份水的比例來製作。我們將原料拌勻成胺基酸醬汁的基底後，因為通常不會等上一年才享用，所以一般會添加 7-10% 的鹽。此外，也要考慮增減水含量，如果想將水量減少到 1 份而非 2 份，會釀出較濃的胺基酸醬汁，濃度接近溜醬油。

你可以隨喜好選用植物性蛋白質。當然，必須盡可能選擇高蛋白、低碳水化

焦烤麵包胺基酸醬汁

凱文・芬克

凱文・芬克（Kevin Fink）是德州奧斯丁（Austin）二粒小麥與黑麥餐廳（Emmer & Rye）的主廚兼老闆，是美國目前非常活躍也有才華的大廚，從他被《美食與美酒》（Food & Wine）雜誌封為最佳新銳大廚，並進入「詹姆斯比爾德獎」（James Beard Awards）西南地區最佳大廚項目決賽便可見一斑。凱文及他的餐廳如此特別，部分原因是他所設立的食品儲藏室。你會在二粒小麥與黑麥餐廳，看到各式各樣的發酵品，從汽水到胺基酸糊醬都有。數年前，傑瑞米到那兒和凱文一起在他的食品儲藏室工作時，兩人一拍即合，並基於對麵的共同愛好建立深刻情誼。此後，凱文與才華洋溢的大廚團隊不斷大膽地用德州的山麓料理做實驗。在二粒小麥與黑麥餐廳的食物儲藏室中，我們最愛的產品之一就是焦烤麵包胺基酸醬汁。

在我們二粒小麥與黑麥餐廳的菜單上，向來都有天然發酵麵包。我們每天烘烤販售新鮮麵包來展現不同穀物的美妙，但總會剩下一些，所以想出了各種利用方法，例如做成麵包粉、油炸後加入麵包沙拉（panzanella）中、添加鮭魚卵和醋拿去烤，有時也會直接吃掉。目前，焦烤麵包胺基酸醬汁是我的最愛。這種產品讓穀物經過三次發酵，頭兩次分別為製成酵種時和麵團首次發酵時（bulk fermentation）。而麵包終於接觸麴時，便展開最終發酵。蛋白質和碳水化合物被分解，產生更濃郁的鮮味，甜味也增加而平衡了麵包高度焦糖化的風味和苦味，成為濃郁的醬汁，可以單獨使用，也可用來強化其他食材的風味。

不新鮮的麵包 1,500 克

水 3,000 克

大麥麴 300 克（以適合做
醬油的米麴菌接種)

鹽 330 克

將不新鮮的麵包碾碎成麵包粉，在放了烘焙墊的烤盤上鋪成約 6mm 左右。以 163°C 烘烤 45-50 分鐘，或直到麵包粉變成深棕色，放涼至室溫，再混合其他食材。接著放入食品真空袋中 4-6 個月，或裝入罐子並用陶罐專用重物壓住，最後瀝除固體再使用。

合物和低脂肪的植物。榨過油的堅果和種子殘渣具備去脂高蛋白的條件，所以是理想的基底原料，而且如果不廢物利用，通常會被丟棄，因此拿來做胺基酸醬汁是美事一樁。

當胺基酸醬汁已發展成你喜歡的風味，就要按照製作醬油的標準作法，濾除固體並微滾液體以終止發酵。濾出的固體可仿照胺基酸糊醬使用，只是風味較淡。我們也喜歡將固體殘渣乾燥，用作調味鹽或用來發酵新鮮根菜類（例如甜菜），做成醃漬品。

不管出於什麼原因，大家處理發酵品時偶爾都會沒遵照應有的步驟。如果你忘記每隔一段時間該攪拌胺基酸醬汁，或加蓋靜置過久，你可能會發現醬汁產生一股不討喜的酒味。即使這樣的醬汁並不理想，你還是可以用煮沸去除不討喜的風味，大多數情況下，成品依然很不賴。

▋碎料升級

雖然我們可以用最優質的穀類和豆科植物製作胺基酸醬汁，但這種製品的優點在於能利用通常被視為廚餘的碎料做出美味調味料。隨之產生的經濟利益不只嘉惠必須留意餐廳盈虧的大廚，也包括家庭廚師。減少廚餘代表我們能降低處理廚餘的必要花費。以現今用完即丟的文化來說，這項優點想必能令所有人感同身受。現在你可以逐漸明白我們為什麼說製作醬油只是運用麴的冰山一角了。

回春水胺基酸醬汁

尚恩・達赫帝

尚恩・達赫帝（Sean Doherty）在緬因州波特蘭擔任烘焙師，業餘時間則是個發酵智多星。現今，許多人製作鹽麴時嘗試以不同穀物為基本材料，但最令我們驚艷的莫過於尚恩用回春水（rejuvelac，一種浸泡發芽穀物製成的飲料，富含益生菌）作為胺基酸醬汁的基本材料。我們剛好有機會品嘗一批發酵 7 個月的回春水胺基酸醬汁，還真是美味至極。我們因此認真思考能不能減少蛋白質、增添其他複雜的因子，以此方法製作各種胺基酸醬汁。

將全穀物浸在裝滿水的罐子裡，置於室溫下 12-24 小時，接著瀝掉水，將罐子倒放於大小足以傾斜罐子的碗或其他容器中，好讓罐裡的發芽穀物不接觸罐底。每天至少要用淡水沖洗穀物 2 次，最好早

4 公升廣口玻璃罐 1 個

濾布（大小足以摺疊數
　層覆蓋罐口）

橡皮筋 1 條

任何種類的全穀物 4 杯
　（1 公升）

晚各 1 次，以免穀物變乾甚至長黴。當穀物開始長出小芽，通常 2-3 天後就可以使用。沖洗發芽穀物最後 1 次，放回罐中。將罐子裝滿水並加蓋（不必蓋緊）以阻擋灰塵和蒼蠅，靜置約 48 小時，回春水就完成了。將浸泡水倒出冷藏，留下的發芽穀物蒸 25-30 分鐘，但如同先前所述，要維持穀物的結構完整。接著用煮過放涼的發芽穀物來培麴，按照米麴的培養法即可。麴養好後，重新混合發芽穀物麴與先前保留的浸泡水（要回溫至室溫），並添加 5% 鹽鹵水。以體積來算，麴與鹽水的比例該是 3:1。將混合物放入不會起化學反應的（玻璃或不鏽鋼材質）容器中並加蓋（不必蓋緊），置於 26-32°C 的溫暖地點 3-4 週。第一週每天都要攪拌試吃，之後每週 1 次。我把胺基酸醬汁靜置 2 個月後拿去冷藏，9 個月後便十分美味了。發酵時會產生少量酒精，能讓所有風味接近完美平衡。

請注意：放在室溫下越久，醬汁會越臭，甚至變得更酸，因為以胚芽乳酸桿菌（*Lactobacillus plantarum*）為首的乳酸菌屬不同菌株會充斥其中。

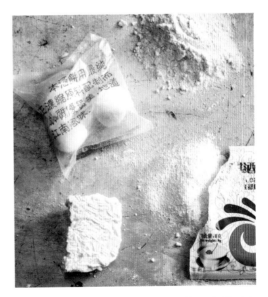

處於生命週期末尾、已經產生孢子的米麴菌。*

已經產生孢子的米麴菌景象。*

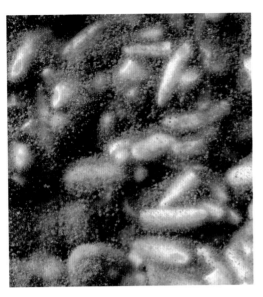

各種不同的麴菌孢子。*

其他常見酵種：米根黴（右側兩種）及酒麴（中式酒餅丸‧左上），及泰國香米米麴（左下）。*

＊攝影：彼得‧拉森（Peter Larson）　　　×攝影：安德魯‧王（Andrew Wang）
◆攝影：克勞蒂亞‧馬克（Claudia Mak）

食物乾燥機內正在同時製作多種麴製品。*

爆米花麴。[×]

爆米花麴上的孢子。[×]

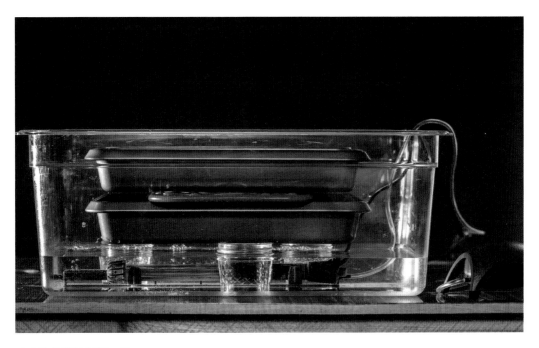

水浴培養器的配置。[×]

培麴第 0 小時的泰國香米米麴。*

第 12 小時的泰國香米米麴。*

第 24 小時的泰國香米米麴。*

第 36 小時的泰國香米米麴。*

焦糖化的泰國香米米麴。[×]

南河味噌公司的乾燥糙米米麴。[×]

奧薩卡藍玉米（Oaxacan blue corn）甘酒。[×]

用城堡谷磨坊的「血屠夫玉米」（Castle Valley Mill's bloody butcher corn）製成的鹼法烹製玉米麴。[×]

香魚卵胺基酸糊醬。[×]

哈斯克沙凡納餐廳（Husk Savannah）的胺基酸糊醬：番茄、雞油菌和霍巴德南瓜。[×]

製作胺基酸醬汁用的麴，材料是黑豆與城堡谷磨坊的二粒小麥。[×]

罐裝的各種胺基酸糊醬。＊

積在猶太丸子胺基酸糊醬上的溜醬油。＊

各種胺基酸醬汁。＊

啤酒麥渣胺基酸醬汁。＊

用亞邊緣農場（Sub Edge's Farm）葵瓜子殼做成的胺基酸糊醬，葵瓜子殼是製作葵花油的副產品。[×]

以葵瓜子大麥豆豉為材料製作的鮮味辣椒油。[×]

金・溫多用胡蘿蔔剩料製作的味酥。[×]

以麴培養的甜菜熟肉。[*]

熟肉：肉上培了麴的肋眼牛肉、甘酒豬肩頸肉火腿和甘酒德式生肉香腸。*

培麴之前要先把種麴抹在生牛排上。*

烹調前與烹調後的麴養牛排。*

數種以麴處理過的魚類熟肉。*

拉德的蔬菜熟肉：甜菜、胡蘿蔔和白蘿蔔（上至下）。*

乾燥後的瑞可達味噌乳酪。◆

黃屋的鹽麴洗浸乳酪。*

麴漬：菊芋、金黃甜菜和青江菜。[×]

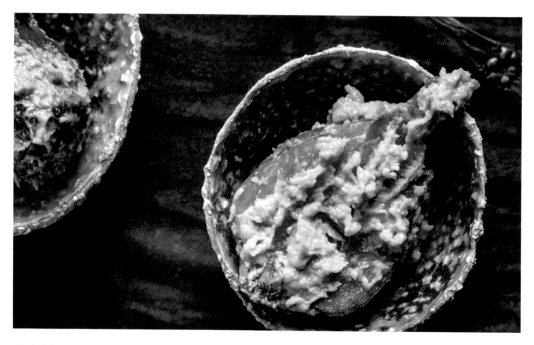

發酵醃菜店的金黃甜菜粕漬。[×]

以尚恩·達赫帝的乳酸發酵楓糖辣醬製作的鹽麴醃漬櫻桃辣椒。✕

以 898 號小南瓜胺基酸糊醬製作的柿干風南瓜味噌漬。✕

甘酒黑麥麵包和甘酒白脫乳麵包。✱

和泰國香米米麴一起真空封裝的蘋果片。✕

ALCOHOL
AND VINEGAR

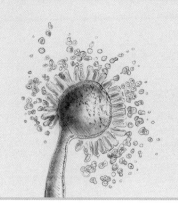

第九章
酒與醋

釀酒容易，留酒難。這番感慨有很多種解讀方式，包括酒精容易揮發、喝酒乃人生樂事，還有酒很容易發酵變成醋。無論你選擇如何解讀，對大部分人來說，酒都是一種意義深遠的東西。我們以酒精飲料慶祝孩子出生、弔祭老友過世等，涵蓋生活中的大小事。酒在從酒神巴克斯到耶穌的宗教傳說和教條中扮演了重要的角色，也用於強化並重新肯定我們的種種個人信念。有許多政府打壓酒、壓迫喝酒的人，但也總是受到激烈反抗，只好容許酒再度自由流淌，大部分啦！

我們曾在前面章節討論酒精飲料在歷史上的重要性，是人類拓展版圖到遠方時的必要之物。我們或許不太清楚釀製酒精飲料的技法是從何時開始廣為流傳，但大多數歷史學家和科學家同意，應該是在 9,000 到 12,000 年之前，基

本上是跟農業的黎明同時發生。促成各種穀類作物與果實馴化的主要原因，會不會就是我們對酒的喜愛？當然有可能是這樣，但我們永遠無法百分之百確定。我們確實知道的，就是這古老的戀情只有隨著時間愈發強烈，造就無數類型的酒精飲料，而且全都可以用麴釀出來。

19 世紀末，一位名叫高峰讓吉的日本男性用麴釀製威士忌，向世界證明了這一點。高峰的冒險雖然因為諸多原因而沒有成功，但他讓我們看到了麴快速糖化澱粉的獨特能力，可以善加利用，幾乎能釀出任何種類的酒飲。如今

清酒杯壺，麥斯・霍爾繪製

世界各地都有才華洋溢的釀酒師，將高峰的精神發揚光大，如丹麥哥本哈根英琵莉柯酒廠（Empirical Spirits）的拉斯・威廉斯（Lars Williams），還有美國俄亥俄州克利夫蘭的瓶屋啤酒及蜂蜜酒餐廳（Bottlehouse Brewery & Mead Hall）的布萊恩・班切克（Brian Benchek）及傑森・卡利克拉格斯（Jason Kallicragas）。他們挑戰了運用麴的極限，釀製出某些有史以來最美味的酒飲。

▌既有酒類的深度與廣度

我們的朋友哈特（他在本書中分享過對 meju 的專業知識）醉心於用麴釀的酒。他指出，若是想幫各種用麴釀的酒與蒸餾酒分類編目，可能要花上好幾輩子。

釀造麴啤酒的神來一筆

布萊恩・班切克

班切克把麴融入傳統上以發芽穀物釀製的酒飲，成果十分令人驚豔。他的釀酒廠是位於俄亥俄州克利夫蘭高地的「瓶屋啤酒」，向來專做小批次、季節性生產的多樣化啤酒與蜂蜜酒。他和首席啤酒師傑森・卡利克拉格斯特別注重將中西部與五大湖區的風土融入能展現該地區生物多樣性的飲料中，不只使用當地原料，也使用當地的野生微生物。班切克的啤酒廠是非常精彩的例子，不只展現了麴在釀啤酒方面的能耐，同時也展現了利用亞洲材料、加上美國創意，釀出歐洲風格飲料的成果。

美國的釀酒產業還很年輕，跟許多歐洲國家豐富又全面的釀酒文化相比，我們簡直就像是剛拿到駕照、沒有地圖就開車踏上廣闊大路。雖然我們可能不知道該往哪個方向走、哪條路又是死胡同，但我們知道沿途有許多風景等待我們發現。

儘管傳統的歐洲啤酒釀製法為美國精釀啤酒的遙遠旅程提供了一個起點，但美國釀酒師充滿創意、天性好奇、又沒有傳統包袱，已經在過去 20 年間改變了全球釀造啤酒的風景。持續尋找新的處理方式、新的原料與新的方法論，以便將之融入釀製過程，就是推動這一波創意十足演化的力量。啤酒師在尋找靈感時，往往會將目光轉向其他手工職人。把麴運用在釀造過程中，就是個令人振奮的好例子。

無論是啤酒、波本威士忌、伏特加或清酒，產生酒精的方式都一樣，把多醣（澱粉）轉化成單醣（葡萄糖）。這個轉化過程的主要推手是「澱粉酶」這種酵素，沒有澱粉酶的轉化作用，澱粉分子就會太大，使得酵母細胞無法「消化」，世界上就沒有澱粉釀的酒了。啤酒和蒸餾酒的釀酒師，都必須仰賴發芽的大麥或小麥當作必要的澱粉酵素來源。（相反的，釀清酒的人則靠麴成長產生澱粉酶。）

雖然每種來源（發芽大麥或麴）都會製造澱粉轉化必需的澱粉酵素，但特定類

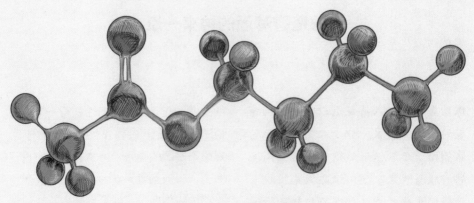

酯分子，麥斯·霍爾繪製。

型的澱粉酶（α 澱粉酶或 β 澱粉酶）的差異，以及每種製程中的獨特副產品，都會影響最終產品的整體風味、香氣和口感。也就是這些差別，讓啤酒師看到把麴融入啤酒釀造過程的潛力。

啤酒師運用麴的方式有好幾種。因為用米培養的麴會產生大量 α 澱粉酶，啤酒師可以用接種了麴的米取代部分穀物。若是把接種了麴的米直接加進發酵液裡，則發酵液中的 α 澱粉酶濃度會大幅增加，產生三種影響：第一，啤酒師會發現大麥中的多醣轉化成可發酵的糖所需要的時間縮短了，產生減少釀造天數的實際好處。第二，發酵液中的 α 澱粉酶會增加，因此使麥芽汁更容易發酵，這就代表殘糖量較少，最終釀出來的啤酒

酒體會比較輕盈。但把麴米加入麥芽配方最令人興奮的一點，或許就是額外增添了麴在分解米介質中的澱粉時，產生的水果風味酯了。

麴把米的澱粉轉化成葡萄糖時，同時會產生各種具水果風味的酯，這和大麥或小麥澱粉中的澱粉酶轉化作用不同。這些酯通常會有花香風味和類似番石榴或熱帶水果的香氣。就是這些酯，讓清酒帶有淡淡的水果風味與香氣。然而，麴所產生的果味酯很脆弱，在沸煮麥芽汁時很容易被破壞。為了保存這些風味和香氣化合物，啤酒師希望能設法在麥芽汁沸煮後才融入麴製造的酯類。因此啤酒師收集米在接種麴後產生的味醂＊，在發酵過程快完成時才添加到啤酒裡。味

酥富含果味的酯，能凸顯以熱帶特色聞名的啤酒花品系及其他許多酵母菌株的果香特色，尤其是比利時菌株。

如果單純只用味酥作為麴產生的果味酯來源，有一個缺點，就是其分量必須足以對幾百萬加侖的啤酒成品造成顯著影響。以小型啤酒廠的營運規模來看，在養麴過程中生產的味酥量就是不夠，無法達成啤酒師想要的效果。啤酒師採用的解決辦法之一，就是釀製大批甘酒，濾掉米粒，再直接把甘酒添加到發酵中的啤酒。這種處理方式讓啤酒師能添加必要分量的果味麴酯，又不必為了收集足量味酥而培養大量的米麴。

有些啤酒師持續設法從釀製時使用的啤酒花與酵母中萃取出更多水果香氣與風味，對他們來說，能運用麴強化啤酒成品的果香特色，吸引力真的不可小覷。不過，把麴運用在啤酒釀製過程尚處於實驗階段。要改變傳統運用麴菌的方式和製造過程，以符合啤酒師的需求，不只需要時間，也需要願意跳脫眾所周知的框架思考，這就是美國精釀啤酒師熱烈擁抱的哲學。

---

* 味酥的製作方法為混合米麴與蒸熟的糯米，加入米燒酎或釀造用酒精製成醪，置於室溫下發酵後壓榨過濾出酒液即成。（編註）

用麴（或不用麴）釀製酒飲的關聯性錯綜複雜，非常瑣碎，恐怕令人目不暇給，光這個主題可能隨便就能寫成一本專書，厚度大概和本書差不多、甚至更厚。不過，我們希望能涵蓋基礎知識，讓你能進一步探索以麴釀酒和醋的無限可能。

哈特主廚也提醒我們，不管有沒有使用酵種培養物，發酵製酒的歷史實在太古老，過程的每個環節都至關重要，任何微小的變化都可能釀出不同的成品。有兩大方向可以探索自此衍生的釀酒方式：可以走百科全書路線，也可以當實做派。走百科全書路線的人會根據地區、材料、方法、年分、色澤、過濾法、添加物等因素將飲料量化並分類。這之所以重要，是因為如果我們沒有方法

能討論數量龐大的飲料、技術或酵種，就只能每次都從頭開始。而在另一方面，實做派則明白釀製這些酒其實不需要專業技術，只要把麴添加至穀物中，剩下的就交給時間，其他一切都是很有彈性的。一旦把麴和一點水添加到穀物混合物中，你就沒什麼辦法阻止這些材料變成某種酒精飲料、或是再繼續進展成醋。這是一種比人類演化還古老的自然過程，醋就是這樣自然產生的。接下來的討論，是關於利用不同麴菌釀製的不同類型酒飲。我們會提供釀製的入門指導，從廣為人知的日本清酒，到比較神祕的馬來西亞與印尼的「tapai」等飲料都有，也會探究用這些飲料釀醋有多簡單。

所有運用麴的發酵都是在東亞發展出來的，尤其是在中國，然後再擴散到周邊地區。哈特指出，因為種種歷史、社會、政治因素，生活在英語世界、尤其是美國的我們，比較熟悉日本的成果與清酒，而比較不熟悉在東亞範圍更大的中國或韓國的成果，更別說整個東南亞。像山脈和廣闊水域等具體疆界，是文化、歷史和各種麴菌孢子真正的阻隔，而政治疆界則是靠著意志力存在，因此是可以滲透的。中國所使用的發酵技法，跟澳門或台灣的有顯著差異嗎？並沒有。再往外推，南韓呢？北韓呢？日本呢？我們都是一體的，使用的技法都取決於能否取得產品，設計的發酵容器也都取決於各自的氣候，雖然各有宗教信仰與相關教條，似乎卻也因此而凝聚一體。這就是酒類飲料的種種美妙優點之一，而在這些酒的酒標磨損之後，彼此差異也會消失。

▌選擇酵種

酒精飲料的酵種在某些方面就像是麵包的酸麵種，乾燥而懸浮散布在空氣中，基質放在環境中就會自然接種，可以儲存備用。有些比較容易製作，但每種都獨一無二。亞洲的酒麴酵種名稱就跟亞洲的文化和語言一樣多。雖然都是同一個物種，但基本上可當作是不同變種，是由熱切渴望酒的人選育並強化，以執行特定任務。哈特為我們提供了以下的分析：

清酒、燒酎、泡盛

史蒂芬・萊曼

在日本飛鳥時代（530-710 年）的某個時間，或是在接下來的奈良時代（710-794年），據說佛教的僧侶設法分離出了麴菌、酵母菌和乳酸菌，發展出現代的清酒釀製法。清酒的釀造方法在接下來的1,300 年間持續演變，但製造過程的基礎在西元 9 世紀即已確立，而清酒的品質好到能當成商品販售，則是在西元 10 世紀早期。日本僧侶如何分離出這些生物，又為什麼要這麼做，答案永遠是個謎，因為發展過程並未留下文字紀錄。

稻米碾成精米後，製作清酒的第一步，就是要為蒸好的米飯接種麴菌（只有極為傳統、也非常罕見的「菩提酛」風格例外，要稍後才會添加麴）。接種過程大概要花 48 小時，在米麴移到酵母酒醪（「生酛」或「山廢」處理方式）或直接移到發酵槽（效率最好的「速釀酛」處理方式）時結束接種。菩提酛、生酛、山廢等製程的目的，是要培養天然的乳酸菌，以保護稍後的發酵不致遭其他生物破壞。幾乎所有清酒釀造所使用的麴，也就是黃麴（米麴菌的變種），本身不太會製

造酸，所以清酒發酵對滲透進來的東西特別敏感。這也是大部分清酒都是在非常低溫中發酵的原因，這樣其他生物就比較不容易扎根。在現代的速釀酛製程中，會在發酵一開始時就添加市售乳酸，這樣每批都可以節省好幾週的生產時間，還能造就品質更一致的產品，因為釀酒專家只需要仰賴 2 種微生物的努力，而不是 3 種。低酸度黃麴清酒製程的好處，是釀出來的飲料既甜又乾淨，壓榨並過濾米粒殘渣後就可直接飲用。

現代的清酒生產方式確立之後，又經過了整整 700 到 800 年，日本才出現蒸餾技術。我們不清楚這種技術是否跟韓國、中國或沖繩（當時是獨立的琉球王國）進行貿易才傳到日本，但還是很快改變了生活在溫暖地區的日本人的飲酒習慣。在溫暖氣候中發酵的清酒，可能會遭到其他生物破壞，但只要經過蒸餾，就能變成更好喝的酒。一般相信，最早的燒酎出現在日本南方九州，是經過蒸餾的清酒，基本上就是農夫的私釀酒，政府也沒有嚴格加以規範。直到 1880 年代晚

期，燒酎業者才被迫組成公司。因此，歷史最悠久的釀酒廠大多可追溯到 1884 或 1885 年。

這並不代表當時所有人都想釀酒就能釀。因為江戶時代用米納稅，所以長崎縣的日本農民用米釀酒遭到負責監督的武士階層懲罰，轉而釀製大麥燒酎。同樣的，多虧了葡萄牙商人，在番薯從南美洲經中國再經沖繩傳入日本後不久，薩摩藩（現在的鹿兒島）的農民就開始用這種薯類釀製燒酎。

但釀造燒酎絕非日本南方的專利。清酒酒粕（釀製清酒後剩餘的米粒固形物）去掉殘餘的酒精能當肥料使用，而去除酒精的方法就是直接蒸餾酒粕。曾經有一度，日本所有清酒釀造者同時也製作「粕取」（酒粕）燒酎，讓當地鎮民除了業者生產的昂貴清酒，也有便宜的其他選擇，因為到了江戶時代（1603-1868 年），清酒通常都會被運去江戶（東京）。他們接下來會再進一步把已經沒有酒精的酒粕提供給當地農民，以提高來年栽種的稻米產量。這是非常好的生命循環，讓島國的農產品能物盡其用。

在某個時間點（同樣沒人確切知道原因跟方法），黑麴（泡盛變種麴菌）經由沖繩傳抵九州，當時沖繩人用這種麴菌釀酒已經有幾百年歷史了。黑麴之所以得名，是因為一旦開始生產孢子，就會轉成深灰色。因為黑麴會產生大量的酸，同時還有強烈的泥土風味和氣味，不適合高雅的清酒，所以在釀製清酒方面從來沒大受歡迎過。不過，一旦經過蒸餾，味道就沒什麼問題了。

1923 年，麴又更進一步演變，當時，河內源一郎教授在他的實驗室內發現了一個黑麴的變種「白麴」（Aspergillus kawachi），這種麴會轉成亮白色而非黑色。用來釀酒時，還是會產生大量的酸以保護發酵，但不會造成跟黑麴一樣的泥土氣味。如今大部分的燒酎都是用這種白麴釀製，因為能釀出好入口的酒飲，又可展現基本原料的香氣。還有另一個附加的好處，就是不會在釀酒廠裡每樣東西上長得到處都是。

沖繩泡盛（一種蒸餾烈酒）的年代比燒酎早了至少 100 到 200 年，這種蒸餾傳統可以明確追溯到琉球王國跟暹羅（現今的泰國）的貿易，而泰國的特殊飲品則是泰國白酒（lao khao）。泡盛原本專供沖繩國王及朝臣飲用，事實上，非法釀

製這種烈酒會被判死刑。因為有這麼嚴格的法規，所以僅有首都內一個從王宮圍牆上即可看見的地區獲准釀製泡盛。

傳統上，所有泡盛都是用泡盛變種麴菌釀製（當時琉球王國可能還不知道有米麴菌，又稱日本黃麴），並在陶甕中熟成，讓新鮮的烈酒變得圓潤。一般認為主要是以泰國米製作，不過也有使用其他可發酵的穀物和根菜類的紀錄。至於陶甕，沖繩人發展出一種陳釀方式，類似西班牙雪莉酒的索雷拉系統（solera）。在這陳釀過程，如果有顧客點了泡盛，釀酒商倒進顧客個人酒壺中的，會是最老那桶泡盛裡的烈酒，然後再取第二老酒桶的酒來填補最老那桶，依此類推，直到新釀的泡盛倒入最年輕的那桶酒，以填補被賣掉的酒。1900 年代早期，還曾經有200-250 年陳年泡盛存在的紀錄，但很不幸這些窖藏全在第二次世界大戰的沖繩戰役中失去了。要記得，所有釀酒商都位於王宮圍牆舉目可及之處 —— 而日軍在被入侵時強行徵用這座王宮作為防禦。事實上，人們原本都相信黑麴菌因為美軍大規模轟炸而絕跡了，不過幾年後，又在掩埋在瓦礫堆中的稻草墊上找到少許長了黑麴的米粒。直到 1948 年後，占領沖繩的美軍容許沖繩人繼續用米釀酒，泡盛才又恢復釀製。

現在所有的泡盛都是用泰國進口的泰國長米釀造，而且只能用黑麴來釀製。因此，泡盛擁有世界貿易組織的「地理標示保護」。而且拜黑麴所賜，泡盛釀酒廠的牆壁、天花板和每個空角落和裂隙，都長滿了這種古老的黴菌。

最簡單來說，澱粉釀酒時需經過的發芽步驟，亞洲人就是用麴取代。不過，麴能增添西方傳統作法釀不出的風味和香氣。這是一個值得探索的迷人世界，就在你自以為了解時，又會碰到一些顛覆認知的事情。舉例來說，現在有些清酒是以黑麴釀造，卻沒有酸味。現在鹿兒島有一位燒酎釀酒師，會在發酵製程中同時使用黃、白、黑三種麴。還有一位義大利精釀啤酒師會釀一種黃麴啤酒，味道簡直就像蜂蜜酒，又甜又有蜂蜜味。但他的黑麴啤酒嘗起來就像全世界最烈的酸酒。總而言之，這是個要從杯底去探索的精彩世界。

麴 —— 中國	Loog pang —— 泰國
麹 —— 日本	Mochi kouji —— 緬甸
Nuruk —— 韓國	Mae domba —— 柬埔寨
Murcha / marcha —— 印度和尼泊爾	Ragi Manis —— 印尼和馬來西亞
Banh men —— 越南	Bubod —— 菲律賓
Paeng —— 寮國	

▌如何釀酒

要釀製酒精飲料，需要的不過就是糖、水和酵母。在許多情況下，以釀葡萄酒為例，這三樣東西葡萄本身都有。釀酒人需要做的，就是碾碎成熟的果實，讓果泥晾一陣子，等酵母把果汁中的糖代謝成酒精就好。真的就是那麼簡單。只要一桶糖水，你也能輕鬆辦到，連添加酵母都不用 —— 酵母終究會自己跑進糖水中。

傳統上用**麴**釀酒時，只要添加點酵母到甘酒中，最後就會變成酒精飲料。不過你要知道，這樣釀出來的不一定是**好喝**的酒精飲料。雖說對某些人而言超讚的東西對另一群人卻可能是災難，但我們倒是可以肯定地說，要釀出美味、優質、好喝的酒精飲料，需要一點技術。釀醋也是一樣，如果一開始是用噁心的酒精飲料作原料，就可能釀出噁心的醋。你大可自由測試這個理論，用便宜的葡萄酒或啤酒來釀醋，但你不會想再試一次。

如同我們先前討論過的，釀造清酒和其他麴基酒飲的人，如果想釀出美味又好喝的飲料，就必須親自控制各種可讓你取得最佳成果的機會與變數。從斟酌培麴期間各種酵素的產量，到確保酒醪與酒粕不會遭某種乳酸菌汙染，就算是最輕微的不平衡，都可能釀成災難。在啜飲麴製的酒時，就連最沒經驗的味蕾，都能輕鬆分辨出異味、臭味再加上不平衡的酸味，因為人們通常認

為這類飲料獨特又稀奇，所以會直接飲用、品評酒類本身特質。任何一點變化，從原料、溫度到地理位置，都會造就不同的產物。根據你何時在米上接種麴菌、何時過濾米、用的是哪種米等問題，會有無止境的變數，因此你會聽說有 12 種、或 36 種的清酒，端看你問的對象。若談的是中國的「黃酒」，數量還可以乘以百倍，因為這種酒可以用任何穀類、或根本是任何水果來釀製。

雖然不見得總是如此，但為了能用麴輕鬆釀製酒精飲料，你會需要先有甘酒（按照 106 頁〈甘酒〉部分列出的步驟）。一旦有甘酒在手，接下來的步驟將引導你釀出最簡單的酒精飲料。我們會隨著章節討論各種優化與釀造的方法，然後是如何把酒精飲料變成醋。

按照以下步驟，你可以愛釀多少酒就釀多少：
1. 將甘酒注入廣口桶中至接近全滿。
2. 蓋上濾布。
3. 靜置於室溫中，直到變成酒。

如果你期待看到更多方法論，那你運氣不好，步驟真的就是這麼簡單！但這並不代表你不能加以修改並優化，以符合你的所想所需。再說，這也不代表你釀的酒一定好喝。你可能不覺得占領了甘酒的野生酵母菌株味道好。也可能你最後在甘酒裡養出來的是乳酸菌，結果釀出酸味甘酒。以下是一些可以探索改動的變數，能創造出幾乎數不盡的可能結果：

- 改變養麴的基質
- 使用變種或不同種的麴菌。
- 以各種香料植物、辛香料、如蜂蜜之類的額外糖分，還有水果或蔬菜來提高酒精濃度。
- 運用不同的水基液體做成甘酒的酒醪。舉例來說，可以用蘋果汁來

做，成品就是含酒精的蘋果清酒。

· 嘗試在不同的溫度中釀酒。

· 使用不同的酵母菌株或菌種，而不是仰賴從食物貯藏室外面抓來的菌種。去當地的釀酒用品店晃晃，看他們有什麼現貨。如果採取這種作法，要用有單向排氣閥的窄口大玻璃瓶，才不會讓你精挑細選的酵母菌被不想要的菌種汙染。

· 發酵末期可放乳酸酵種至酒液中。乳酸發酵的薑就非常適合。

· 加入糖與酵母使已裝瓶的酒碳酸化，讓酒產生二氧化碳或熟成。

你怎麼知道你的酒飲已經釀好了？簡單原則再度稱王。嘗嘗看。如果你喜歡、覺得那樣的酒精含量很好喝，那就冰涼並裝瓶，以阻止酵母菌或任何醋酸菌繼續發酵。如果想知道酒精濃度，可以去釀酒用品店買液體比重計，這種工具能準確測量酒精濃度，按照說明書操作即可。如果只想大概估計一下，那就開罐酒精濃度 6% 的啤酒喝一口，然後再喝一口你自釀的酒，兩相比較。如果酒精的「燒灼感」差不多，那你就會知道酒精濃度大概是多少。如果感覺更強或沒那麼強，也還是能大概知道酒精濃度如何。

哈特主廚用麴釀過亞洲各地許多傳統酒精飲料，尤其是中國的，而中國就是米麴菌的發源地。他指出，牢不可破的觀念和長年的傳統，可能會阻礙釀酒這種其實很簡單又容易操作的技術。多的是讓這些方法和技巧更臻完善的辦法，也能自然適應你的環境。哈特建議，釀酒時，要清楚明白自己永遠釀不出福建老酒、茅台、或某些規範特別嚴格的清酒，除非你去到那些地方、用那些工具和特定的微生物風土釀造。不過你還是應該知道，你釀出來的東西是非常能入喉、能入菜、而且是你自己的——所以就盡量享用吧！接下來我們會提供現有酒品類型和釀製方法的簡單分析，先從哈特在紐約用的方法開始，然後會在亞洲四處走跳。

哈特的米酒
John's Rice Wine

哈特的米酒配方基本上就是被他逼出更高酒精濃度版本的「馬格利酒」。在《發酵聖經》一書中,卡茲建議丟 1 顆番薯到馬格利酒裡。哈特用的則是紫色的日本山藥,讓這種酒看起來就像是用葡萄釀的紅酒。你一定會喜歡釀這種酒的單純,而且肯定會希望手邊一直都有這種酒。

煮熟的米飯 4 公升
煮熟的紫色山藥 2 大根
水 1 公升
麴丸 (中國酵母) 或其他米麴菌種麴 (如韓國酵母 Nuruk) 1 顆

原料放涼到約 37°C,將材料全部放進塑膠桶中壓碎混合,蓋上濾布,在室溫中靜置 3-4 天。攪拌後以釀酒用的過濾袋(在你家附近的釀酒用品店或網路上很容易買到,也不貴)濾掉固體,液體倒入有氣密蓋的 8 公升陶甕中熟成。如果沒有陶甕,容量差不多的大玻璃罐或食品級塑膠桶也行。如果空氣能進入容器,液體就可以(而且真的會)繼續發酵變成醋。陳放 1 年後就可享用或裝瓶保存。

韓式馬格利酒
Korean Makgeolli

馬格利酒就是韓國酵種 nuruk 混合煮熟的米飯或澱粉後，再液化成像粥的質地。製作步驟頗為簡單，想喝也很容易找，首爾街上常可看到小販在兜售。

煮熟的米飯 500 克
水 500 克
nuruk 500 克
番薯 1 大顆 (非必要)

米要煮到彈牙，放涼到約 37° C，然後加入 nuruk 拌勻。如果要放番薯就刨成絲再加進去拌勻。放在溫暖處靜置 2-3 天。如果不過濾就上桌，那就是馬格利酒。如果想做得更精緻點，就濾出上層的酒液，做成「韓國清酒」，或蒸餾做成「燒酒」。

印尼

Tapai

Tapai（也叫 tape）是一種像稠粥那樣的含酒精食物，以印尼的種麴 Ragi Manis 培養發酵而成。可以直接以原本狀態享用，配上各種醃菜、烤魚或帶殼海鮮，也可以過濾後當成美味的酒飲飲用。這種飲料可以用不同的澱粉製作，取決於你身在印尼哪個地方。以下所列的澱粉可擇一使用，也可彼此搭配。

米、番薯或樹薯 500 克
印尼酵母 Ragi Manis　25 克
棕櫚糖 50 克

煮熟選用的澱粉。米要煮到彈牙，番薯或樹薯要煮到能用叉子輕鬆戳穿，放涼到約 37° C。如果用的是番薯或樹薯，要切成彈珠大小的塊狀。平均撒上 1 層 Ragi Manis，輕輕攪拌讓材料都裹上。把接種好的澱粉放進像梅森罐之類不會起反應的容器中，1 層澱粉 1 層棕櫚糖交錯堆放，直到放滿。加蓋放在溫暖處 2-3 天。發酵好後，可以直接食用，或添加等量水做成飲料。成品很美味，含有少量酒精。

酒麴配方

在撰寫本文之際,中國的釀酒方式都還沒有標準化,所以會有多種製程衍生出多種成品和術語,知道這點很重要。釀製穀物酒的酵種有好幾種,全都歸為酒麴,不管是小麴、大麴還是其他變種,都稱為酒麴。

━━ 大麴 ━━
Daqu

通常是以小麥、有時也會用大麥和豆粉作為基質,接種了米麴菌及其他不同種類的酵母後,再塑成塊狀、加以乾燥。這類酵種可用於製作非常多不同類型的釀造酒和蒸餾酒。每一類都很獨特,且直接反映出中國的特定地理區域。大麴有很多種,全都可以用下列特定麴種培養。(若要製作大麴發酵酵種,只要把米根黴換成特定的黴菌,按 169 頁的小麴配方製作即可)。強烈建議你用所有類型的大麴做實驗,找出最喜歡的一種或多種。

紅大麴:接種紅麴菌
黃大麴或綠大麴:接種米麴菌
灰大麴或白大麴:接種米根黴或中國根黴
黑大麴:接種黑麴菌(*Aspergillus niger*)

小麴

Xiaoqu

你通常可在亞洲超市看到名為「上海酒餅丸」的小麴，是 100 克米粉團接種米根黴之後乾燥數日製成，很容易買到，也可按照以下步驟自製，但這種方法需要用到乾稻草。對不是住在稻米產區的人來說，幾乎不可能取得乾稻草，但你很容易就能在大多數中式賣場找到米根黴孢子當菌種。做好的酒餅丸，要跟煮熟的米飯混合發酵成酒。我們製作這類型的酒時，通常是每 1 公斤煮熟的米飯用 3 顆酒餅丸。

米粉 500 克

水 500 克

乾稻草 1 公斤或米根黴
孢子 10 克（已分散）

混合米粉和水揉成粉團，如果使用孢子，就直接添加至粉團中。把米粉團搓成每顆約 100 克的丸狀，約揉成 10 顆。讓丸子外表略微乾燥，然後移至培養箱（如果使用乾稻草，就置於有乾稻草的箱子，或按喜好設置的培麴環境），以約 25°C 培養 4-5 天。經過這段時間，丸子應該已經完全長滿了麴，取出丸子，置於 37°C 以下的環境中慢慢乾燥，經過這個步驟後便可無限期保存。利用酒餅丸釀酒時，只要壓碎酒餅丸，與煮好的米飯拌勻，移至玻璃罐中發酵最多 1 週。之後可以把米粒濾掉，飲用酒液、用來做菜，或繼續發酵成醋。

▌醋

醋是一種具有改造能力的食材，不只可以保存食物，還能輕鬆地將單調或乏味的菜餚提升到精彩卓越的層次。對拉德熟食與烘焙店和其他採用當地食材、又距離柑橘類產區很遠的餐廳來說，醋就成了幾乎所有烹飪應用上必備的酸化劑。醋真正厲害的其中一點，就是既容易按特殊需求製作、用於特定用途，也同時能輕易創造出一種能搭配任何一類食材的「萬靈丹」風格。

醋跟酒一樣古老，而且也跟酒一樣，我們永遠無法真正確定其起源或誕生日期。[1] 可以肯定地說，人類釀酒飲酒的歷史有多久，醋就一樣有那麼久。而且醋也像酒一樣，握有宗教、文化與經濟方面的重要意義；若是任選一段宗教經典來讀，裡面很可能就有提到醋。世界各地的人用醋的方式五花八門，從當成藥物到拿來保存食物都有。酒和醋之間的連結是無庸置疑的，簡單來說，醋是用酒做的。這個過程實在太天然，根本就是會自動發生，以至於許多世紀以來，發明家都是在想辦法**避免**酒精飲料繼續發酵變成醋。可是，無論是古希臘羅馬時代使用的雙耳細頸瓶，到在酒瓶中注入氬氣的最新發明，還是沒能完全阻止這項變化。低酒精度（酒精濃度 6-12%）的酒精飲料一旦接觸到空氣，普遍分布且無所不在的醋酸菌屬細菌，就會在酒液中繁衍，並透過發酵將酒精變成醋酸，也就是醋。

醋在廚房中的用途絕對不可小覷。從醃菜到醬汁、點心、雞尾酒，幾乎每種料理都有醋的一席之地。傑瑞米已經戒酒好幾年了，非常享受啜飲一杯以醋調製的無酒精雞尾酒，能令人想起醋的起源。醋不只能讓你醃製保存食物，還能強化菜餚的風味。酸的作用是使料理的味道變得明亮、活潑且和諧；許多主廚會在「缺了點什麼」時，倒點醋至高湯或醬汁中。

用麴釀醋、或用麴基酒飲釀醋並加以運用，其中的樂趣之一，就是這類醋比

其他類型的醋更有深度。中國、日本和東亞的醋，聲名遠播的原因通常是比歐式酒醋更濃稠、蘊含的鮮味也更美妙。箇中原因有部分是麴生長的基質中的蛋白質分解成了美味的胺基酸。這額外的層次可以讓我們感覺到，這些醋在廚房中能有更廣泛的用途。用這些醋搭配鹹的菜色，就跟搭配甜的一樣好。

▌釀醋

沒有比釀醋更容易搞定的烹飪大業了。甚至比釀酒還簡單，若是讓濃度適合的酒持續接觸氧氣，最後一定會自然產生。醋酸菌屬中的細菌（最重要的就是醋酸菌），可以在酒中生存繁衍。這類細菌不但對酒精有耐受力，還能把酒精當成主要食物來源，代謝成醋酸；醋酸、再加上殘留的水和酒中的其他成分，就是我們所謂的醋。要取得醋酸菌屬細菌的菌種，只需要把酒放著接觸氧氣即可，最後醋酸菌會開始拓殖，形成一層由纖維素構成的漂浮物質。這層外表和感覺都像是扎實果凍的漂浮物，稱為醋母。若想加快這個過程，很容易就可以在網路上、甚至在住家附近的釀酒用品店買到醋母。也可以去找未經加熱消毒的生醋，雖然看不到明顯的醋母，但裡面會有足夠的細菌可長出醋母，接下來我們會仔細說明過程。

通常，釀醋所需要的就是酒精濃度介於 6-12% 的酒精飲料、廣口瓶、還有可以蓋住瓶口的濾布。只要把酒倒進廣口瓶、蓋上濾布，然後等待即可。這個過程根據酒本身、周遭環境，以及周圍有多少醋酸菌屬細菌存在，可能會需要耗時數週到數個月不等。

如果強迫灌氣到容器中，可以加速這個過程，水族箱用的幫浦就能輕鬆又便宜地辦到。找一個足以應付釀醋容器容量的幫浦，幫浦會把富含氧氣的空氣灌進正在發酵的酒，加速醋酸菌把酒變成醋的速度。

哈利·羅森布倫（Harry Rosenblum）為醋痴狂，是個醋迷，他寫了《醋的復興》（Vinegar Revival）這本絕妙好書，討論醋的價值與用途。他多年來一直在自己的廚藝品牌「布魯克林廚房」（Brooklyn Kitchen）傳授釀醋課程。羅森布倫同時也是個日本迷，他跟同樣迷戀醋的麥可·哈蘭·特克爾（Michael Harlan Turkell，他也一樣寫了一本奇妙到不行的醋書《酸之旅》[Acid Trip]）在全美各地共同主辦一系列的精彩活動「相撲鍋」（Sumo Stew）。這個活動是讓大家沉浸在一整晚的日本文化中，一邊觀賞相撲比賽直播，一邊吃吃喝喝日本食物和飲料。羅森布倫覺得，製作以麴為基本材料的醋最好從甘酒開始。他只是添加一點酵母，然後放著發酵幾週。甘酒添加酵母（香檳酵母即可，野生酵母也行，更專業的清酒酵母更好），然後移至設有單向排氣閥的已消毒罐子或壺裡，就會在一個月內變成簡單的清酒。那時你就有了用米釀成的酒，用來釀醋正好。只要讓酒再繼續放久一點，並且接觸到空氣，最後就會變成醋。羅森布倫釀醋的方法非常簡單直接、也很常見，你會看到世界各地用的都是類似的方法。

根據羅森布倫的說法，只要有了醋，就能讓食物酸得很美好。但得靠兩種真菌和一種細菌的努力，我們則要付出一點細心照顧和控制，但努力是值得的。你會得到美味的醋，酸到能用來保存各種食物，從肉、水果到蔬菜等皆可。記得一定要過濾醋、裝進細頸瓶子，並從頭開始再釀一批新的，免得第一批用完就沒醋可用。

泡盛醋

艾佛列·佛朗西斯

在德州奧斯汀的獲獎餐廳「二粒小麥與黑麥」，艾佛列·佛朗西斯（Alfred Francese）擔任食物貯藏室主管，他與大廚暨老闆凱文·芬克密切合作，創造出供應二粒小麥與黑麥餐廳日常使用的大量材料。這間餐廳了不起的地方，是他們只採用來自德州的食物與材料，從科羅拉多河岸撿來的蝸牛，到市中心的「豪斯霸城市農場」（HausBar Urban Farm）生產的美妙農產品，二粒小麥與黑麥餐廳是個絕佳例證，他們在當地影響了人們對麴和用途的認知。這份食譜魅力十足，不管你端給誰品嘗，都絕對會激起對方的好奇心。我們喜歡這份食譜的一個理由，正是因為複雜的酸味特色 —— 不只來自醋酸，也來自釀製時使用的泡盛變種麴菌產生的檸檬酸。那是酸力的雙重出擊。

泡盛變種麴菌會產生非常獨特的米麴，原因有二：第一，這種黴菌會製造出一張黑色的黴網，把米黏結在一起；第二，這種黴還會製造檸檬酸。傳統上，泡盛是一種以未烘烤過的黑麴釀製的蒸餾酒。然而，麴一旦經過烘烤，就會散發出一種穀麥的溫暖香氣與鮮味底蘊，還有檸檬酸造就的梨與蘋果的水果味。把這釀成酒，會創造出能傳達所有這些特色的獨特風味。而做成醋保存，就代表能以許多方式享用。

黑麴以 176°C 烤 20 分鐘，或直到發出烘烤香氣、開始焦糖化，放涼後用濾布包成一大包。水煮沸、關火，把布包放進水裡，加蓋靜置約 1 小時。時間一到就取出布包，來回浸入水裡 10 次。用夾子或隔

長在卡羅來納黃金米上的黑麴 4 公斤

水 8 公升

釀酒酵母 1 克

未經巴斯德殺菌法處理的醋 400 克

熱手套擠出布包中的所有液體，這就是你的麥芽汁。

讓麥芽汁溫度降至室溫，用分光計檢視一下液體樣本，糖度應該是 9-10 度 Brix。要注意，每位農民、每個季節、每個地區種出來的米都不同，米的差異會使麥芽汁的糖度也不同。如果糖度跟這份配方的不一樣，只要添加一些原蔗糖就能輕鬆提高糖度。一旦達到正確的 Brix 值，用 1 杯溫水化開釀酒酵母，等 15 分鐘讓酵母活化，然後倒進麥芽汁裡，輕輕攪拌。把麥芽汁倒入有排氣閥的細頸大玻璃瓶，在 27°C 的環境中發酵 7-10 天。冒泡泡的速度一旦開始減緩，就再測一次 Brix 值，應該是 0-1 度之間，嘗起來不甜且有酒味。主發酵就此結束。

為了做成醋，需把這款酒再拿去發酵。在二粒小麥與黑麥餐廳，我們手邊總會有蒸餾酒做的原白醋，不過任何風味中性、未經巴斯德殺菌法滅菌的醋都行。打開大玻璃瓶的蓋子，把未經滅菌的醋倒進去。用酸鹼度測定計或試紙測一下酸度，應該是介於 3.5-3.8。如果不是，就倒更多生醋進去調整。把醋倒進大的廣口瓶，用麻布蓋住綁好。每週檢查酸鹼值，直到變成 2.8。

AGING MEAT AND CHARCUTERIE

CHAPTER TEN

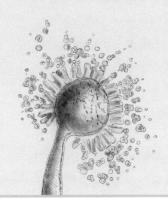

第十章
熟成肉類與熟肉

有一種夢想家不怕去嘗試理論上說得通、但實際上卻驚世駭俗的東西,想看看到底會怎樣。傑瑞米就是這種人,所以他才會想到直接在肉上養麴,讓肉變得更美味。利用麴來熟成肉類是非傳統的作法,我們將在此介紹這種不同尋常但美味又好做的東西。

▌肉類熟成入門

將肉類吊掛起來、也就是熟成,是一種古老的作法,溫帶地區的人幾世紀以來都這麼做。早期人類發現殺死動物當食物時,動物死亡當下、還有從死亡到被吃掉之間,肉都會發生許多變化,所以他們發展出把肉掛起來,讓肉熟成之後再食用的作法。對他們來說,把肉掛起來熟成是為了三大目的:風味、

麴與肉：神奇的魔法

梅瑞迪絲·利

梅瑞迪絲·利（Meredith Leigh）曾經當過農夫、肉販、主廚、教師、非營利機構執行長和作家，都是為了追求良品美饌。她寫了《道德肉品手冊》（*The Ethical Meat Handbook*）與《純粹熟肉》（*Pure Charcuterie*）等書。她用麴製作熟肉，而且非常喜歡麴帶來的嶄新可能性，讓她得以創造出獨一無二的醃肉。

我第一次在肉上接種麴，是用一塊 2.8 公斤的豬里肌，事先用鹽和中式五香粉醃漬過。我當時在一家亞洲無國界料理餐廳工作，那次接種是個實驗，我非常確定肉一定會臭掉。回想起來，感覺那依舊是我做過最荒唐的事：我在一美元商店買了個特百惠容器，在寵物用品店買了水族缸溫度計，然後把容器裝滿水，放進溫度計，再插好插頭。我在裡面放了一塊有點貴又不太貴的肉，然後等待魔法發生。

36 小時後，我打開容器時沒有看到一團爛肉，而是一塊正常的豬里肌，聞起來有點像開著野花的青草地，上面長滿最可愛的白色與淡黃色的菌落。我又驚又喜，但很快又找到其他擔心的理由。這種麴濃烈的特色會掩蓋五香調味料的風味嗎？會掩蓋豬肉本身的味道嗎？我小心地秤了肉的重量，寫上標示，然後掛在我自己的熟肉櫥裡。

這塊里肌只花了我平常風乾醃豬里肌 2/3 的時間，就已經熟成完畢。我取出肉切開，發現不只醃得很成功，保留了豬肉本身的特色，而且五香風味和鹹味脂肪的明顯美味，都被麴放大了。甜味、鹹味、鮮味和其他風味，都更上好幾層樓。我非常興奮，把這塊肉帶去食品展，主廚們試吃了一塊又一塊，想了解這到底是什麼風味魔法。他們愛死了！

我們能用麴把本來堅韌的肉塊變嫩，並賦予乾式熟成的風味，卻無須耗費標準乾式熟成程序所需要的時間、金錢，和可能需要丟棄的廢料。麴的功用能顛覆我們運用整隻動物的方式。熟肉是一種能完整利用肉類的創新烹調方式（而且

幫我們重新界定把蛋白質融入飲食的方法），同樣地，麴在新鮮烹調、發酵，和醃製的用途，也提供了同樣的途徑。我自從發現了麴，就一頭栽進這種神奇黴菌對熟肉與肉類烹調帶來的諸多影響，例如利用麴的二次發酵製作鹵水和益生菌接種劑、大幅加速發酵（連一株商業發酵培養物都不需要），甚至還嘗試駕馭麴的電磁荷，以便做出鹽分較少的熟肉。在我持續講授的課程中，我嘗試大方分享這個資訊，也敦促學生和讀者跟著我一起嘗試。環繞在麴周邊的社群持續成長，而使用麴的人創造出來的協同作用，就像是麴本身的酵素活化作用與改變。

我做麴製熟肉的體驗讓自己驚訝連連，但我該學的還有很多，我會繼續努力。有不少了不起的主廚夥伴和在家實作的人們，會針對神奇黴菌做實驗、創作，並公開知識共享，我也會運用這些學問。我相信，我們所知的麴菌知識與用途，只不過是這類生物對美食所能貢獻的九牛一毛。在追求純粹、健康且合乎道德規範的肉品與熟肉的路上，我知道麴有複雜且豐富的影響。

質地和必須如此。對有冷藏設備的人來說，前兩個目的迄今仍適用，而第三個目的對沒有冷藏設備的人來說也是事實。熟成過的肉美味得不得了，主廚、肉販和食客都垂涎不已。

不過，用傳統作法熟成的肉，既昂貴又浪費。第一，熟成肉需要時間，光是喪失的水分，就可能讓肉的重量減少 30%，甚至更多。再加上乾掉的、因為長黴而需要修掉的外層部位，可能會使產品損失總共約 50%，而這還是在最後分切產品與烹調之前，到時候或許還會有進一步損失呢。然而，比起傳統乾式熟成的肉類，用麴加速熟成的肉類多了幾種好處，首要就是能有將近 100% 的產出。我們研發出用麴加速熟成的技巧，雖然跟傳統乾式熟成不一樣，做出來的成品也不同，但質地與風味的變化非常相似，所以在描述最終成品時可以相互比較，因為可能會一樣難聞、一樣乳酪味很重、而且極為美味。

有許多文化會利用胺基酸糊醬與胺基酸醬汁來強化並增添蛋白質的風味，而且已經有幾個世紀的歷史了。從牛排到魚肉，烹調時多的是把麴融入菜餚的機會。其中有些技巧只是簡單地把胺基酸糊醬塗抹在魚排上、醃漬一段時間，其他的則稍微複雜一點，期望把麴產生的酵素活動放到最大，以施展酵素的魔法，例如用在牛排上。

我們會先解釋某些傳統與食品工業中標準的熟成方法跟理論，讓你大致了解為什麼肉要熟成，還有需要投入多少心血。我們也會從傳統觀點討論熟肉的製作方法，以及該如何將麴的不同表現應用其上。接下來，我們會討論在自家廚房如何廣泛運用麴還有我們針對動物性蛋白質所做的研發和改良技巧。最後，我們會看看如何利用這些技巧製作傑瑞米在拉德熟食與烘焙店研發出來的蔬食熟肉（vegetable charcuteries）。

▌熟成肉品的作法和原因

隨著我們學到愈來愈多關於周遭世界的科學知識，加上食品保存技術出現，都讓我們更能理解熟成肉類這種舉動。我們終於懂了熟成背後的機制與其重要性，也能理解為什麼熟成的肉會比較美味，質地也更令人喜愛。還有，雖然熟成肉類原本是一種保存方式，但我們現在也得知熟成會對風味與嫩度有什麼影響。

肉在熟成時，會發生許多化學與酵素變化。當活生生的動物變成肉品時，除了屠宰與死亡，最劇烈的變化就是名為「屍僵」的死亡階段。當身體系統的氧氣耗盡，必須依靠氧氣控制肌肉收縮與放鬆的有機化學物質三磷酸腺苷（adenosine triphosphate, ATP）劣化時，肉就會發生這種現象。「肌絲」（myofilament，肌肉纖維）會因為這種反應而變硬、無法鬆弛，直到酵素（可能是內部產生，或來自細菌或真菌等外在來源）產生影響，分解了肌肉的結

構組成，才會讓肌肉組織鬆弛。在屍僵階段，ATP 會完全耗盡，造成肌凝蛋白（myosin）頭部被鎖在肌動蛋白纖維（actin filaments）中。要讓這些纖維鬆弛（讓肌肉放鬆），就需要 ATP，但因為 ATP 已經耗盡，肌肉就會卡在最後的姿勢並且變得僵硬。在屍僵狀態下被分切、烹煮、食用的肉類，口感又硬又粗，還會有像鐵的金屬味，基本上所有吃肉的人都不喜歡。但好消息是屍僵階段很快就會過去，經過大約三天，酵素作用已經開始分解肉裡面組成肌肉的肌絲。這個作用會在酸性或鹼性蛋白酵素活化時分解肌絲，也是大部分肌絲超微結構發生變化的原因。結果會使肉變得更嫩，同時也會使碳水化合物、脂肪和蛋白質分別被分解成糖、脂肪酸和酯類，以及胺基酸。就是這些因素改變了肉的味道與風味。多年前，傑瑞米有機會親身學習這種作法。身為哈德遜河谷裡的廚藝學生，他得到參與屠宰和分切一頭牛的機會。從那時開始，他就自己屠宰分切了許多動物，從雉雞、烏鴉、鹿肉到豬，他也看到了適當熟成肉類的重要性。我們堅信，熟成過的肉比未熟成的好太多了。

在今日的食物地景中，視動物種類不同，熟成所需的時間和處理方法也都各不相同。肉類的三大來源雞、豬、牛在送往零售商之前，通常會分別熟成 7 天、12 天和 21 天。不只是美國，在其他許多食品產製集中化的國家，這都是業界普遍採用的作法。用於熟成肉類的技巧，包括：[1]

骨盆懸掛法：若從骨盆部位將屠體懸掛起來，重力會把肉往下拉，確實將肉拉開拉長、也會讓肉變嫩。

電刺激：利用高壓電刺激肉類，以加速醣解作用（屍僵的開始）的速度，造成 ATP 更快分解。在冷卻屠體時，能讓肌肉不會因為冷收縮而變硬。

乾式熟成：主廚和規矩的肉販最常採用的技巧。把肉放在氣流、溫度和濕度都精準控制的環境中，讓肉能熟成又不致腐敗。許多主廚和肉販都同意，這

種熟成技術能造就最優質與最美味的肉品。缺點是會因為脫水、黴菌和細菌的影響，必須切除捨棄相當多肌肉。

濕式熟成：大部分肉品包裝業者和加工業者偏愛的技術。肉類以真空封裝，讓肉在本身的滲出液（排出所有血液後，還留在肌絲中的剩餘水分）中熟成。這是很有效率的熟成方式，而且可以在較小的空間中儲藏許多肉，所以熟成過程也很省錢。

調氣包裝（Modified Atmosphere Packaging, MAP）：肉類浸在淡鹵水中包裝起來，並注入一氧化碳或氮氣，或以不同比例混合的這兩種氣體到包裝中。此作法能讓肉保住水分，因此最終產品份量較多。此外，還能讓肉呈現鮮紅色，放在超市的肉品區時會顯得很新鮮。

骨盆懸掛法和電刺激是相當標準的作法，通常是在屍僵階段之中或剛結束時於處理廠中施行。後兩種作法則根據特定市場的需求、或是按照主廚、肉販和食客的喜好而決定是否採取。

▌在家做乾式熟成肉品

想在家裡進行傳統的乾式熟成，其實不需要花俏的設備或投資大筆金錢。只要利用冰箱，就能簡單安全地進行。如果你打算在餐廳或其他出售食品的生意中做乾式熟成肉品，應該先詢問當地主管機關，看是否需要有「危害分析重要管制點」（Hazard Analysis Critical Control Point, HACCP）計畫。以下是利用冰箱做乾式熟成所需要的物品：

· 一個烤盤
· 有高度的架子，材質不會起反應（例如不會生鏽的不鏽鋼），放

肉用。

- 大塊的肉。如果你決定要熟成一塊牛排，因為水分和肉都會損失、再加上外層還要修掉一些肉，如此一來其實會把整塊牛排都浪費掉。應該至少用大塊分切的肉來做。

把架子放在烤盤上，再放上肉。把烤盤放在冰箱裡氣流最強的地方，預計要熟成多久就放多久。氣流非常重要，能讓肉的表面在熟成過程中保持乾燥。記得要記錄肉的種類和開始熟成的日期，確保你能妥善管理熟成作業。

每隔幾天就用乾淨的手翻轉肉塊，讓另一面碰到架子。要遵守在冰箱中儲存生的動物性蛋白質時的最佳作法，因為你一定不會想讓血水滴到做沙拉用的蔬菜上。一旦肉熟成到你喜歡的程度，就要修整和分切。表面要修整到能看到顏色鮮豔的肌肉，並按照喜好分切。因為很難確定肉的表面到底長了哪些黴菌或微生物，所以修整下來的部分通常都直接丟棄。我們曾經不遺餘力地用這些修下來的肉做了很多實驗，但並不建議你仿效，除非你有萬全準備，能理解可能會發生致病性汙染，並能妥善處理。

熟成的肉適合冷凍（見 197 頁〈比較用麴熟成與傳統作法的肉品〉）；因為含水量低，細胞內不會發展出破壞性的冰晶。這代表你可以把肉冷凍起來，無須擔心是否會對質地造成不良影響。

要注意的是，這些技法通常來說**不該**用在家禽上，尤其是雞。在屠宰及處理肉品方面，沒有哪種作法或環境是完美的。處理豬、羊、牛的方法，受病原體汙染的風險會比處理雞隻的要小，部分原因在於動物的體積大小和內臟，因為內臟恰恰正是致病性汙染的主要來源。較大型的動物內臟比較大也比較硬，因此在處理過程中比較容易安全處理，不至於弄破。像雞這樣的動物，一不小心就可能碰到內臟甚至弄破，裡面的排泄物和消化物質就可能會接觸

到肉。萬一發生這種狀況，感染食源性疾病的風險就會大增。雞和其他密集飼養的家禽也可能會孕育遭微生物汙染的蛋，像是沙門桿菌，蛋甚至可能在還沒生出之前就已經被汙染了。

醃肉入門

從史前時代開始，人類就會製作醃肉，也就是「熟肉」。我們現在愛吃的這種肉品，在過去原本是一種可保存脆弱肌肉組織的方法，否則在冷藏技術出現之前，肉類很快就會腐敗。這些史前時代的醃肉主要是利用煙燻烘乾加以保存。切成長條薄片的肉就掛在冒煙的火上烘乾以便保存。這類醃肉現存的最近親，就是南非肉乾（Biltong）和常見的各種肉乾了。

從石器時代過渡到青銅時代時，保存肉類（及魚類）的技法出現重大進展，人類會在肉裡添加鹽、硝石（硝酸鉀）、醋和各種辛香料等材料，不只是為了美味，主要還是為了讓肉長時間存放時，能更安全穩定。

有許多記載顯示，高盧（現今法國）的居民約在西元前 5 世紀，也就是距今約 2,500 年之前，就已經會用全豬來醃製火腿了。他們用大量富含硝酸鉀的鹽醃製這種火腿，然後燻乾。蘇·薛帕德（Sue Shephard）在她的書《酸醃、裝瓶與罐頭》（*Pickled, Potted, and Canned*）中詳細描述：

> 政治家老加圖（Cato）在他的作品《農業論》（*De Agri Cultura*）中寫下自己的羅馬火腿食譜，而該書是現存最古老的完整拉丁文散文作品。書中指示讀者把數塊火腿放進大陶甕，每塊火腿都要用 4.4 公升的羅馬鹽蓋住，置放 12 天，偶爾翻動，然後清理乾淨，再於新鮮空氣中吊掛 2 天。之後抹油、吊掛、並煙燻 2 天。最後，用油醋混合液徹底塗抹一

遍，掛在『蛾或蟲都不會攻擊』的肉類貯藏處。火腿醃料可以用多種混合材料來做，基本材料主要是鹽，再加上糖和辛香料、香料植物和油。糖和蜂蜜也是很屬害的保存劑，而且還有附加好處，就是能抵銷硝酸鉀的硬化作用。[2]

對世界各地的人群來說，耐久放且營養豐富的食物，是僅次於乾淨用水的第二需求。如果照料得當，醃肉不會壞掉或腐敗，醃肉重量輕、滋味美妙，而且富含長期吃不到新鮮食物時，維生所必需的營養素。

全世界有兩大地區發展出我們如今享用的主要醃肉類型（這並不是說世上其他地區都沒有發展出各式各樣的醃肉和臘肉，只是以下這些目前在世界各地都很受歡迎）：地中海周邊，還有組成現在所謂中國的那些地方。這兩大地區的醃肉都埋在鹽和硝酸鉀（及辛香料）組成的混合材料中，受密切監測，直到肉喪失部分水分。接著肉會吊掛在稍微潮濕、涼爽的地方，或是掛在相對來說溫度較低且冒煙的火上烘乾。用這種方式處理的肉，要乾燥到一定程度，損失的重量可能會相當於肉類加鹽之前原始重量的 20-50%，取決於肉的部位和製作的人。人們需要投注大量時間，去學習特定部位的肉類該埋在鹽裡多久，還有需要多頻繁地洗掉鹽後再重新塗抹，技巧很難嫻熟掌控。在義大利的帕馬，負責正確醃製火腿的人現今就稱為 Maestro Salatore（鹽大師）。用這種方式醃製的肉在煮食之前，會需要頻繁浸水或沸煮，而且也不見得一定能當熟肉食用。美式鄉村火腿和中國的板鴨就是典型的例子。

醃肉的製作方法最後終於發展出詳實的科學理論，有人設計出「平衡法」（EQM），成為製作時的標準規範。平衡法會將鹽通過肌肉組織的速度、以及能安全有效醃製肉類的鹽分百分比都列入考慮。鹽與醃漬鹽最普遍的使用比例（見 184 頁〈醃漬鹽二三事〉）分別是 3% 和 0.25%，意即如果要醃 1 塊 100 克重的肉，會需要 3 克的鹽和 0.25 克的醃漬鹽。使用平衡法能確保做出

醃漬鹽二三事

醃漬鹽是鹽、亞硝酸鈉（NaNO2）、硝酸鈉（NaNO3）和食用色素（添加食用色素只是為了避免混淆這種鹽與調味鹽）的幾種不同比例的混合物。純亞硝酸鈉和純硝酸鈉是致命毒物，所以若是沒有政府單位許可，幾乎不可能取得。經過了醃製所需的時間之後，這些化合物最終會分解成無害的成分。這些化合物可以減緩腐敗及防止致命的食源性疾病，如肉毒桿菌（這是製備絞肉類食品時，最重要的）。美國農業部及食品藥物管理局要求多種醃肉製品都需添加醃漬鹽，尤其是用絞肉製作的肉品，除非產品有標示「不經醃製」。醃漬鹽會跟肉裡殘餘的肌紅蛋白及氧起作用，讓醃肉保持醃製肉品常見的紅色。不添加硝酸鈉和亞硝酸鈉的醃肉很快就會氧化，變成令人食慾全失的灰色和褐色。

就算是「未經醃製」的醃肉也含有硝酸鈉和亞硝酸鈉。不過，這類肉品所含的並不是精製形式的硝酸鈉和亞硝酸鈉，而是來自芹菜的天然萃取物。不管這種化合物是由萃取或是由合成取得，硝酸鈉和亞硝酸鈉的化學與分子組成都一樣。

因此，標示「未經醃製」的產品其實是刻意要誤導和令人混淆。若是妥善使用醃漬鹽，不只能讓你做出的醃肉保持美觀，更重要的是安全，不會讓人生病或致命。

醃漬鹽主要有兩種配方，都可以簡單從當地供應商或網路上取得：

· 1號醃漬鹽（Cure #1）含 6.25% 的亞硝酸鈉及 93.75% 的食鹽。建議用於只需要短暫醃製，且相對迅速就會烹煮食用的肉品。

· 2號醃漬鹽（Cure #2）含 6.25% 的亞硝酸鈉、4% 的硝酸鈉和 89.75% 的食鹽。2號醃漬鹽裡的硝酸鈉會隨時間慢慢分解成亞硝酸鈉，等到乾醃的香腸終於可以食用的時候，硝酸鈉應該已經不存在了。正因如此，建議把這種醃漬鹽用在需要長時間醃製（數週到數月、甚至數年）的肉品，像是硬質義大利薩拉米香腸及鄉村火腿。

來的醃肉不會過鹹，也不需要浸泡去鹽。

平衡法主要是用於原塊肉類，不過也可用於絞肉。在平衡法中，重量 1.4 公斤以下、直徑 7.5 公分以下的肉，要用以上比例醃製至少 14 天。重量超過 1.4 公斤、直徑超過 8 公分的肉，重量每多 454 克或直徑每多 0.6 公分，就要再多加 2 天。平衡法有一大好處，因為用鹽的比例是固定的，所以基本上絕對不會讓肉醃漬過度或過鹹。就算把醃肉遺忘在冰箱深處好幾個月，也絕對不會變得太鹹。醃肉時忘記它的存在，可能會造成輕微發酵或發酸等變化，但絕對不會變得太鹹。

鹽醃過程中，也可以在醃料裡添加辛香料和香料植物。你或許需要參考現有的文章或食譜，以判斷每種辛香料或香料植物的功效或香氣揮發的程度。以大部分辛香料和香草植物來說，占肉類重量的 4% 會是令人滿意的比例。若是味道特別重的辛香料，像辣椒或杜松子之類，可以減量至 0.5-2%，而百里香或孜然則可以增加到高達 6%。至於你喜歡的辛香料或調味料該用多少，其實終歸都是個人喜好。嘗試錯誤法會跟時間一起指引你。

肉一旦醃好，就需要掛在能讓肉慢慢失去水分的地方，直到重量平均減少 30-40%。用一小塊紙膠帶黏在繩子或醃肉標籤上，註明每塊肉開始吊掛的日期和原始重量。每隔 1、2 週就幫肉秤重，計算減少的重量。不必額外投資醃製室，可以簡單地把肉掛在冰箱裡就好。如果想微調自己做的醃肉，變成更細緻的成品，那要不是投資一個組合式的醃製室，就是幫冰箱加裝增濕器、變成自製醃製室。當你開始吊掛自己做的熟肉，濕度應該要在 75% 左右，並逐漸降到 50%。溫度要保持在 10-15°C 之間，切記，溫度愈高，肉腐敗或發生致病汙染的機會也愈大。有一件事應該要注意，很多人曾把肉掛在地下室或酒窖裡，甚至直到現在都還這麼做。以我們的經驗，你不應該在尚未徹底了解可能出現哪些問題時，就冒大風險把肉掛在既不乾淨又不能精準控制的環境中。

你可能會發現醃肉外面長出一層硬殼，這就叫「表面硬化」，可以靠適當調整吊掛期間的環境濕度彌補，或是等肉失去的重量符合預期後，將肉真空封裝，直到肉中心部位的剩餘水分重新擴散到外圍。利用真空袋平衡醃肉中的水分，可能會需要多花幾週，這方法不見得一定有用，但大部分狀況下效果不錯。真空封裝前，先用紅酒或威士忌之類富含風味的酒塗抹肉品表面，由外層補充水分，這樣也沒什麼不好。比起白開水、果汁、高湯等液體，用酒最符合需求，因為酒能抑制病原體。

如果醃製室的濕度太高，你可能偶爾會發現醃肉上長了黴。雖然有可能是無害的黴菌，但除非是刻意接種，不然致病菌株跟有益菌株幾乎無法分辨。如果沒有刻意接種，肉的表層卻長了黴，就用鹽和醋調成糊擦洗醃肉。只有在肉並未散發異味臭味，而且剛開始長黴時才能這樣處理。如果肉上長出大量非刻意接種的黴菌，那就要小心行事，運用判斷力。如果味道真的很奇怪，可能就要考慮從頭來過。

若想在肉上**刻意**培養黴菌（有助於發展風味和質地，也可以作為對抗病原體的額外生物防禦），那就需要在肉的表面接種米麴菌（麴！）或 Penicillium nalgiovense 的孢子（這種青黴菌是以 Bactoferm Mold 600 之名上市，可以透過 sausagemaker.com 或亞馬遜取得）。

利用醃肉與乳酪中的微生物

班特利‧利姆

班特利‧利姆博士（Bentley Lim）是耶魯大學的微生物學家，瑞奇第一次見到他，是受耶魯大學蔡氏創新思維中心（Tsai Center for Innovative Thinking）邀請去講授發酵主題的密集課程之時。瑞奇提到麴擁有尚未開發的潛力，而利姆大感好奇，主動提出要以自己在微生物與發酵食品相關科學的專業知識，支持未來的研究。從此利姆便成為關鍵人物，協助我們拓展技術知識，把以麴為基礎的胺基酸糊醬和醬汁做得更好。他將在這篇文章解說麴和其他微生物在製作熟肉時扮演的角色。

味噌和醬油中的芳香化合物與鮮味活性化合物的發展，就跟在肉類與乳酪發酵過程中的一樣。[3] 以乳酪來說，乳酸菌和其他表層微生物會提供第一波的酵素，把蛋白質，尤其是酪蛋白，分解成「胜肽」（胺基酸鏈），並供應養分給第二波微生物。按照乳酪的初步處理方式、成熟溫度和空氣中的天然微生物叢，下一波生長的微生物會決定最終乳酪成品

的香氣、風味和質地。在醃肉的過程中，表層微生物會提供一部分的初始酵素，但大部分的酵素還是由肉本身提供。不過，就跟乳酪的狀況一樣，表層的乳酸桿菌扮演了非常重要的角色。這些乳酸桿菌會製造乳酸，能改變肉類蛋白質的保水力，從而影響最終產品的質地、含水量、風味和香氣。乳酸菌造成酸鹼值下降以後，接下來黴菌與酵母等第二波微生物會製造出化合物，發酵肉品特有的風味與香氣，大部分都是這類化合物造成的。

為了生產品質穩定的發酵乳酪或肉類製品，各家公司會使用含有乳酸菌、黴菌、酵母和其他微生物的酵種培養物，生產出質地、風味和安全都一致的產品。不過，利用酵種培養物的關鍵好處，還是能縮短完成最終成品所需的發酵時間。發酵微生物在肉或乳酪上建立菌落所需要的條件，將取決於周遭環境的狀況。若提供可以立刻開始分解蛋白質、脂肪和糖的酵種培養物，就能在大為縮短的時間內做出味道和自然熟成一樣的乳酪

和肉品。用麴或鹽麴處理新鮮肉類和奶製品時，也會發生這種現象，麴菌提供酵素，把蛋白質和脂肪分解成能活化鮮味的化合物及芳香化合物，並營造適合其他微生物製造額外風味分子的環境。雖然最終的風味可能令人聯想到自然熟成肉類和乳酪，但大部分的風味和香氣都是因為麴菌代謝胺基酸所產生的。

不過，在自然熟成的產品中，味道的化合物是由每一波的微生物所產生，可以隨著往後每一波微生物繼續演變，因而創造出味道非常多層次的最終產品，含有鮮味化合物、苦味化合物，還有能活化「濃醇」（kokumi）的化合物，會增強風味持久的時間、味道充滿口中的感覺和濃郁感。此外，大量不同的味道與香氣化合物也可能會起交互作用，為食用的人帶出更複雜的反應。

▌用麴醃肉

濕醃（wet cure）這種簡單直接的方式可以把麴應用在原塊肉類做的熟肉及其他醃肉上。濕醃是把肉浸泡在鹵水中，鹵水可以用香料植物、辛香料和其他調味料調味。在拉德熟食與烘焙店，我們不只用這種作法來醃漬準備風乾的肉類，也用來醃漬之後要烹煮的肉類，像是煙燻牛肉。這種作法會在醃漬過程中發展出大量鮮味。味道雖然不如養了麴的肉那麼濃郁，但一樣令人驚豔。要製作麴鹵水，請按照以下步驟：

1. 將肉放進裝得下的容器或真空袋中。
2. 倒入甘酒，淹過肉。如果使用真空袋裝肉，需要的甘酒量會比用桶子裝少很多。
3. 將肉和甘酒秤重。把總重量（須減掉容器的重量）3% 的鹽加進容器或袋子裡。
4. 依照肉的大小和形狀，讓肉徹底醃漬。

5. 如果這塊肉之後會煮熟，像是煙燻牛肉或特定類型的火腿，那就直接煮，煮之前不必先洗掉肉上的甘酒鹵水。事實上，我們建議不要洗，因為甘酒鹵水褐化時有助於創造許多可口風味。

用麴醃肉的另一種方法，是把新鮮或乾燥的麴磨碎，加進乾燥醃料。一如你在這整本書中所見，我們一直強調以創意運用麴的人有什麼成果。因為想知道那些以挑剔知名的主廚有什麼看法，我們要介紹兩位總是注重風味與品質的朋友給各位，尤其談到醃肉，更是不可不提這兩人。第一位是德州達拉斯「露西亞餐廳」（Lucia）的大衛·艾格（David Uyger），他在義大利料理方面的知識無與倫比，尤其是熟肉。另一位是麻州劍橋「聯邦餐廳」（Commonwealth）的尼柯·穆拉托雷（Nicco Muratore），他擁有超齡的烹飪知識，而且從他開始鑽研麴以來，就一直和瑞奇合作。190 頁和 192 頁的文章，能讀到他們用麴醃肉的見解與手法。這兩位主廚在同儕間備受推崇，手藝也大獲好評。

▌以肉培麴

既然我們已經確認了熟成肉類的作法和原理，且讓我們探索為什麼麴能造成肉類熟成，或至少能做出風味類似傳統的熟成肉。我們會先帶你走一遍流程，再討論麴如何起作用、又為什麼會有用。這是很簡單明瞭的培養過程，而且也可以在許多種環境配置下進行。以下訣竅有助確保安全成功：

· 只用原塊肉類分切的大塊肉培麴。不要把這種技巧用在絞肉上，除非絞肉已穩當地鹽醃，而且最後會做成熟肉。有許多致病性微生物都生長在表面，培了麴的肉只要烹煮到內部溫度高達美國農業部建議的安全值，就能去除這類微生物，這也是你能吃一、二分熟牛排的原因。

用麴做乾式熟成的真心話

大衛‧艾格

誠然，我在麴方面的成功經驗，大部分都是長時間醃製的原塊肉類麴製品。我會換用不同的分切部位，但主要使用豬肉，也發現豬肉的品質對最終成品有很大的影響。舉例來說，我曾用來自中型豬農的盤克夏（Berkshire）豬肉，醃成比較小的豬肩頸肉火腿（coppa）。我不確定是因為含水量高，還是因為豬的體型比較小，才導致成果比較不理想。成品的質地糊糊的，而且表面很容易長黴。儘管如此，我用跟當地農家分切來的大塊 Red Wattle hog 豬肉做的肩頸肉火腿就非常棒。

我想，我可能說得太快了點，其實應該好好討論一下我用的方法，或至少看看什麼有用、什麼沒用。我向來把接種好的米混在醃料中使用，並且是在標準冰箱溫度中進行。我會換用不同的分切部位，也通常都能找出有用的作法。我會更改添加在醃料中的米麴分量，我也會改變在醃製過程中使用的水量（這件事上用少一點比較好）。

我的作法頗簡單，把形狀與大小適當的完整肉塊放進平衡法的醃料中醃製 2-6 週，每隔幾天就翻面。當感覺到蛋白質已經大幅變質，變得比較結實的時候，我就會做完綑綁、塑形、填料等步驟，包裝好並懸掛起來，直到達成我想要的熟度（緊實度和喪失了多少水分是最主要的判斷因素）。我做過最好的成果，用的是接種了麴的完整米粒。在醃製階段，大部分米都會分解，我會在乾燥之前把剩下的都刮除。我認為這麼做主要因為我有偏好的質地。

至於成品，我偶爾也喜歡用米麴做義式乾醃肉（salumi）。即使喪失了適當分量的水分，瘦肉也還是非常柔軟。醃好後，比起不用米麴的標準鹽醃方式，用了米麴的脂肪質地會更像乳脂軟糖。不過，若使用米麴，醃製速度似乎總是會比較快。至於風味，任何調味都必須非常強烈，才能在含米的醃料中凸顯出來。如果我要用米麴醃漬，通常會把某些調味料的量增加 1 倍，如果希望成品的風味更明顯，我還會再重新抹一次調味料。

某些如迷迭香與杜松子等風味非常強烈的香料也包含在內。一般用量的黑胡椒、迷迭香和月桂葉，都會被米麴壓過去。話雖如此，最終成品實在是太美味了！我會說嘗起來有堅果風味、已經熟成而且帶甜味。米麴讓豬肉嘗起來豬肉味更濃，是美味的豬肉味。我發現米麴是為義式乾醃肉增添風味的另一種有趣方式。雖不能取代標準作法，但卻是好的變化作法。

· 濕度應該維持在相對濕度 90%。

· 理想溫度是 26-32° C，整個培養過程都應該維持在這區間。

· 培麴過頭可能會導致變質。大部分肉類需要的時間應該都不超過 36 小時。

· 肉要放在不會起反應的架子上（不鏽鋼或塑膠製都很理想），再放到烤盤上，盡量避免碰到肉，這樣才能確保培養完全。

· 在烤盤裡添加一點水，確保有恰當的濕度。

· 處理時要保持清潔，不要交叉汙染工作區域。

· 有好幾種澱粉可以用在以肉培麴。我們最喜歡的是玉米澱粉，但米粉和樹薯粉效果也很棒。

· 培養了麴的熟肉在培麴後可以立刻掛起來。

· 用麴熟成的肉，在完全培養好之後就應該立刻冰起來，並在三天內食用或冷凍，以免水分流失，導致肉的質地發生不好的變化。

· 最後，培了麴的肉可用多種方式烹調，從煎炸、烘烤到燒烤都可以。

實用熟肉

尼柯・穆拉托雷

在聯邦餐廳，我們有幸能使用美好的血統純正品種豬。我們使用整頭豬，所以我們能運用的部位，是平常只能採買初步分切、次級分切或市場分切部位的大眾通常買不到的。在我開始用麴以前，我們本來就會進行小規模的醃肉計畫。我們會取臉頰肉醃成義式醃豬頰（guanciale）、背肉脂肪作成義式醃豬背油（lardo）、頸部肌肉做豬肩頸肉火腿等等。

有一天，瑞奇和我在做醃豬頰，每塊都用不同的醃料玩玩看。他決定要在其中一種醃料裡添加一點麴，看會發生什麼事。我們本來就知道蛋白酵素對蛋白質基質的影響力，所以何不試試看在我們的熟肉裡添加麴這種風味炸彈呢？結果這塊醃肉風味豐富得不可思議、油潤、富含堅果香、入口即化。同時乾燥的過程也變快了些，只花了 2/3 的時間，就完成了一塊乾燥得恰好的醃肉（重量損失為 30-40%）。

傳統醃肉本來就已經充滿鮮味。肉逐漸乾燥時，酵素也持續分解蛋白質，釋放出讓我們嘗出鮮味的胺基酸。運用麴，讓我們能在醃製過程一開始就引入這些酵素，以另一種方式提升醃肉的風味。

穆拉托雷的麴醃豬肩頸肉火腿

豬肩頸肉1塊，修整並秤重 (1公斤上下)

猶太鹽，分量為食材重量的3%

粉紅鹽1號，分量為食材重量的0.25% (Instacure #1，或DQ牌的1號醃漬鹽)

麴，分量為食材重量的5%，用食物處理器或杵臼磨碎

綜合香料 (黑胡椒14克、大的新鮮百里香或香薄荷2枝、小茴香籽6克、月桂葉1片、阿勒坡辣椒片7克、壓碎的蒜頭3瓣)

我愛豬肩頸肉火腿，這部位油脂豐富。你自己就可以輕鬆分切，許多人都認為，嘗試自製乾醃肉類時，非常適合從這個部位開始。鹽和麴的分量是根據整塊豬肩頸肉的重量百分比。

將除了豬肩頸肉的所有材料放在大碗中秤重混合，攪拌成醃肉料。把醃料抹上肉的全部表面並輕揉，把鹽當研磨材料用，讓麴可以均勻分布。把肉緊緊包好或真空封裝，冷藏醃製5-6天，視肉的大小而定。用冷水沖掉醃料，擦乾肉，裝到牛盲腸腸衣中，或用濾布包起來，再把肉緊緊綁好。如果是用牛盲腸腸衣，就用大頭釘戳一些小洞讓肉裡的水分可以逸出。可懸掛在醃製室、冷藏室或冰箱裡，直到肉的重量比原來減少30-40%。

麴醃豬肩頸肉火腿是很美味的醃肉，鮮味升級，風味則變得更深邃，還有些微的麴味和一點點甜味。脂肪比用傳統作法醃出來的更入口即化。質地通常會稍微軟一點，不過如果你喜歡硬一點的成品，可以繼續風乾，讓水分喪失達到將近40%。

麴養牛排
Koji-Cultured Steak

這份食譜是個範例,展現以肉培麴的環境設置,我們在拉德熟食與烘焙店就是這麼做的。只需要最低限度的投資,而且所有設備零件都能輕鬆清潔消毒。我們用紐約客牛排來示範,因為這種牛排容易取得又美味,是我們認為加速熟成能達成的精彩範例。我們用這種處理方式測試過多種肉類和海鮮。最後,我們的看法是,肉色愈深,就愈美味。說到這裡,我們必須重申,家禽和海鮮非常難處理,不建議運用這種技術,除非你對整個培養過程很有把握,萬一出了狀況也有信心能辨識出來。所有我們測試過的陸生動物肉類,菌都長得很好。不過,這不代表所有培了麴的肉都會變得很美味,只不過是菌長得很好。以肉培麴的第一步,就是按照自己的喜好用鹽和糖幫肉調味。(如果是熟肉則可跳過這個步驟,因為肉已經醃過了。)這步驟有幾個原因:為了強化味道和風味、阻擋病原體,以及把肉的水分帶到表面,好讓澱粉與麴菌孢子可以附著。糖的功用是提供真菌立即可食的食物,讓真菌獲得滋養,因為真菌不必先製造酵素才能進食,所以會長得更快。

紐約客牛排2塊,
1.2 到 2.5 公分厚

鹽 1.75%

糖 1.75%

米麴菌孢子 3 克,
混在米粉中

玉米澱粉 125 克

牛排秤重,計算重量的 1.75%,在大的攪拌盆中用算好重量的鹽和糖幫牛排調味,靜置 20 分鐘,或等到牛排開始滲出汁液。混合孢子和玉米粉,然後均勻、徹底地裹在牛排上。可按照需求使用更多玉米粉,以確保肉全都裹到粉。把肉放在養麴的設備中。我們通常會把網架放在高度深的大容器裡,再用保鮮膜把容器整個包起來。在 26-32° C 和相對濕度 90% 的環境中培養 36 個小時。36 小時一過,肉應該就已經完全培養好菌了。放進冰箱保存到要用的時候。

▌作用原理為何？

正如我們先前討論過的，麴會在胞外消化的過程中，產生許多酵素。黴菌菌絲及菌絲體中的特化細胞會製造這些酵素，將真菌的食物分解成容易吸收的養分。接下來菌絲體就會直接吸收這些養分，以維持真菌生長。麴的酵素特別厲害，且反應迅速，能產生多種基礎養分。酵素產生與作用的高峰期，就是黴菌生長時。當麴在肉上成長，酵素不只作用在外層的澱粉，也會作用在肉的蛋白質和脂肪。因為澱粉敷料緊緊包覆肉塊，所以這些酵素最後會直接接觸肉的表面。如葡萄糖和麥芽糖之類的糖，還有胺基酸（也就是麩胺酸），就是在這個分解過程中產生的。麴所做的事，基本上跟肉裡原有的酵素一樣，但與其耗費 1 個月或更長時間，麴卻能在不到 48 小時內就做到。

在我們研發實驗的期間，碰到了一個問題：要在一塊肉上運用麴菌，使酵素發揮最大功用的話，這到底是不是最有效的作法？答案是否定的。在一片塗滿澱粉的肉上培麴，並不是帶入酵素、利用酵素活動的最有效方式。最有效的方式應該是利用注射器**注射**，將鹽麴、甘酒、或純化的酵素平均注入肉中，然後調整溫度，讓酵素能成為催化劑。儘管如此，以肉培麴終究還是最美味的肉類處理法。我們曾經辦過非常多次品嘗評比，將培麴的肉、乾式與濕式熟成的肉，還有用了胺基酸糊醬或鹽麴等各種麴製品處理的肉放在一起比較。

▌ **非原塊肉類的用麴方法**

乾醃的完整肌肉肉塊，並不是唯一一種能用麴製作的熟肉；事實上，有許多種絞肉食譜都能搭配麴一起烹調。這類食譜也能培麴，但我們比較喜歡在絞肉中加入甘酒。法式肉派（pâté）就是最好的例子：如果在法式肉派中添加甘酒，米殘留的澱粉能讓材料結合（肉彼此黏結）得更好；此外，麴還能為肉派帶來額外風味，這些都是你能獲得的好處。

烹調麴熟成肉品的注意事項

在烹調用麴熟成的肉品時，要記住幾件事：

· 保留麴的這層外殼。這會造成你前所未見、最令人驚豔的褐變。依你偏好也可以去除麴的外殼，但我們喜歡這股味道。

· 說到褐變，用麴熟成的肉，烹調時的褐變速度會大幅加快。烹調時要用小火到中小火，否則肉的外層可能會燒焦。

· 要多注意，因為肉的肌絲發生了變化，所以熟的標準也下滑了。換句話說，原本感覺煮到 5 分熟所需的時間，實際上煮出來可能會比較接近全熟。你或許需要多試幾次才能掌控。

· 燜煮之類的濕式烹調，可能會讓這層麴殼變成膠狀而令人厭惡的質地。所以只用乾式煮法就好，像是煎炸、煎、燒烤、烘烤。如果要燜煮（我們也常做），記得要先封煎外層。

· 要把肉煮到美國農業部建議的安全溫度，以確保殺光任何可能生長在表面、或隱藏在裡面的病原體。

pâté 一詞來自法文，意思是「糊醬」，但逐漸演變成專指某種改良版肉餅，以冷盤形式上桌。法式肉派的做法很簡單，如果自己沒有絞肉機，甚至也能用肉攤買來的絞肉。傳統的法式肉派通常混合了豬肉、小牛肉和肝臟，但其實用任何一種或數種肉類做都可以。在拉德熟食與烘焙店，傑瑞米用鯉魚做的猶太料理魚丸凍（gefilte fish）也算是一種法式肉派。法式肉派可視為乳化的調味碎肉，混合了肉、脂肪、麵粉、蛋、辛香料、調味料和鮮奶油。絞肉中拌入的 panade，是用麵粉、蛋和鮮奶油製成的麵糊，能確保菜餚煮好後絞肉仍保持細膩順滑的口感。

比較用麴熟成與傳統作法的肉品

黛安娜・克拉克

我們怎麼會知道用麴熟成的肉可以跟傳統乾式熟成相媲美？我們跟黛安娜・克拉克（Diana Clark）一起做了實驗，她是科學家，也是牛解剖專家，與安格斯牛肉認證（Certified Angus Beef, CAB）合作多年。雖然她發現傳統乾式熟成肉品跟麴熟成肉品有些差異，但我們都比較愛麴熟成的成果，尤其是考量到熟成的經濟效益。（這不代表我們不愛傳統熟成肉品。我們真的愛！）

你做過用葡萄酒收汁的醬汁嗎？其實還滿簡單。用中火加熱一點奶油和麵粉，添加葡萄酒、醋和香料植物攪拌，保持微滾，讓液體量減少。慢慢地，水分蒸發時就是在濃縮葡萄酒的風味，讓這小小的一匙醬汁滿載濃郁醇厚的水果風味。小火慢滾會製造出新的揮發物，能改變並強化醬汁風味，而使得風味更加濃郁。

熟成牛肉也是類似的烹飪藝術，在這種處理方式，未包裝的牛肉會在溫度、濕度都受控制的環境中直接暴露在流動的空氣中。名為濕式熟成的類似烹調法，則需要把肉品密封在真空包裝（抽出空氣的袋子）中一段時間。這兩種熟成方式都可讓肉裡的天然酵素削弱分解蛋白質，造就肉質更軟嫩、風味更佳的成品。

乾式熟成讓肉品暴露在環境中，而濕式熟成卻把肉品封在袋子裡，兩者之間的差異雖然細微，卻非常重要。因為濕式熟成能把肉變軟，又不致大幅降低濕潤程度和產量，所以是牛肉業者常用的作法，現在大家食用的牛肉絕大多數都採濕式熟成。乾式熟成雖然比較沒有效率，但優點都集中在風味品質之上。乾式熟成能產生濃郁、細緻、富含牛肉味的風味，許多願意為這種非凡體驗多付出一點成本的消費者，追求的正是如此風味。

乾式熟成的標準作法，是把牛肉保存在 -2-4°C 的一般冷藏溫度中。肉類會在 -2°C 結凍，所以若是低於這個溫度，酵素的活動就會降低或停止，實際上就是抑制了熟成的過程。而在另一方面，4°C 以上的溫度會潛藏食安危機。相對

濕度通常要保持在 75-80%（+/-5%）。如果濕度太低，肉可能還沒發展出獨特風味就先乾掉了，但如果濕度太高，又會提高腐敗的風險。通風是最後一項因素，但同樣重要。肉品一定要保持通風，才能讓熟成過程一致且安定。

有趣的是，雖然乾式熟成的風味通常強烈又誘人，但我們還是不了解到底為什麼牛肉會發展出這樣的風味。有些人猜測，新鮮牛肉中的水分含量約為 70-75%，而乾式熟成過程會造成水分蒸發。水分減少使得「像牛肉的」風味濃縮、集中，就像用葡萄酒收汁做醬汁的過程。另一群人則認為促成乾式熟成牛肉產生獨特風味譜的因素，則是肉表面生長的黴菌。

如同先前所討論，黴菌對食物生產有巨大貢獻，尤其是乳酪、醬油，以及某些發酵產品。事實上，特定的黴菌菌株，如藍色青黴菌，就普遍用於熟成乳酪，因為可以促進乳糖、脂質和蛋白質代謝，從而強化風味譜。這類黴菌會分解乳酪的成分（乳糖、脂質或蛋白質），形成更簡單的分子。簡化這些分子，讓新的香氣得以發展。你是否曾在感冒時品嘗食物？因為你的鼻子不通，大部分的風味都不見了。我們的嗅腺能偵測香氣，並將氣味送到大腦「解碼」。若是沒有嗅覺，大部分的食物吃起來都一樣。這也是分子的細微差異可以大幅影響食物的香氣與味道的原因。

麴在代謝分解不同的澱粉與蛋白質時，會製造出單醣和胺基酸，對鹹食所需要的風味譜有正面影響。這就是乾式熟成牛肉的終極目標：將牛肉的天然風味加以濃縮，並強化那種像堅果的濃郁強烈牛肉味道。若按照正確步驟，麴應該能在短短幾天之內就製造出乾式熟成 45 天的牛排風味。據信這種黴菌會製造我們渴望的簡化分子，能改變牛肉整體的香氣與味道。麴有潛力可以減少乾式熟成烹調所需的時間，做出整體而言品質更一致的成品。

每 500 公克絞肉所需的 panade，基本比例如下：1 顆蛋、9 克麵粉、14 克高脂鮮奶油。如果要用甘酒，只要把高脂鮮奶油換成甘酒即可。mousseline 奶油餡或其他需要水合的調味碎肉都可以用這種作法。用絞肉製作熟肉時所需的水合液體，都可以完全用甘酒取代。你也可以改用麵衍生的各種液體，例如鹽麴、胺基酸醬汁和酒，但要記得，這些材料會造成鹹度、酸度和風味的差異。把麴加進絞肉熟肉的用法實在太多種，我們認為簡直無窮無盡。

在幫法式肉派調味時，應該要把鹽量控制在其他所有食材總重的 1.75%。我們也建議添加重量 0.25% 的 1 號醃漬鹽，免得法式肉派變成噁心的灰色。（如果不喜歡用醃漬鹽，可以考慮用芹菜粉或芹菜汁取代。）可以使用多種煮熟的肉類或脂肪、煮熟的蔬菜或菇蕈、堅果和水果乾當裝飾，或是用我們最近的心頭好：豆豉。肉絞碎以後，再把這類裝飾用的食材包進肉餡中。此處有個關鍵——請先烹煮。裝飾食材的大小、密度和形狀都和周圍的絞肉餡很不一樣，為了避免裝飾食材煮過頭或沒煮熟，這些食材務必預先煮熟放涼後再加進生絞肉餡。肉可以絞成不同粗細，讓法式肉派有更質樸的質地和搶眼的外觀。就像我們之前討論過的醃肉一樣，辛香料和調味料應該按照個人喜好添加，如白蘭地之類的調味品亦然。

法式肉派通常是以低溫慢煮。肉餡放在吐司模中，舒肥法烹調，或是放在裝了水的烤盤中，以烤箱低溫烘烤（120° C）至內部溫度達 73° C。烤盤中的水能確保法式肉派的溫度不會超過水的沸點，否則法式肉派會烤過頭，質地也會變粗硬。將溫度計插進法式肉派的中心，以判斷是否煮好。將法式肉派冷藏在冰箱裡至少一晚，大部分法式肉派都可冷藏保存最多兩週。

此外，乾醃的絞肉熟肉，如 landjaeger 燻腸和 sopressata 香腸都可以用麴來做。作法有好幾種，像是在熟肉上培麴，或是把麴當作水合物混入肉餡中。就像我們先前說過的，你也可以直接拿最喜歡的食譜，把義大利薩拉米香腸所需

的水分換成甘酒。請記得，你會需要實驗一下，檢視這份新食譜的表現，確保成果不只美味、同時也安全。

甘酒中的糖分，會在某些絞肉熟肉發酵的時候造成變化。所以對這類型的食品，我們會建議使用以蛋白酵素含量高的麴釀成的甘酒，才能讓你盡量減少加進香腸裡的糖分，並避免造成食安問題。食用前一定要測量這些肉食的酸鹼值和水活性，以確保安全。

一般來說，用絞肉製作如義式薩拉米香腸之類的熟肉時，我們比較喜歡在肉餡裡加進甘酒，而不在熟肉上養菌。主要原因是麴實在長得太旺盛活躍，如果在肉品表面養麴，可能太快就會吸走絞肉中太多水分，導致模具內的熟肉顆粒分離、產生裂縫，也可能會提高病原體汙染的風險，包括肉毒桿菌汙染和食物中毒。

我們在拉德熟食與烘焙店會做名叫 mettwurst 的德式生肉香腸，幾乎從我們開張以來，這種香腸就是我們熟肉檯上的主角。mettwurst 是一種可以當成醬料抹開的發酵香腸大家族，德國各地都有人製作，跟義大利的辣香腸 n'duja 和西班牙的醃香腸 sobrasada 屬於同一個香腸家族。我們做 mettwurst 時，會用甘酒取代水，每 4.5 公斤的肉添加 2 杯（473ml）甘酒。這個比例成效非常好，而且在許多乾醃絞肉熟肉的食譜中都可算是標準比例了。

▌嘗起來像醃肉的蔬菜

本章大部分篇幅都在探討加速肉品熟成，還有用麴製作熟肉，如果沒有談談如何將這些技巧運用在蔬菜甚至水果上，那就是我們的疏忽了。雖然蔬菜水果中的蛋白質含量不高，但的確是有的，也含有脂肪和最明顯的碳水化合物，可以當作麴施展魔法的完美介質。無論是讓醃漬的效果變好、或是培養麴菌，

你都能把蔬菜變成令食客著迷的誘人美食。用這些方法甚至可以做出蔬食版的熟肉。

多年來，謹守蔬食或純素飲食的人總是在尋求一類食物，既能取代動物性蛋白質養分，又能滿足根深柢固的原始吃肉慾望。光從我們能吃到的肉食替代品數量之多，就能明顯看出這一點，從傳統的亞洲食物，如麵筋和豆腐，到現代的西方食物，如假雞塊和難以想像的「不可能漢堡」（Impossible Burger）。在我們致力開發蔬食熟肉的過程中，也希望能模仿肉類熟肉的風味、質地和外表。過去幾年來，我們已經發展出製作蔬食熟肉的技術，基本上跟前面所述、用於製作原塊肉類熟肉的技術沒有多不同。不過，在開始探究如何製作之前，我們希望先聊聊為什麼我們會說這些蔬果是熟肉。

純粹主義者會堅持，熟肉只能用動物的組織來做。對大多數人來說，熟肉這個名詞則包括海洋生物的蛋白質，像是燻鮭魚，或是用鮪魚和旗魚做的「義式牛肉乾」（bresaola），但狂熱的純粹主義者會認為連這些都是褻瀆，更別說用蔬菜做的熟肉了。但我們對熟肉的定義是根據製作的技巧與方法，而不是使用的原料。這些技巧主要是堅持使用鹽醃（也就是醃製）與乾燥，但也可以包括多種烹飪法，像是水煮與熱燻。我們認為，根據我們的定義，任何食材都能做成熟肉，我們也選擇如實標示這些蔬食熟肉。曾經有許多人跟我們爭論過這件事，但他們也沒有提出能稱呼這類食物的其他名稱，所以我們會繼續使用「蔬食熟肉」一詞。這些就是經過醃製、接種黴菌，然後吊掛風乾的蔬菜。如果我們會把一塊經歷過這些步驟的肉稱之為熟肉，那為什麼不能擴及蔬菜呢？

用蔬菜製作熟肉時，第一個重點就是要知道蔬菜跟動物組織有什麼不同。地球上所有生物全都由少數幾種核心物質組成，雖然動植物都是如此，但植物不只組合和動物不同，甚至連比例都不一樣。在這種狀況下，我們要思考的

就是改變質地、以及該如何做到。味道轉變不難想像，只要有足夠的鹽、煙燻、辛香料，還有我們的好朋友梅納反應，大部分蔬菜水果都能做出像肉一樣的味道。真正需要做到的是改變質地，讓蔬食熟肉不只是看起來像肉，在舌尖上的感覺也像肉。這一切都要從把蔬菜當肉一樣處理開始。

選擇適合的蔬果是最重要的事。番茄或桃子等軟質蔬果太嬌嫩了，無法轉變成有肉類質地的蔬食熟肉。要選擇比較結實的蔬果，例如甜菜。避開像蕪菁之類可能有強烈辛辣味的食物，或是李子之類明顯很甜的蔬果。也要避免使用體積或主體部分太小的蔬果，如羽衣甘藍和其他葉菜。以下這些種類是以我們的技術處理後，成效很不錯的：

· 甜菜根

· 胡蘿蔔

· 青花菜，尤其是去皮的梗

· 各種冬南瓜，如金線瓜和哈伯南瓜

· 各種夏南瓜，如櫛瓜和彎頸南瓜

· 白蘿蔔和其他味道溫和的蘿蔔

· 結實的蘋果和梨

· 牛蒡

· 長豇豆

· 結實的菇蕈類，如舞菇（*Grifola frondosa*）或硫磺菌（*Laetiporus sulphureus*）

以上建議並沒有特別排序，成品也都很好。不過，我們最喜歡的是甜菜、胡蘿蔔、長豇豆和舞菇。

首先，要軟化蔬菜的質地，最好的作法要不是熱燻，就是沸煮。如果蔬菜在醃漬和接種之前沒有變軟，就可能面臨質地總是爽脆易碎的風險，那就不是

我們追求的目標了。能選用的烹飪技巧有很多種,我們做的甜菜熟肉是先沸煮之後再煙燻。

要注意的是,若是以平衡法使用的 3% 鹽量來醃漬蔬菜,蔬菜風乾好時會太鹹。因此我們只用 1.75% 的鹽來醃漬,這剛好是我們做法式肉派和新鮮香腸等熟肉的用鹽比例。雖然幾乎任何一種麴菌或麴菌變種都可以,不過我們比較喜歡用樋口松之助商店的 BF1 和 BF2。這種技法用 GEM 培養物公司的淡米味噌孢子效果也不錯。

以下是我們製作甜菜蔬食熟肉的步驟:

1. 沸煮甜菜根,完全熟透後去皮。
2. 以熱煙燻製甜菜 30-60 分鐘。
3. 甜菜放涼至室溫,然後抹鹽,用真空袋封好或用保鮮膜緊緊包好。想要的話,可以在這個階段添加辛香料或其他調味料。
4. 棒球大小的甜菜至少要在冰箱內醃 2 天,特別大的就多醃幾天。我們的甜菜從來沒有醃漬過度,所以就算放個 10 天也沒關係。
5. 取出甜菜,輕輕拍乾。
6. 用非常細的網篩將已分散的孢子均勻撒在甜菜表面。
7. 不必像處理肉時一樣添加澱粉,因為甜菜本來就有足夠的澱粉供麴利用。
8. 把甜菜放在你為肉類設置的環境,用相同的方式培養。
9. 當麴完全長滿甜菜且開始出孢時,就可以準備乾燥了。
10. 把養好麴的甜菜拿去秤重,記錄重量。
11. 可以把甜菜綁起來掛在熟肉醃製室,或是用食物乾燥機以 32°C 烘乾。當失去的重量達到原始重量的 50-60% 時就完成了。

大體上，這種處理方式能用在我們前面提過的任何蔬果，而且根據最初的烹調方式、使用的辛香料與調味料，以及是否煙燻，都能得到不同的風味。你也可以在養麴前先讓這些食物發酵，就能得到通常只有絞肉熟肉才會有的風味譜。成品會鹹鹹的、充滿鮮味，非常類似原塊肉類做的熟肉種類。只要切成薄片，當成熟肉享用即可。

DAIRY
AND EGGS

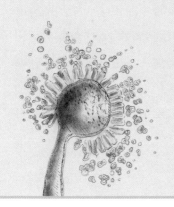

第十一章
乳製品與蛋

乳製品與蛋富含蛋白質，有很大的潛力能帶出鮮味。乳製品與蛋都營養豐富，
所以成為世界各地菜餚的關鍵成分也很合理。這兩種食物都很美味，更沒什
麼壞處。因為奶蛋無法長期存放，所以大部分的傳統烹調方式都或多或少與
延長食用期限相關。若要存放一小段時間，烘焙顯然是個好選擇。不過，添
加鹽和熟成的作法，在久遠以前就躍升為最佳選項，想想乳酪！

保存所有東西的最佳方式之一，就是濃縮和加鹽。然而，製作乳酪並不只是
將牛奶放在爐子微滾再添點鹽就好。要成功，得注意過程的許多重要環節，
最終成果才會令人驚豔。環節之一是**凝乳酶**，這是取自反芻動物胃部的酵素，
用來把奶類凝結成固體。另一個環節是在不同階段引入微生物。原本這些微

生物來自四周環境，但現今人們為了做出風格多樣、品質一致的產品，使用微生物時會特別精挑細選。最重要的是，微生物會創造出讓食物安全且美味的環境。微生物是烹調過程的一部分，同時也會帶來我們之前談過的所有美妙酵素。乳酪跟味噌其實沒多少不同，都是營養豐富又簡單樸實的材料做成的神奇食物。兩者最大的差異是乳酪中的微生物製造酵素的效率遠不如麴。

把麴運用在乳製品與蛋，短短幾個月內就能造就多層次的風味。談到乳製品的蛋白質，效果特別好。乳酪加了麴，只需原本預估時間的 1/4，就能發展出熟成乳酪的風味。製作這些美食的技術非常簡單易懂，只要根據用途，在傳統版本裡添加特定比例的麴即可。我們挑選的作法和食譜能做出多種美味成品，讓你的食材櫃收穫滿滿。你之後會讀到，人類為了營養而食用的所有動物奶和蛋，幾乎都能與麴搭配。

對付意外累積的酒精的妙招

發酵胺基酸糊醬和胺基酸醬汁時，不要密封或阻塞空氣流通，否則容易讓產生的酒精存下來。畢竟酒精不會增添討喜的風味，你應該讓酒精揮發。不過有些時候你就是沒時間好好照顧發酵品，結果會產生你不樂見的風味。但即使成果不符理想，我們發現成品其實還不錯，只是得設法去除酒精。只要稍微加熱，讓酒精揮發即可。

甘酒發酵鮮奶油
Amazake-Cultured Cream

鮮奶油是非常早問世的發酵乳製品。想像一下，幾千年前某一天，有一桶新鮮牛奶放在戶外太久，為乳酸菌及其他尋覓養分的微生物提供了完美的環境，這些菌類讓鮮奶油變酸，結果不只能放得更久，還變成另外一種令人垂涎的食物。此外，還可以取出表層鮮奶油攪打成奶油並添加鹽，就能保存更久。

談到製作濃稠馥郁的發酵鮮奶油時，請選擇加工最少、你覺得可以安心食用的鮮奶油。如果你願意嘗試，生乳製作的發酵鮮奶油實在是一大享受。一般的大量生產紙盒裝牛奶效果無疑也很好，但做出來的鮮奶油就沒有那麼濃稠、味道也沒有那麼有層次。

基本上，甘酒發酵鮮奶油就是用麴製作的酸奶油。鮮奶油做好後，就可以攪打成奶油和白脫乳，風味和用途都非常棒。甘酒發酵鮮奶油還有一種很神奇的能力，就是加熱時不會凝結，也不會油水分離。令人敬佩的肯尼·史考特是傑瑞米在拉德熟食與烘焙店的事業夥伴，他說這種發酵鮮奶油沸煮後，還是跟新鮮時一樣濃稠。史考特認為甘酒發酵鮮奶油是完美的發酵乳製品，可以用來幫鍋底醬增量，或增稠濃湯。

高脂鮮奶油2杯 (500克)
甘酒 30 克

在不會起反應的碗或容器中混合高脂鮮奶油跟甘酒，蓋上廚房布巾或濾布，置於室溫下，直到變得非常濃稠並產生酸味。通常需要 24 小時。

味噌乳酪
Miso Cheese

我們開始製作非典型胺基酸糊醬與醬汁時,早期就拿來作為指南的物品,就是幾乎所有包裝食品都有的產品營養標示,直到現在我們還是會參考。營養標示能讓你迅速了解大部分食品到底含有多少蛋白質、碳水化合物和脂肪。有了這些知識,我們就能選擇合邏輯的替代產品。我們所用的材料到底跟市售胺基酸糊醬使用的有多接近?我們當然希望能嘗試一些全新的食材,既不是豆科植物、堅果,也不是雜糧。最後,我們決定使用瑞可達乳酪,這種乳酪含有相當多蛋白質,略高於一般豆類,碳水化合物含量則低很多,脂肪多了些。沒錯,這已經夠接近理想材料了,可以試試看。

在我們探索麴用法的初期,最早的突破之一,是用新鮮乳酪製作胺基酸糊醬。把麴的酵素用在乳品蛋白質上,能在短短 2 個月內就產生熟成乳酪的風味,比製作帕馬森乳酪快了 5 倍。潛力無與倫比!

山羊乳酪 453 克
泰國香米米麴 226 克
海鹽 33 克

把麴和鹽放進中型攪拌盆。注意:如果使用乾燥的麴,要先在小碗中混合 25 克溫水和 225 克麴,讓麴在室溫下吸水幾個小時。如果不想等,就大略攪拌成糊狀。

用乾淨的手拌勻麴和鹽,邊拌邊盡量把麴捏碎成糊狀。即使麴沒捏得很細碎,或有些穀物沒弄碎,都不必太在意,這些顆粒有機會在發酵過程中分解,稍後也可以輕鬆攪打到滑順。

加進瑞可達乳酪，徹底拌勻，倒入不會起反應的容器中（容量為 473 毫升），建議用梅森罐，熟食店的容器也可以。用保鮮膜包覆材料表面再加蓋。如果用梅森罐就不要密封。冷藏至少 2 個月，然後嘗嘗味道，如果已產生類似帕馬森乳酪或羅馬諾乳酪的熟成乳酪風味，就大功告成。如果沒有，再冷藏 1 個月，直到風味展現出來。

此刻，你可能會問，為什麼發酵時要放冰箱冷藏。瑞可達乳酪的脂肪含量本來就高，我們先前建議的溫度較暖，可能會導致腐敗。我們發現，冰箱內固定的低溫還是讓酵素活動足以把蛋白質分解成美味的胺基酸。在商業廚房裡，這一點特別有用，因為條件控制得當的環境並不好找。

味噌乳酪做好後，在所有你會添加味噌或熟成乳酪的食譜裡，都可以用上這一味。有一種簡單美味的用途，就是在 1 條奶油裡添加 1 大匙味噌乳酪，做成調合奶油。你也能加以乾燥，質地會更像硬質乳酪，只要把味噌糊醬包在 4 層濾布裡，用力把溜醬油液體擠到碗裡（留下來當醬油用），將乳酪壓扁成 1.2 公分厚的餅狀，吊掛風乾即可（最好掛在 4-10°C、濕度低的環境中）。

威曼的焦糖化味噌乳酪

James Wayman's Caramelized Miso Cheese

牡蠣俱樂部位在康乃狄克州的密斯提克，我們的好朋友威曼是這間餐廳的主廚，他對新英格蘭南方美食風貌影響甚鉅。他受到我們的味噌乳酪啟發，決定要做出自己的味噌乳酪，結果他的變化版讓我們非分享不可。

山羊乳酪 453 克
泰國香米米麴 226 克
海鹽 33 克

你可能已經注意到，這份食譜的蛋白質基質跟麴的比例是 2:1。如此一來，最後蛋白質對上澱粉的比例會更懸殊，引出更多鮮味（甜味的糖則較少）和發酵物中最後出現的酸度，成品類似靠餵養微生物把蛋白質轉化成鮮味的傳統長期釀造味噌。

按照味噌乳酪食譜的步驟混合材料並裝罐，讓乳酪在室溫下自行發展約一個月。（你當然需要留意會不會腐敗，不過以我們多年來在室溫下製作味噌乳酪的經驗，嘗起來味道從沒糟過。）

靜置一個月後，把乳酪做成球狀，用濾布包裹，在室溫下懸掛一週。球形會使裡頭累積一點點酒精。在中型碗裡敲碎乳酪球，碎塊最大不可超過 1.2 公分。將所有乳酪在烤盤中鋪平，用食物乾燥機以 60°C 烘 8 小時。做出來的焦糖化乳酪碎粒味道神奇，鮮味驚人，任何你通常會磨些重口味乳酪或帕馬森乳酪

的菜餚，都可以撒上這款味噌乳酪。

至於這種技巧的延伸運用，你可能會想到，用煙燻乳酪當基本材料製作胺基酸糊醬應該也不錯，但我們發現有時效果不彰。煙燻會產生沉積在食物裡的煙油，味道又嗆又苦，而且會和脂肪緊密結合。我們發現，若使用煙燻乳酪當作味噌的基本食材，這種討厭的風味就會搶味，乾燥後更明顯。如果你想做煙燻版，建議所有步驟都完成後再冷燻。

優格味噌辣醬
Yogurt Miso Hot Sauce

我們研發的這款辣醬，延續了發酵辣醬摻酵種培養物的作法，再度延伸而成。我們建議的作法之一是加入優格，利用特定乳酸菌組合的優點。我們根據瑞可達味噌乳酪的成功經驗，認為把麴和優格一起加進辣醬，應該能得到大量乳酪鮮味。結果效果真的非常好。我們獲得的最高讚譽之一，就是其中一種辣醬嘗起來像哈拉佩諾辣椒鑲乳酪。要製作優格味噌辣醬，只需要混合攪打 3 份辣椒、1 份麴、1 份優格和總重量 5% 的鹽。按照做乳酸發酵的方式照顧，置於室溫發酵 1 週，直到味道彷彿你吃過最棒的乳酪味辣醬。

拉德黑乳酪
Larder Black Cheese

這是傑瑞米在拉德熟食與烘焙店用奶油乳酪和黑米麴做出來的一種乳酪，是熟肉櫃台的乳酪品項之一，也常放在烤牛肉三明治裡，或搭配新鮮的虹鱒魚子醬或白肉魚。混合黑米麴、奶油乳酪和鹽後，發酵幾天，會做出可抹開的乳酪，吃起來如優質藍紋乳酪。這份食譜需要的黑米麴量是奶油乳酪重量的 30%，鹽量則是奶油乳酪和米麴總重的 3%。按照這個比例即可輕鬆增減分量。若是沒有泡盛變種麴菌，也可以改用褐麴（琉球麴菌）。這些菌株產生的檸檬酸，就是黑乳酪如此美味的原因之一。

軟化的奶油乳酪 500 克

新鮮的泡盛變種麴菌米麴 150 克，不要使用乾燥的麴

鹽 20 克

用直立式攪拌機中速攪拌所有材料幾分鐘，或攪到顏色均勻。以真空袋封裝，置於室溫 3-5 天。從袋子裡取出黑乳酪冷藏備用，可保存 4-6 週。也可以做成塊狀，乾燥後當硬質乳酪使用，磨碎撒在義大利麵和沙拉等任何食物上。

本書的兩大主題就是可更換基本食材，還有零廚餘。先前我們提到的味噌乳酪食譜，不只適用於新鮮乳酪，也可用來消耗任何乳酪。記住這點，許多乳酪都可以輕鬆變成你從未嘗過的多風味新成品。例如活動過後，總是會剩下一大堆小塊乳酪，或是你留存著想做乳酪醬汁的零碎乳酪邊角，都可以派上用場。胺基酸糊醬的目的就是要利用所有能用的麴酵素，把鮮味放到最大。何不利用可行的方法創造美味，做到「不浪費」呢？

乳清液體胺基酸醬汁
Whey Liquid Amino

傑特再度貢獻長才，告訴我們他做瑞可達乳酪時，總會產生很多乳清。有麴在手，用這種液體製作胺基酸醬汁就是必然之舉。味道如何？想像一下你最喜歡的乳酪通心麵餐盒裡的乳酪粉加上醬油吧。

這種特殊製品的關鍵，就是要利用熱度加速製作過程。把材料維持在較高溫度，可讓蛋白酵素最活躍，於是能迅速做出風味十足的成品，所需時間比製作傳統醬油短上許多。

白脫乳乳清 3,785 克
　(老實說，哪種乳清
都可以)
生米 379 克，以炭火
餘爐烤到很焦
麴 833 克
鹽 400 克

混合所有材料，移至不會起反應的容器中，以電毯或其他方法保溫在 60° C。在高溫狀態下，要鎖好單向排氣閥或蓋緊蓋子，避免水分流失。前 7 天需要每天攪拌，以確保受熱均勻。靜置直到風味符合你的喜好。傑特通常會靜置 30 天後取出，這時乳酪味最濃，放到 60 天則會是比較深沉、像醬油的風味。過濾裝瓶即可。

用培養物和酵素製造乳酪

培養物和酵素賦予我們保存、發酵和增添乳酪風味的能力，而特定的微生物加上時間和溫度，造就了如今各式各樣的產品。我們需要了解的重點，就是用來製作乳酪的培養物會產生酵素，創造多層次的風味，作用跟麴很類似，但風味沒那麼濃郁。現在的乳酪製程非常標準化，大部分的微生物和酵素都是實驗室製造出來的，以便做出預期中的產品。我們必須牢記在心且不可忽略的事實，就是其實人類很早以前就開始製作乳酪了，目的是要製作出營養豐富又能長久保存的食品。當時，人類只有基本的工具、有限的資源，和自然出現的培養物。要達成目的需要不少變通的智慧，於是世界各地的人各自發展出如今我們看到的各種製作方式。如果我們能繼續發揚這種精神，再加上現代的一切資源，不是應該能做出更美味的乳酪嗎？

麴乳酪是一場有趣的冒險。如果製作乳酪的人本來就會使用酵素和培養物做乳酪，那跟用麴又有什麼不同？其實沒有。唯一的巨大差異就是酵素含量，我們已經從味噌乳酪和胺基酸醬汁中見識到了這一點。用米麴菌產生的酵素製作乳酪，是潛力無窮的事。當然，這並不是什麼新點子，正因製作食品時酵素能發揮功效，人類以工業製造酵素早已行之有年。這一切的關鍵，就在於麴製品生產食物酵素的效率非常好，而且任何人都很容易製作，費用也低廉。另一條值得發展的路線，就是整體性的作法。本書寫作之際，這部分尚在發展初期，但克莉絲汀和凱文·韓斯利夫婦（Kristyn and Kevin Henslee）已經開始著手研究。我們進行所有實驗時，總希望認真探索製作乳酪還有什麼可行之路。我們唯一的侷限就是缺乏經驗，不過我們很會找到對的人協助，所以很幸運地跟樂意支持我們好奇心的當地酪農場主人成了朋友。在俄亥俄州塞維爾（Seville），韓斯利夫婦經營自家的一間小型家庭農場「黃屋乳酪」（Yellow House Cheese），養了一群乳用羊，並製作得獎的農莊乳酪。他們的使命是小量生產手工製的高品質乳酪，一邊維持當地農業的家族農場傳統，一邊也致力以高標準照顧動物。後來他們去

上了麴的課程。凱文是個科學教育者，特別喜歡深入了解米麴菌如何改造食物。因此大家有了共同興趣，想知道能如何用麴製作乳酪。

我們說的作法不只是運用麴的酵素做出更優質的乳酪，還包括運用琉球麴菌和泡盛變種麴菌等等會產生檸檬酸的麴種，實際取代凝結乳品所需要的凝乳酶。酸可使乳品凝結，莫札瑞拉乳酪和瑞可達乳酪就是用酸製作，當酸和麴的酵素搭配，就能變成全方位的乳酪製造工具，合作無間且多管齊下地發揮作用。以此為基礎繼續嘗試，並運用麴菌培養乳酪，讓麴長在乳酪裡面或表面上，就能得到非常創新的成果。這，才真的是培力。

我們該從什麼開始做呢？我們請教了專家克莉絲汀，她決定選擇洗浸乳酪，因為這種類最容易與麴結合。洗浸乳酪通常浸在鹵水中，所以熟成期間，乳酪表面就是培養物扎根的理想環境。鹽麴本身就是一種鹵水，所以從鹽麴開始實驗既合理又方便。克莉絲汀在最初的實驗中，

直接把乳酪放在這種鮮味魔法鹵水中浸洗，發現乳酪會產生慣常聞到的那股臭味。凱文一試吃，發現未曾嘗過這等美味，味道難以形容，但他能確定是麴賦予了乳酪新的風味與風味變革。這次成功讓韓斯利夫婦繼續努力展現麴乳酪的潛力。最讓克莉絲汀興奮的事，是培養物的味道像已熟成的乳酪。我們等不及要品嘗那些成果了。更重要的是，我們希望這項經驗能種下改變的種子，讓乳酪製造者對自己的製程產生不同看法，而且只需一種原料，就能讓製程改頭換面。（很巧，我們最近才得知，在世界另一頭的日本，有兩位乳酪製造者也自行得出了跟我們相同的結論。他們運用各種不同的麴製品洗浸自製的歐式乳酪，而且非常成功。）

克莉絲汀運用鹽麴成功後，開始測試用甘酒洗浸。結果做出更優質的產品！克莉絲汀推論，鹽麴中的鹽其實抑制了通常會長在洗浸乳酪上的某些黴菌和細菌，而甘酒中的糖卻餵養了這些培養物。這也更進一步激勵克莉絲汀探索更多用麴

製作乳酪的方式。其中最有意思的，就是她在烹煮跟凝結乳品時，也添加了麴。她把生麴放在濾布袋中與乳汁一起煮，乳汁開始凝結時，擠壓濾布袋，把每一點酵素都榨出來。接著切割凝乳、添加鹽、濾乾、裝進模具，然後是熟成過程，讓乳酪慢慢乾燥，也讓凝乳融合。這個乾燥過程就是所謂的熟成，克莉絲汀做的乳酪，通常會需要熟成好幾個月。但浸潤了麴的乳酪，3 週內就完美熟成。這款尚未命名的乳酪，第 3 週時吃起來就像熟成 12 個月的切達乳酪。

實驗如此成功，讓克莉絲汀和凱文開始全力生產麴乳酪。現在已經可以在拉德熟食與烘焙店和他們每週都會去銷售農產品的克利夫蘭地區農夫市集買到麴乳酪了。我們認為這可能是從純化凝乳酶出現以來，乳酪生產技術上最大的進展。對乳酪生產者來說，只要 3 週就能做出跟熟成好幾個月、甚至多年的乳酪一樣美味（我們覺得是更好吃）的乳酪，對經濟影響非常大。想像一下，產品幾乎一做好就能出售，不需要歷經漫長的等待。隨著時間推進，我們希望克莉絲汀和凱文在黃屋乳酪率先發展出來的方法和技術能掀起革命，且最終能廣為運用。麴和內含的酵素再一次讓我們看見讓食物可以變得更美味、生產方式可以更經濟實惠，潛力無限，而所需不過就是幾位願意試驗並分享想法的人。

麴醃蛋黃
Koji-Cured Egg Yolk

醃蛋黃能簡單又美妙地替菜餚添加一絲優雅及鮮明豐富的蛋鮮味。這種蛋黃可以磨碎撒在很多菜餚上，從乳酪通心麵到香莢蘭冰淇淋都可以。這種作法的概念取材自薩丁尼亞（Sardinian）製作醃魚卵的傳統，也就是鹽漬乾燥的鮪魚或烏魚卵囊，磨碎後可撒在各種菜餚上，從點綴青蔬到義大利麵，為菜餚提升鮮味。我們看過有人以醃魚卵的方法保存和使用家禽蛋，迄今多年來自己也這麼做。我們第一次做醃蛋黃時，只用鹽來保存，但隨著時間過去，我們變得越來越喜歡麴，所以用麴或任何一種麴製品來做這種蛋黃，再合理不過。

蛋黃 12 個
鹽麴，分量需能蓋過蛋黃

把蛋黃完全浸沒在鹽麴中，醃 2 個小時，撈出蛋黃用食物乾燥機以 26-32°C 慢慢乾燥至少幾個小時，最多 1 天。

依你意願，可以把蛋黃壓成塊狀，乾燥到一半時，輕輕把蛋黃壓在一起即可。蛋黃塊可以不磨碎，改削成薄片使用，薄薄的醃蛋黃片點綴在任何菜餚上都很美。我們的朋友麥特・丹柯（Matt Danko）是伊利諾州（Illinois）芝加哥葛瑞斯餐廳（Grace）前主廚，他把蛋黃壓塑成塊前，還會先把黑松露薄片夾在每顆蛋黃中間。

麴醃魚卵
Koji Bottarga

傑瑞米在拉德熟食與烘焙店做的醃魚卵（Bottarga）其實跟家禽蛋黃的版本沒什麼不同，只不過醃魚卵是用魚的卵囊做成。拉德店裡只選用五大湖區與克利夫蘭周邊淡水河的魚，每年春天，鼓眼魚開始洄游時，魚多到難以想像。這段期間，魚體內會塞滿精子卵子。傑瑞米為了要做醃魚卵，會和當地魚販湯姆‧麥金泰爾（Tom McIntyre）密切合作，以永續方式捕捉，能收多少卵囊就拿多少。收魚卵時要注意兩點：你需要大致上完整的整個卵囊，而且是小顆的魚卵。像是白鮭、鱒魚、鮭魚和鱘魚的卵應該留下來做魚子醬，而不是醃魚卵。鼓眼魚、各種鱸魚、河鱸和胡瓜魚的卵都非常適合做醃魚卵。

魚卵卵囊 12 個
鹽麴，分量需足以淹過卵囊

把卵囊浸在鹽麴中至少 2 小時，若卵囊較大則浸泡 1 夜。有些卵囊的長度和寬度如同人的前臂，會需要泡在鹽麴中久一點。把卵囊從鹽麴中取出，用食物乾燥機以 26-32°C 慢慢乾燥幾小時至 1 天。醃魚卵做好後如果沒密封，可能會乾掉，請用真空袋密封儲存。另一種更好的保存方法，是在融化的蜂蠟裡浸一下，就能完美保持柔軟綿密。

魚卵胺基酸糊醬
Fish Roe Amino Paste

我們第一次試用的魚卵是香魚卵，也就是你通常會在壽司捲裡吃到的那種令人愉悅的爆裂美味。想到能做出同樣型態又耐放的魚露，我們就醉心不已。我們想到，如果能用醃料中的鹽分吸出魚卵水分，等這些水分跟麴融合後，再被魚卵吸收回去，那一定很讚。然而，我們不確定魚卵會不會被酵素消耗、溶解。有趣的是，這個作法很成功，在幾個月後成了一種會釋放 BBQ 魚露風味的魚卵，放到 1 年後還會增添一絲深度，之後就沒有太大的變化。從此我們不只會用各種魚卵來做這項產品，還會用魚的精囊，也就是所謂的白子來做。

這是終極的海鮮調味料，每次只要看到食譜說要用鯷魚、或其他以魚類食材做成的調味料以加強鮮味，我們總是會取用這種醬。我們最喜歡的用法是在塗了奶油的烤麵包上抹一些魚卵糊醬，搭配醃洋蔥薄片、成熟的夏日番茄片和香料植物末。製作這種醬時，麴對魚卵或白子的比例是 1：4。我們會在材料中添加大量鹽，用量為所有材料總重的 10%，然後讓材料自解約 1 個月。如第七章所述，按照做其他胺基酸糊醬的方式熟成。

VEGETABLES

CHAPTER TWELVE

第十二章
蔬菜

要醃製蔬菜，麴是極好用的方法，可以產生糖分，帶動醃製的各個階段。當然，麴也會帶來一絲鮮味。用途包括短時間就完成的酸甜乳酸發酵醃菜，到長時間熟成的「澤庵」（takuan）都有。但若落實到動手做，其實只要把麴加進要醃的東西裡就好。真的就這麼簡單嗎？你得先了解製作醃菜的基礎知識，也要知道用哪些東西嘗試才合理。我們先前討論過，麴是一種活躍的培養物，可以取代任何一種自然展開的發酵製程。這點對蔬菜也適用。應該了解的重點是，如果在發酵品中添加很多麴，酵素就會破壞最常見的醃蔬菜的質地。我們發現掌控這點的最佳方式，就是只添加少量麴，或把醃好的發酵物作為幾小時內就要上桌的菜餚亮點。當然，你可以使用任何一種美味麴製品來做醃菜，米酒醋顯然就是個好選擇。

第十二章 _ 蔬菜　221

此外，因為我們在本書中一直談到「物盡其用」原則，所以食材也有其他選擇。在你使用了食材的主體之後，剩下的部分其實也保留了許多深沉的風味。用醃漬的湯汁或鹵水來代替烹飪時的柑橘或酸搭配鹽，就是一種顯而易見的延伸用法，因為這些湯汁其實就跟油醋醬或醃醬相去不遠。想想看以粕漬（清酒渣醃菜）之名廣為人知的清酒釀造副產品。類似的還有壓榨醬油後剩下的固形物，差不多就是稀釋的味噌了。除了充分運用成功發酵所取得的每項成品，也可繼續深入探索，考慮運用失敗的產物。尤其是用麴製作醃菜時，可能會有醃過頭的成品：質地不對、蔬菜有很強烈的酒味、整顆醃漬的根菜類有硬皮……諸如此類。很多時候風味是可以濃縮的，而且成效還很不錯，只要乾燥固體部分，磨碎當成調味料即可。若是你能用那種乳酸鹽來調味同一種蔬菜，會格外美妙。

在瑞奇還不了解麴時，麴早就是他童年飲食經驗的一部分。他最早的回憶之一，是媽媽夏天會做的冰箱醃菜。把黃瓜片丟進由水、醬油、米酒醋、參巴醬（辣椒醬）和一點點糖做的醃汁裡。跟平常一樣，鹵水全看個人喜好。這道菜做起來又快又簡單，成品清爽可口，他天氣熱時總愛吃這個。這種作法最棒的地方，在於黃瓜的脆度因泡在鹵水裡的時間長短而不同。直到今天瑞

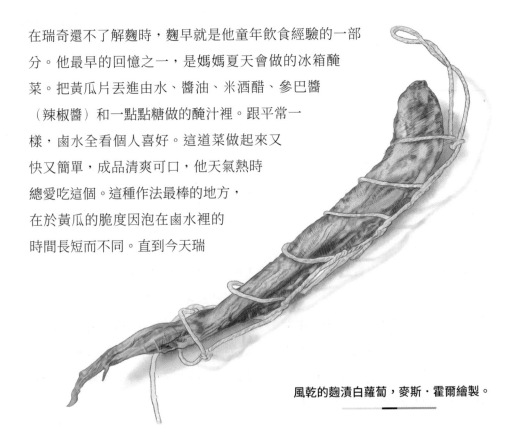

風乾的麴漬白蘿蔔，麥斯·霍爾繪製。

奇都還是會自己醃一些，不過會隨意使用手上現成的各種發酵物組合。

麴漬是我們非常喜歡使用的醃漬方法。我們在《味噌之書》裡發現稱為麴醃白蘿蔔的特別技巧，而我們研發的方法就是受其啟發。傳統上是用含有米飯、米麴、清酒和鹽的發酵漿來醃漬白蘿蔔。白蘿蔔醃漬前，要先風乾並用鹽壓過。這樣會造成非常特殊的結構，讓白蘿蔔在醃漬全程都能維持獨特的脆度。

正如我們之前在其他處理方式中討論過的，醃菜也一樣很有彈性：每種材料都可以用大致屬於同類型的其他材料取代。不要讓自己受限於米和清酒。我們之前討論過的其他製品，風味大多會受基本材料左右，不過這一點對麴漬蔬菜特別重要，因為影響最終成品的時間比較短。醃漬漿是由 4 份煮熟的穀物、4 份麴、1 份酒（酒精含量為 5-15%）混合製成。我們發現白酒、啤酒和蘋果酒的效果都很好。添加總重量 5% 的鹽。把材料放進罐子，鬆鬆蓋上蓋子，或蓋上廚房布巾或濾布，用橡皮筋綁好，置於室溫幾天，這樣能讓澱粉酶進一步把澱粉分解成糖，能增加酸味的乳酸發酵也會同時進行。

若是能用任何一種會讓鮮味暴增的胺基酸醬汁或糊醬，搭配特製的醋來做醃漬物，為什麼還要用麴呢？這麼做當然一定會很美味！我們無法否認。不過，在這種情境下，麴可以稍微提升風味，卻又不會壓過基礎食材的味道。利用鮮味的細緻奧妙和蔬菜產生的糖，就能讓成品大放光彩。

醃料準備好之後放入蔬菜，變美味就可以享用了。我們發現效果最好的是硬質的根菜類，我們會把根菜切大塊放進罐子，蔬菜表面覆上醃料，置於室溫發酵。甜菜、胡蘿蔔、歐洲防風草塊根、根芹菜、菊芋都是我們最愛的食材。我們認為醃 3-5 天最理想，甜酸味的平衡很棒。你當然也可以把根菜切小塊一點，就能更快入味，不過味道可能變更甜。如果醃其他較軟的蔬菜，可能只需要花幾個小時或一晚，切片黃瓜隔夜就會變軟糊。有時候蔬菜表面只需

裏上薄薄一層就夠了。非根菜類都可以做速成的基本醃菜。切開整顆春日洋蔥，保留頂端，成品就非常棒。

我們發現可以用醃漬整根白蘿蔔的技法醃漬其他結構類似的根菜類。要讓蔬菜在鹽上滾壓沾附，以達到想要的效果時，我們會把切塊蔬菜按照大小分批裝進快爾衛（Cryovac）或 Foodsaver 真空袋，就能用少一點鹽。如果你沒有

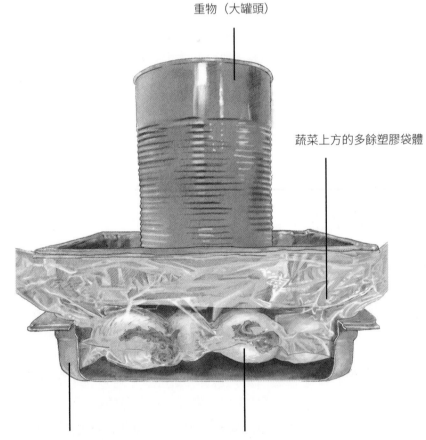

重物（大罐頭）

蔬菜上方的多餘塑膠袋體

方形調理盆（不鏽鋼烤盤）　　真空袋裝的鹽漬根菜

壓製鹽漬蔬菜的器材配置，麥斯・霍爾繪製

這兩種真空袋，用矽膠保鮮袋也可以。一般來說，這種方法最適用的食材是外型類似白蘿蔔的長條形根菜類，像是胡蘿蔔和歐洲防風草塊根。準則就是你可以用任何直徑不超過一般白蘿蔔的蔬菜。挑選蔬菜時，選直徑差不多、但平放時高度最矮的。找出可以套疊的深盤（方形調理盆就很合用）。把蔬菜裝袋時，要先規劃如何在深盤中排成單層。為了維持袋子裡蔬菜的排列位置，所以從最先要放進袋子裡的蔬菜開始處理。倒一層足量的鹽在大砧板或乾淨的檯面上，面積約是根菜類大小的 2 倍。把蔬菜放在鹽堆中央，用力滾壓至蔬菜開始出水，沾附鹽晶，把蔬菜裹好鹽裝進袋子。

按照蔬菜在袋中的排列順序繼續進行。把袋子真空密封，將另一個放有重物的烤盤壓在上面，如果沒有重物，綁帶加壓的效果也很好，但需要視情況收緊。第 2 天，在離蔬菜最遠的袋子角落戳個小洞並做標記，盡可能抬高小洞以免漏水。戳洞能讓發酵產生的二氧化碳逸出。蔬菜壓製幾天後，取出沖洗乾淨，再放入麴漬鹵水中。

—— 甜菜麴卡瓦斯 Beet Koji Kvass ——

度過冬天的根菜類質地會比較粉而較不甜，因此用 30 克的麴來替 500 毫升的甜菜卡瓦斯（Kvass）增添光采便是合理之舉。卡瓦斯的作法通常是把切成大塊的甜菜裝進玻璃罐裡，撒一點鹽、倒水淹過、進行乳酸發酵。這是令人心滿意足的鹹味靈丹妙藥，常用來當作構築羅宋湯風味的基本食材。有時酵種培養物也會用來促進卡瓦斯發酵的過程，就像德國酸菜或優格，幾乎所有乳酸發酵的產品也都適用。因此，用麴當酵種培養物也非常適合。而且設想一下，酵素活動帶來的一絲甜味和鮮味，會讓卡瓦斯變得頗美味。

職人的光榮傳統

凱文·法利

位於加州柏克萊的「發酵醃菜店」（Cultured Pickle Shop），是我們欣賞敬佩多年的手工發酵食品飲料店家，店主亞莉絲·霍茲文（Alex Hozven）及凱文·法利（Kevin Farley）依傳統發酵方法，製作出一些最美味的產品，而且就我們所知，這間店是日本以外，唯一能找到職人等級「漬物」（日式醃菜）的地方。他們使用在地有機產品，對風味的專注、對細節的重視，都無人能及。不僅柏克萊地區的人會在家享用發酵醃菜店做的醃菜，全美各地的精緻餐飲餐廳也都會來訂購。霍茲文和法利做的事非常特別，我們很榮幸能分享他們的創業過程、日常的一天，以及談談分享的重要性。我們同時也深入探討粕漬的作法，粕漬是一種以釀造清酒的酒粕製作的美味醃菜。除了法利這位日日實踐的紳士，我們找不到更適合講述這段旅程與製作方法的發言人了。我們希望他能啟發你去尋找更多真心在乎我們吃下什麼的人製作的產品。

「發酵醃菜店」的存在都要歸功於霍茲文。超過 25 年來，她熟練地將自己的絕佳天賦與韌性用在孕育一項事業，不只撐起了我們的家庭，同時也把一種保存食物的古老傳統提升到職人等級，足以證明她遙遙走在自己的時代尖端。迷人優雅的大鬍子山鐸·卡茲在美國縱橫遊走，鼓吹發酵革命，從威廉斯堡（Williamsburg）、布魯克林到舊金山的教會區，他走過之處無不留下冒著泡泡、咕嘟咕嘟的玻璃罐。但在那之前的許多年，霍茲文就已經每天投入 18 小時，日復一日、月復一月、年復一年做發酵。工作的時候她可以清苦而與世隔絕，長時間獨自待在發酵室裡，監督引領將近 200 個獨立的生態系。直到今天，她都沒有把自己的工作當成工作，而是視為藝術，在生產的每個層級親力親為。每一罐德國酸菜、每一瓣味噌醃蒜、每一瓶康普茶，都出自她的手，也出自她的心。只要品嚐過，你就會懂。我相信，她在商業生產方面對手藝的態度，就是「職人」的真正意義。能夠與她並肩工作，是我這輩子最大的榮耀與喜悅。

在平常的日子裡，我們的工作在黎明之前就已展開。我們泡茶準備當天的康普茶、一起打理洞窟裡的事務、檢查發酵箱是否乾淨、確保蓋子都有蓋緊、監測發酵物，確定進展狀況合宜。我的清晨時分大多花在跟發酵物親密接觸。第 1 週和第 4 週的發酵箱沒有加蓋，我把酸菜往下壓以排出二氧化碳、監測鹵水的黏性，嘗嘗味道。我們把廚房打點好，預備面對當天的工作。我在早上 7 點左右回家，叫男孩們起床、做好早餐、打包午餐、送他們上學，然後又回到店裡，繼續準備蔬菜、裝罐或送貨的一天。週六霍茲文去柏克萊農夫市集時，我會做些小型的實驗，以深入理解我們已運用多年的特定方法，並看看未來是否有新的路徑可以探索。這些實驗很多最後都貼在社群媒體上，但我渴望找到更好的形式，能傳達並記錄我們的工作，訴說我們的故事。

我低頭在洞窟裡與冒著泡泡的發酵箱獨處多年後，開始和世界各地的主廚與其他關注食物的人建立起關係。這些關係帶來了對話、疑問和資訊交流，讓我們能把自己的工作做得更好。我們想要的也不過就是這樣。我們一向不熱中把產品賣給更多人，對經營生意也向來沒多大興趣，也從未視自己為某種運動的一分子，或是教育家、或是鼓吹追求更好生活方式的說客。我們自視為職人，生產工藝產品，浸漬在這種對過程與結果的奇異執迷之中。這些日子以來，我們說了許多、也寫了許多關於發酵對健康或個人食安方面的事，雖然這些對話非常重要，在我們的現代文化中尤甚，但經過了 22 年，現在我只覺得疲憊。這些特質本來就存在我們所做之事中，也有比我聰明許多的人早就清楚說過了。所以我認為，此時我想追求的不過就是點亮並探索朝美味前進的道路。對我來說，這已經夠崇高了。

酒粕、清酒酒粕、酒渣、酒糟

當一罈清酒完成發酵過程（費時 18-32 天不等），留下的就是名為醪的白色物質，成分混合了清酒、米粒和酵母。醪壓榨後，就能把懸浮的固形物和清酒分開。

有好幾種方法可以榨出清酒，剩下的是被壓縮的固形物，也就是酒渣。大型清酒生產商的機器可以把清酒從稱為酒粕的酒渣中榨取出來，而機器壓出來的薄片固體稱為「板粕」。規模較小的酒商通常是利用名為「槽」的木盒手工壓榨清酒，槽有一個可以手搖往下壓榨清酒醪的蓋子，清酒醪則放在小帆布袋中。這種方法會產生濕潤的厚塊酒粕，名為teshibon＊或是「生粕」。

粕漬就是用酒粕醃漬的蔬菜，據說源自 1,200 年前的日本關西地區。已知第一種以酒粕醃漬的蔬菜是冬瓜，稱為「汁粕漬」（shiru-kasu-zuke）或奈良漬（Nara-zuke）。後來，人們也會用這種技術來漬黃瓜、茄子和苦瓜。粕漬主要是由佛教和尚製作，當作武士在戰時與冬季的糧食。17 世紀江戶時代，清酒釀造商大力推廣運用酒粕，不久之後粕漬就成為日本不斷增加的漬物品項中的主力。

我們很幸運，距離美國最大清酒生產商之一「寶酒造」（Takara Sake）只有幾個街區，並與之有長期合作關係，他們每次壓榨有機認證的吟釀等級純米生酒（junmai nama）之後，就會留下約 68 公斤的酒粕給我們。這些酒粕在工廠裡已經被壓榨到幾乎全乾，有點黏、質地如同油灰。酒粕必須冷藏，但低溫會使酒粕變硬，有點難彎折。我們取得當天會把酒粕放在工作檯上的盆子裡一天，酒粕回溫後就會變得較軟，較好處理。

我們會先逼出蔬菜的水分，抹上蔬菜總重 6% 的鹽，為期兩天，目的是讓蔬菜先去掉一些水分再放入容器，這樣能減少蔬菜在鹹介質中出水太多，也有助於維持質地。接下來我們要準備以酒粕為基本材料的混合物，以 10 份酒粕對 3 份糖、1 份鹽，發酵時間預期長達 1 年。這種醃料用來醃漬牛蒡、甜菜和菊芋等根菜類的效果很好。我們也會定期用來醃漬蒜苗、春日洋蔥、哈拉佩諾辣椒及日本南瓜。我們會在不鏽鋼容器中鋪上一層層酒粕和蔬菜，加蓋放進平均溫度約 18°C 的發酵室熟成。前 6 個月左右的成果相當不討喜，鹽味嘗起來又澀又嗆，甜味則膩口，而且因為正在代謝，酒精可能會讓人受不了。到了大約 9 個月，我們會開始檢查熟成情況。

＊ 應為 teshibori。意為「用手榨出的物品」。（譯註）

我們期盼能觀察並捕捉到容器裡面平衡的那一刻，在保存與轉化之間的那個平衡點。從我們的觀點來看，通常開始發酵 9-18 個月之間，我們會尋找那個鹹味已變得柔和圓滿、醃菜甜而不膩的時刻。我們想保留蔬菜的精華特質，風味與質地都要。粕漬醃菜會有長時間悶煮的氣味，一種經過長時間慢慢累積的焦糖化。我們販售粕漬時，酒粕本身已經從白色轉為黃褐到深褐色。咬下蔬菜的瞬間，蔬菜開始融化，同時深沉豐富、低調緩慢的鹹甜味開始湧入口腔，一陣咬嚼之後突然一變，滿口新鮮蔬菜風味。這醃菜很討喜。如果我們讓醃菜繼續發酵，焦糖風味和色澤從淺變深，邁入第 5 年後，我們見識到風味介於麥芽和巧克力之間；等邁入 10 年，風味已經來到菸草、黑莓和甘草。到了這個時候，蔬菜和酒粕的質地當然只剩下一點點差異可供辨別。

我們打包粕漬醃菜時，會把蔬菜跟少許酒粕一起裝瓶，這樣蔬菜在家裡也能持續發酵。剩下的酒粕我們會留下來好好珍惜，這是一種美妙的產品，已經調味好且飽含風味。我們會用來給湯和燉菜調味，用來做沙拉醬和其他醬汁，還會用來發酵如葉菜或菇蕈等軟質蔬菜和銀鱈及豬肩肉等動物性蛋白質，醃個幾小時或幾天。

牛蒡粕漬

牛蒡（*Arctium lappa*）在日本稱為 Gobo，是一種薊類植物的長條形主根，顏色深且質感硬柴，有濃濃的土味基調，和些許甜味。我們會仔細清洗牛蒡，然後用 6% 重量的鹽逼出水分 2 天。把牛蒡以螺旋形排列在容器裡，一層層擺在混合酒粕、糖、鹽的醃料中。發酵前幾週，會釋出不少二氧化碳，還會出現氣泡。為了對付這種狀況，並確保酒粕和牛蒡有最大的接觸面積，我們會用重物壓住發酵物。牛蒡是長期發酵物之一，要發酵 12-18 個月，這麼長的時間才能讓密實的牛蒡完全發酵。完全發酵後，牛蒡仍能保有大部分的風味和質地，證明了其力量堅強。雖然清酒和麴都已滲透，牛蒡卻還驚人地保有土味，口感也一樣硬柴。多年來，我們都是把這種醃菜斜切成薄片享用。我都戲稱那是木片，風味滿滿的美妙木片。後來我用 Microplane 刨刀來處理醃菜，成效很好。牛蒡粕漬變成甜美的泥土雪花，融化在你的舌尖。

金山寺味噌

傑若米・基恩

傑若米・基恩（Jeremy Kean）是麻州牙買加平原（Jamaica Plain）「布拉希卡咖啡廚房」（Brassica Kitchen + Cafe）的主廚兼合夥人。他跟姊姊麗貝卡（Rebecca）及摯友菲爾・庫魯塔（Phil Kruta）共同經營這間餐廳，在波士頓地區受法式技法啟發的餐點中，他們端出美食是最有趣的幾種。幾年前我們第一次見面，瑞奇還記得基恩第一次嘗試優格味噌辣醬就大為驚豔。那時他請我們幫忙培出 9 公斤的麴，這樣他才能用所有能想到和能取得的材料做胺基酸糊醬和醬汁。從此之後，他做過所有想做的發酵物，而且還自己往外探索。說到同時運用多種農產品，「金山寺味噌」（Kinzanji Miso）是讓我們大為激動的麴製品。以下就是他扭轉傳統作法的故事。

我第一次得知「金山寺味噌」，是從日本味噌製作者的網路貼文看來的。不時湧入布拉希卡廚房的季節性蔬菜牽動我的興趣。既然我這陣子待在日本，就詢問了這種特殊味噌的用途，學到了兩點，這種味噌的用法就如同法國人用調味蔬菜（mirepoix）和義大利人用「香炒蔬菜醬底」（soffritto）。我迷上這東西了。傳統上，麴是用大麥和黃豆製成，然後再添加多種蔬菜末，做成味噌基底。[1]根據同樣概念，我們用的麴是一半泰國香米和一半大麥，蔬菜則是看店裡有什麼：白蘿蔔丁、菊芋、杏仁、夏威夷豆、紅肉橙，還有乳酸發酵的蒜頭。我也決定要在煮熟的黃豆和大麥裡，添加烘烤過的黑麥仁。所有材料和鹽拌在一起，填進一個大陶罐。兩週之後，味噌明明並未完成傳統上耗時 6 個月的發酵，風味卻仍會變得非常有意思（不過還沒到令人驚豔）。不過，我心中有其他的計畫。對我來說，這味噌成品已經擁有西西里甜醋油漬熟沙拉（caponata）的所有風味特色：甜、酸、鹹、香，還有微微的苦味，但還沒有深度、也尚未融合。味噌烹煮前，所有風味差不多都已到位，但加熱使所有食材融合，才是讓菜餚令人難忘的原因。

麴 1 份

蔬菜末 1 份 (手邊任何合乎需求的
蔬菜都可以。可以參考過往的烹飪
經驗判斷,但也可以自行發揮)

鹽,分量為材料總重量的 4%

混合所有材料後裝罐,裝填的方法
與其他胺基酸糊醬相同。置於室溫
2 週,然後運用在以下的西西里甜
醋油漬熟沙拉食譜中。世界各地都
有美味的醬汁是以調味蔬菜、香炒
蔬菜或其他任何芳香蔬菜當作基本
食材,如果你把金山寺味噌想像成
這些醬汁的起始材料,那麼這種味
噌的用途就無窮無盡。

金山寺西西里甜醋油漬熟沙拉
KINZANJI CAPONATA

這種甜醋油漬熟沙拉非常美味,也是運用上述金山寺味噌的完美方式。

優質橄欖油 1 杯 (250 毫升)

紅蔥頭 5 顆,切片

糖 1 杯 (200 克)

金山寺味噌 4 杯 (1 公斤)

西班牙卡瓦氣泡酒 (cava) 1 瓶

新鮮壓碎的胡椒 7 克

裹麵包粉炸過的茄子 800 克 (要炸
到快焦但沒有焦)

在大鍋中加熱橄欖油,煎炒紅蔥頭
和糖,直到形成焦糖。添加味噌持
續翻炒,直到看起來像濃稠的番茄
醬汁,但還沒到番茄糊的狀態。將
卡瓦氣泡酒倒入,撒上胡椒,收汁
到之前的稠度,放涼。如果還沒炸
茄子,等待放涼時就是好時機。炸
好的茄子切大塊,與其他食材混合。
我們非常喜歡的吃法,就是把這道
菜抹在烤得香酥的麵包上。

認真物盡其用

金·溫多

金·溫多（Kim Wejendorp）是哥本哈根「阿瑪斯餐廳」（Amass Restaurant）的研發主管，也是我們的好朋友。長久以來我們持續關注他的成果，也和他交換想法，總是受到他探索的廣度與深度所啟發。凡是涉及發酵背後的科學問題時，他就是主廚名單上我們第一個要找的人。有一件事讓我們大為驚奇，就是阿瑪斯餐廳總是想把所有產品物盡其用。主廚兼店主麥特·奧蘭多（Matt Orlando）抱持的人生哲學是：「沒有所謂的副產品，只有另一種產品。」

我這輩子不斷與麴相遇，只是沒有意識到。沒錯，大部分的人每天都會被麴包圍。近來醬油和味噌已經很常見了，鮮少有人對這些產品的作法懷抱疑惑。直到我以前搬去日本，才開始對發酵過程產生興趣。每年秋天，我居住城鎮的居民會聚在一起，用自家院子裡種的豆子自製味噌。這種由祖輩把釀造知識傳給年輕一代的作法，是根深柢固的。我就是在這裡學到做味噌的基礎知識，不只是把原料拌一拌，更學到了可以施加的魔法。品嘗速成的鹽麴醃菜、去年的味噌、家釀的醬油，還有珍貴的 10 年味噌……風味如此深沉。我對米麴菌本身和麴菌能做到的不可思議之事（及各種作用），就從此產生興趣。

最近我還是會自己做味噌，但也會搭配黴菌混合使用，這是我以前（尤其是還在日本時）絕對不會想到的事。在阿瑪斯，我們總是致力於端上美味餐點，同時也負起責任，盡可能徹底運用食材。這代表我們不只要利用較少想到的肉類部位或魚種，同時也要利用果皮、果核、種子、內臟等等。我們不只把這些材料當成新奇菜色端上桌，同時要用適當方法處理烹調，做成美味菜餚。只要想得夠多，這些東西都可以從廚餘或副產品搖身一變，化身可以吃的食物，成為本身就有價值的產品。

如今米麴菌是我們的工具，大部分廚房會拿去做堆肥或丟掉的東西，都可以用米麴菌做成各式各樣的產品。製作杏仁奶所剩的堅果渣，可以靠麴分解其中的蛋白質。我們也會把蛋多餘的部分、還有魚肉修下來的邊角，做成濃郁的調味粉和調味料。我們把久放麵包的澱粉變成糖來養醋，蔬果剩料則變成如味醂之類深沉豐富的烹飪用（或飲用）酒。

胡蘿蔔剩料味醂
CARROT SCRAP MIRIN

味醂原本是一種米酒，糯米接種了麴菌而產生濃郁風味。蒸餾技法發明後，這種酒的製造過程趨於穩定，並走上我們如今所知的現代調味品之路。味醂在日本室町時代（1336-1537 年）是很受歡迎的奢侈飲用酒。雖然味醂大多用來烹調，但釀得好的本味醂喝起來也是一種享受，就像在喝甜酒或雪莉酒。味醂中高濃度的酒精可保存接種的穀物，讓糖化作用能在沒有發酵的狀況下就發生。泡了酒水浴的穀粒會釋出糖，蛋白質也會分裂成基本的胺基酸，增添一種溫和、芬芳的濃郁感。以下介紹如何用胡蘿蔔剩料做成美味的味醂。

酒精濃度 75.5% 的中性酒精 4.25 杯（1 公升）
用剩料榨出的胡蘿蔔汁 4.25 杯（1 公升）
米麴 1 公斤

在大碗中混合酒精、胡蘿蔔汁和壓碎的米麴，倒進梅森罐中，置於陰涼處 6 個月到 1 年，或放到你忍不住為止。濾掉固形物，當開胃酒享用。

零廢棄柑橘類味噌
No-Waste Citrus Miso

溫多提到了物盡其用的態度（見 232 頁〈認真物盡其用〉），我們跟他聊到他以前提過的一種瘋狂製品——用榨完檸檬汁的殘餘果實做成的味噌。我們覺得這個概念難以置信，直到他指點我們去看一篇文章，說明了麴生長時會產生能去除苦味的酵素。[2] 真正說服我們效果良好的憑證，是一個讓我們能親自品嘗的愛心包裹。要形容柑橘類味噌的風味，最好的說法就是微苦的檸檬風味橄欖。這個發明打開了我們的視野，也讓我們思考這種作法的其他潛力。

珍珠大麥 3 公斤
大麥麴 1 公斤
榨完汁的檸檬皮 1 公斤
鹽 300 克

煮熟珍珠大麥，放涼。把所有材料一起打碎，再用食物處理器打成泥。填到喜歡的味噌容器中，用重物壓實，置於室溫至少發酵 6 個月。

SWEET APPLICATIONS AND BAKING

第十三章
甜食與烘焙

傳統上，麴主要用作輔助材料，一般不會當作新鮮食材。然而，麴本身的甜味與微微的鮮味，使其成為一種迷人的糖基，非常適合拿來運用。不過，如果你的麴產量相對來說並不高，卻要為了其基本特色而直接使用生麴，這點子實在很難讓人接受。到目前為止，我們在書中的討論幾乎全是如何利用酵素的力量提振風味，還有需要等待至少 1 週、或長達 1 年甚至更長時間的易保存食品。話雖如此，我們也發現把甜麴當主力食材運用的價值。我們認為這值得你花點時間，而且，一旦你手邊有大量可運用的麴，你就會懂了。

我們在這本書中分享了許多概念，教你改良環境條件，好讓麴的酵素能分解出最多的糖和胺基酸。不久之前，好吃的關鍵（撇開基本的營養不談）是要

運用剛剛好的甜味讓食物嘗起來美味，這其實是技術性問題。在精製糖唾手可得之前，人類主要是仰賴時令水果與蜂蜜，才能把甜食納入日常飲食。如今，我們無論到哪，總是被糖果、汽水、甜點和點心環繞，當你告訴別人某樣東西是甜的或含有糖分，他們期待的就是糖果、汽水和點心的甜度。不過，我們在這裡討論的是如何添加**一絲甜味**，好讓來用餐的客人可以體驗基本風味的微妙。

長米米麴接種了分解糖效率高的米麴菌之後，優點是會在第 48 小時變得相當甜。如果把培養箱的溫度稍微提高到 35°C，促進澱粉酶酵素產生，麴就會變得特別甜。不過，還是不會像蜂蜜之類的天然糖漿那麼甜。我們發現，這種麴的糖度和澱粉的組合就好比成熟的梨子，對我們來說代表了風味雖好，但若是進一步應用，就很難維持這細微的風味不被掩蓋。

麴能增添一點鮮味，讓食物變得美味的能力在這裡特別重要。想想麴那些味道鹹香的跨界應用，本來會讓人覺得奇怪，現在卻也已經廣為大眾接受：像是番茄果醬、培根冰淇淋、味噌焦糖醬汁都屬此列。用富含蛋白質的穀物製作的麴，剛好能讓甜味食材的風味顯得有深度，可將所有食材融合在一起，讓東西吃起來美味無比，改變你的甜點成品。

█ 貢獻微微甜味的麴

有兩種形式的麴直接使用時效果很好：生麴和甘麴（濃稠版的甘酒）。生麴的用法就是把麴當食材，而非利用酵素或拿來發酵。使用甘麴的時機是在澱粉酶把澱粉轉化成糖、讓麴變甜，但尚未製造出明顯的酸味甚至酒精的時候。製作甘麴只需要 1 份麴、1 份煮熟的穀物和 1 份水，攪拌混合後置於室溫下，直到味道變甜而尚無酸味，通常只要幾天就夠。你也可以直接使用本書先前詳述過的甘酒。

用麵做點心

艾莉・拉・薇兒

艾莉・拉・薇兒是傑瑞米的妻子，也是拉德的主廚兼店主。她告訴我們，從胺基酸糊醬、鹽麴到生麴本身，全都可以拿來做甜點；總而言之，就是不只要用手邊現有的材料，也要用你喜歡的。她提供了一些建議讓我們分享，協助你進一步探索。

· 焦糖愛上胺基酸糊醬。只要在等焦糖冷卻時添加一點點胺基酸糊醬拌勻即可。這個食譜的美味範例之一，就是焦糖蘋果派內餡。如果能添加一點硬質乳酪（例如帕馬森乳酪）在派皮中，會格外美味，因為這類乳酪的鮮味和胺基酸糊醬的鮮味相得益彰。

· 煮牛奶或鮮奶油做卡士達或布丁時，把生麴泡在裡面。麴的水果和花香調非常相配。

· 製作布朗尼時添加些許胺基酸醬汁，可增強巧克力深邃質樸的果香。

· 乾燥、烘烤、磨碎的米麴，跟任何含有椰子的東西都很搭。添加在椰子馬卡龍裡真的非常棒。

· 新鮮黑麴跟糖一起打成泥，再放進冰淇淋機攪拌，可以做成美味的冰品。每 450 克麴用 100 克（半杯）糖。加入灰喇叭菌（*Craterellus cornucopioides*）會提升到更高層次。

· 用燕麥培麴，然後做成燕麥餅乾。用甘酒泡開葡萄乾後添加進去，是一大享受。

· 把煮到濃稠的甘酒打成泥，過濾後，可當成新鮮水果塔的美妙淋醬，也能當作起酥皮和丹麥麵團的釉汁。

我們很愛用的一種技巧是添加新鮮水果塊到麴中——我們指的是還需要時間成熟的水果，像通常在生鮮超市裡看到的那種。這種用途堪稱完美，可以利用原有的澱粉來製造甜味，同時軟化結構。你可能會說這是用作弊的方式催

熟水果，但不管你怎麼說，這能讓水果變得非常好吃。成果當然跟自然成熟的美好農產品不一樣，但真的挺好吃的。

我們發現麴用在蘋果、梨子、硬核水果、麝香甜瓜等果實的效果都很好，其實果肉結構類似的大概都行得通。軟一點的水果通常比較容易被分解，所以也比較容易變得軟爛。（若已經到了這種程度，打成泥做雪酪就是很棒的作法。）我們通常會將水果切大塊泡進麴裡，浸軟後再切薄片。至於要切多大塊，就看想浸漬的程度。以麝香甜瓜為例，從不削皮直接切 8 片，到切成 2.5 公分方塊皆可，一切都取決於想浸漬的程度。我們建議多嘗試各種形狀、大小和浸漬的時間，看看各種水果怎麼切效果最好。這種作法跟醃泡一塊塊蛋白質食材並無不同。

把麴塗布在新鮮水果上的方法有兩種。第一種是製作甘麴漿裹覆水果，或把水果埋在其中。只要把做好的甘麴攪打至類似稀薄的義式粗玉米糊或粥狀即可。把切好的水果放進大碗或容器裡，添加足夠的甘麴，讓水果攪拌後都能裹有甘麴。加蓋，置於室溫下浸漬 1 夜（如果你已滿意風味，也可縮短時間）。想要的話，可以擦掉多餘的甘麴，再切片上桌。

第二個方法是直接真空封裝新鮮米麴，可以用 FoodSaver 真空包裝機之類簡單的機器，或是用更好的機器如商用的快爾衛包裝系統（有門路能取用的人可以用這種）。生麴混合一點點水做成糊醬比較容易沾裹，把切好的水果跟麴糊拌在一起，直到水果每一面都裹上麴糊。把水果裝袋時，就像一般裝袋，要把靠近袋口的幾公分向外翻，以免弄髒封口處。把袋子放在平坦的工作檯面上，將裹好麴的水果整齊平放進袋子，且要避免水果在抽真空時重疊。把翻摺的袋口翻回原本狀態，真空密封。我們發現封好後立刻打開，浸漬在麴糖中會使水果變得非常好吃。

熱麴康普茶阿諾帕瑪
Hot Koji Kombucha Arnold Palmer

我們喜歡在秋天和入冬的較冷月分，提供一些暖心飲料給參加工作坊的客人，也喜歡拿我們熟知且喜愛的熱門點子發揮創意。瑞奇鍾愛的飲料之一為阿諾帕瑪（Arnold Palmer）是由等量的檸檬水加茶調配 *，所以也稱為「半對半」（half and half）。這是甜美的酸味與深沉大地氣味的美妙結合。我們了解這些風味成分，常會依據當季與手邊的材料變換。想到傳統上甘酒在冬天是做成熱飲，那麼當然可以做成麴課程中提供的甜味飲品。瑞奇調雞尾酒時喜歡挑戰用自釀醋取代柑橘類的酸味，那麼為什麼不能用康普茶調阿諾帕瑪？風味譜本來就已經很接近了。不過，光是混合甘酒和康普還不太行，除非你的康普茶還是新茶，不然酸味會太強烈，無法跟甘酒好好混合、達到可飲用的濃度。答案是要用現泡的茶稀釋，創造出風味和諧的飲料，適合冬天拿來暖身子。添加點蘋果酒也不錯。

將 1 份康普茶、2 份攪打均勻的甘酒（或 1 份甜米麴和 1 份水攪打均勻）、2 份茶和 2 份蘋果酒攪拌均勻。加熱至微滾後上桌。

熱味噌牛奶
Hot Miso Milk

說起增加甜味，我們並非單指利用麴將澱粉轉換成糖。我們感興趣的事還包括長時間釀製的麴製品（如胺基酸醬汁與糊醬）的複雜風味如何提升甜味飲料的口味。每次你想起童年的經典暖身飲品，答案不都是熱巧克力嗎？那種濃郁、口感滑順的甜蜜喜悅，常讓你冒著燙到舌頭的危險

---

* 這款飲料因美國知名高爾夫球運動員阿諾・帕瑪嗜喝而得名。（編註）

也非喝不可。熱巧克力有種難以形容又醉人的多層次風味與深度，深深吸引我們。有趣的是，味噌也有相同特質，儘管兩者的風味譜非常不同。於是我們想味噌應該會是製作熱飲的美妙替代品。熟成的深色味噌或胺基酸醬汁的優點，在於只需要添加一點糖和水，就能做出這種彷彿焦糖的醬汁，鮮味強到誇張。如果你想一想梅納反應如何長時間產生酵素反應使味噌顏色變深，那麼味噌添加甜味後嘗起來當然會像焦糖化的糖。不過，鮮味的衝擊會賦予味噌獨特的優勢。

製作熱味噌牛奶最簡單的方法，是做味噌糖。只要按照預計成品量，每杯（200 克）砂糖添加 1 大匙深色味噌即可。因為這種糖的保存方式跟黑糖一樣，所以做太多也不是問題。把牛奶煮到微滾，邊攪拌邊添加味噌糖到喜歡的甜度。如果覺得味噌味道不夠，就再添加一點，直到能呈現出多層次的風味。就跟我們介紹過的所有食譜一樣，牛奶和糖都可以用你手邊現成的食材、或是風味和質地同類型的物品代替。這種作法搭配非動物性的「奶類」效果也很好。（對了，如果你喜歡目前流行的燕麥奶，也可以做燕麥奶甘酒，只要用燕麥代替米做成甘酒即可。成品好喝太多了！）有時候只要視需求添加一點水平衡就夠了。可按同樣的方式探索運用其他糖類。

瓦倫西亞油莎草漿

Horchata

甘麴也可以用來做瓦倫西亞油莎草漿（Horchata）的基本材料。瓦倫西亞油莎草漿是一種口感滑順且添加了辛香料的好喝甜飲料，用米漿或油莎豆製成。這種飲料源自西班牙，而後擴散到大部分的西語世界。我們建議用已長了釀清酒用的米麴菌的長米米麴當作甘麴的基本材料，以讓甜度達到最高。瓦倫西亞油莎草漿的作法很簡單，用果汁機攪打甘麴，再

添加足夠的水稀釋成可飲用的濃度即可，大約是 2 份甘麴兌 1 份水。等你喝起來滿意時，添加 1 小撮肉桂添味。你會發現這飲料既清爽又有飽足感。如果覺得不夠甜，可多加點糖，我們發現添加楓糖漿的效果很好。調整到喜歡的甜度後，就倒進杯子裡，撒一點點肉桂粉上桌。

拉德蘇打
Larder Sodas

在拉德熟食與烘焙店，傑瑞米會依顧客要求，把糖漿跟氣泡水打在一起，做成新鮮的季節蘇打。這些蘇打種類繁多，從巧克力磷酸鹽氣泡飲、蛋蜜乳、各類植物根麥根沙士、到很獨特的品項，例如雞油菌蘇打，還有麴蘇打（這一點也不令人意外）。麴蘇打會隨季節循環——夏天時會有麴加甜瓜或桃子，秋冬季就是麴加南瓜。製作這些蘇打很簡單，在家或自己的酒吧也很容易做。以麴甜瓜蘇打為例，只要 1 份羅馬甜瓜兌 1 份甘酒攪打到滑順就成了基底材料。有時候會需要額外添加 1 份糖，因為基底材料的甜度一定要夠，添加氣泡水稀釋後才能維持甜度。這個比例適用於任何你覺得能做成美味飲品的材料，所以實驗看看吧！只要添加 30 毫升基底材料到 237 毫升的氣泡水中拌勻即可。另外添加一點酒，尤其是麴釀的酒，也挺不錯的。

米布丁
Rice Pudding

甘酒本身煮到收汁後就會變成美味的米布丁。只要置於鍋中小火微滾到想要的稠度即可。如果覺得自己沒那麼有冒險精神，也可以用 4 份甘酒、4 份米飯及 1-2 份水按同樣程序操作即可。添加些甜味劑，並依個人喜好添加切末的水果乾及香萊蘭或肉桂點綴即可。

加麴版墨西哥熱可可

Koji Champurrado

瑞奇最近受朋友威曼的影響，很迷戀墨西哥食材。他們合作了用麴烹調的晚餐，推出威曼以瓦哈卡（Oaxaca）和塔巴斯科（Tabasco）之旅為靈感所設計的菜餚。他們希望讓食客體會，麴除了能替鹹味菜色創造深邃無比的風味，也能對甜味食物產生貢獻。瑞奇對飲料做了些研究，偶然得知「墨西哥熱可可」，這種暖心熱飲以巧克力及墨西哥馬薩玉米麵粉為材料，很像熱巧克力。墨西哥熱可可的甜味來自「帕內拉紅糖」（panela，未精製糖），通常用肉桂和香莢蘭調味。威曼用瓦哈卡玉米做出了令人驚訝的馬薩玉米麵，雖然不甜，但麴菌的轉化力量卻用難以形容的方式提升了風味。那麼加進飲料就是合理之舉。至於甜味劑，瑞奇用泰國香米甘麴和分量剛剛好的帕內拉紅糖調出微微的甜味。他用了塔巴斯科有機農場生產的巧克力，還有直接從瓦哈卡著名的週日市集買來的多香果。這些墨西哥食材的層次與深度，將這種飲料提升到另一個層級。瑞奇第一次試喝這種飲料的完成版時，威曼告訴瑞奇這是他喝過最棒的飲料之一。此處分享的基本版是能取代熱巧克力的美味選項，而且採用容易取得的材料。

經鹼法處理的玉米養出
的玉米麴 200 克

甘麴 200 克

水 550 克

墨西哥巧克力或優質黑
巧克力 20 克

帕內拉紅糖或深色紅糖
50-100 克

除了糖，其他材料打成滑順泥狀，應該比平常習慣喝的再濃稠一點點，但不比稠粥濃。因為玉米麴的水合作用會變動，或許需要多添加一點點水。一旦打到適當濃稠度，即倒進中型平底鍋，以中大火加熱，偶爾攪打，直到微滾。轉小火並添加 50 克糖攪打。這是我們建議的用量，能讓你品嘗到所有元素，不至於讓糖壓過所有味道。請別預期這種墨

西哥熱可可會跟熱巧克力一樣甜，喜歡的話可再多加點糖。因為這飲料味道濃郁，建議每一杯 90 毫升即可。強烈建議上桌前再撒十分微量的多香果粉和黑巧克力粉，取其香氣。

麴米花
Puffed Koji

世界各地都有爆穀物和種子製成的食物，從爆玉米花到美式棉花糖米香（Rice Krispies）都是，幾乎每個人都喜歡。以下就是我們爆生麴的技巧，還有麴米花點心的作法。

生麴 100 克
油 2 公升

烤箱預熱至 76° C，薄鋪 1 層生麴在烤盤上，烤 3 小時。烤好的米粒應該非常乾硬。讓米冷卻至少 1 小時。

熱油至 176° C，米分成小批下鍋炸約 30 秒，或直到膨脹成米香。這過程非常快，麴裡面的糖很容易燒焦，所以要密切注意。用漏勺撈出米，放在廚房紙巾上瀝油。

我們喜歡用這種米來做脆米點心。黏呼呼的棉花糖跟麴非常搭。這種米香也很適合用來替代燕麥棒中的燕麥，還可以與味噌粉、海苔和烘烤過的芝麻一起做成很棒的頂飾配料，撒在任何你希望增加一點鹹香脆口感的食物上。

瑪寇的麴雪酪

安娜・瑪寇

安娜・瑪寇（Anna Markow）是紐約市的甜點廚師，因為多年致力於廚藝，而擁有對技術與方法的豐富知識。她擁有不可思議的味蕾，一嘗到全新的東西，就能立刻分析出六、七種不同的運用方式。我們一直覺得她搭配風味的能力很厲害，尤其是傳統上不會用在西點或糕餅上的風味。我們了解她的能力，所以和她分享甜麴，看看她能想出些什麼點子。

麴在糕餅方面的用途極為多樣。泰國香米米麴散發出的花香味和天然甜味，讓人發揮創意思考可搭配的食材時，往莓果和硬核水果之類去想。雖然還有用麴製作發酵物和甘酒的領域等著我去探索，但我也知道自己非得捕捉麴本身的風味，才能測試出麴的完整潛力。

為了嘗到麴的真正精華，我設計了麴雪酪食譜，多虧了米的澱粉，才能攪打出優質義式冰淇淋的質地。為了達到正確的濃稠度，並確保雪酪維持在好挖的軟硬度，我找來 Brix 糖度的度數，並與各種含糖量類似的軟質水果雪酪食譜作比較，然後邊打邊調整風味，添加少量的水以確保滑順。

這種雪酪極甜，帶有發酵味，是冷凍優格以外的另一個驚喜好選擇，不管你想搭配水果還是其他食材，都會是完美的綠葉。無論是新鮮草莓切片、濃烈的發酵藍莓派，還是鹹味噌焦糖醬，都與這款雪酪相得益彰。若是添加在康普茶裡，還能做成非常清爽宜人的益生菌漂浮飲。

泰國香米米麴 500 克，新鮮 或冷凍皆可 白砂糖 50 克 水 200 克 (不 超過此分量) 鹽適量	將麴、糖和一點點水以攪拌器中速打成泥。將水慢慢滴進攪拌器以稀釋麴泥，然後轉到高速並繼續添加水，打成濃稠但能流動的滑順糊醬。添加鹽打勻調味。 如果攪打使麴泥溫度升高，放進冰淇淋機前要按機器操作說明徹底冰涼降溫。移到 1 公升大小的塑膠容器中，表面覆上保鮮膜，蓋緊，徹底冷凍。

▌用麴做烘焙

用麴做烘焙，用途是無窮盡的。只要添加最少量的鮮味就會改變一切，從麵包到糕點，有無數方式可以運用麴。多年下來，我們已經累積了太多種麴在烘焙食品上的用途，每一種都簡單又直接，只要做最少的修改，就能輕鬆結合你現有的食譜。最棒的是，能直接加進現有食譜的麴類食材，大多都已經收錄在本書裡。從這裡開始，我們就只是在現有架構中運用麴類食材。培了麴的奶油（見 207 頁「甘酒發酵鮮奶油」食譜）就是一個很棒的例子。你可以直接用這種奶油取代英式奶油酥餅、焦糖、布朗尼或磅蛋糕食譜中的普通奶油，這類例子不勝枚舉。

這場用麴做烘焙的旅程，始於我們希望為糕點增添額外的風味深度。雖然我們都喜歡甜食，但有時候甜食也會太甜，基本上就是層次過少、甚至完全缺

乏層次的單調食物。若是拿這個問題去請教甜點廚師，幾乎每位都會強調平衡各種甜點或烘焙食品中不同味道的重要性。一點鹹、一抹酸和一絲鮮味，就能把甜點大舉提升到非常令人難忘的地步。要注意的是，雖說烹飪可以比喻為充滿了即興創作的「迷幻爵士」（acid jazz），但烘焙卻更像是嚴密編組指揮的管弦樂團。烘焙的科學就跟技術與手藝一樣重要，了解這點，就能引領我們找到方法，讓麴為現有的概念帶來有趣的和聲，而不是多此一舉、嘗試重新發明本來就有的東西。

有了對烘焙原則的基本經驗與知識，就能輕鬆找到許多用麴的機會。就以109頁的「酸味甘酒」食譜來說，這份食譜的米和麴固形物分量比甜的甘酒少很多，又有一種類似酸酵麵包的宜人酸味。過濾之後，用甘酒液體代替麵包食譜中的全部或部分水分，就能做出獨特且美味的麴麵包。

要把麴的樂趣帶入烘焙食品，效果很棒的作法，就是利用胺基酸糊醬。這樣能讓風味立刻變得深沉，其他方法都無法達到如此效果。運用胺基酸糊醬的優點，在於用量不需要很多，幾乎所有食譜都不必調整。為了便於理解，想想撒在巧克力豆餅乾上的鹽，咀嚼時會讓風味迸現。現在再想一想，胺基酸糊醬的風味層次可是遠勝過鹽，甚至勝過焦糖化的糖，當你改加胺基酸糊醬到餅乾裡，又會發生什麼狀況。熟成味噌的特性跟巧克力和咖啡差不多，但真正厲害的是擁有鮮味。

為了通盤洞察，讓我們來聊一件有助理解的事：布朗尼（brownies）跟布朗迪（blondies）的差別。食譜本身唯一的差異是使用可可還是黑糖，然而風味層次卻產生劇烈改變，讓人無法把這兩種食品列為同類。另外，想到布朗迪裡通常也會放巧克力豆，那麼在食物裡添加多層次的風味成分，使之大放異彩，就真的算不上什麼挑戰。你甚至可能需要做味噌布朗迪呢！

薇兒的中東芝麻醬餅乾
Allie's Tahini Cookie

傑瑞米的太太薇兒在拉德熟食與烘焙店研發出一種中東芝麻醬餅乾，跟用大北豆和醬油麴菌做的胺基酸糊醬非常搭調。這種胺基酸糊醬為餅乾增添了一層水果般的鮮味，將餅乾從美味提升到非凡境界。我們與薇兒討論靈感來源時，她說自己發現這種胺基酸糊醬和中東芝麻醬的風味和香氣有許多相似之處。她在嘗試該添加多少胺基酸糊醬時，直接把原本食譜需要的鹽換成胺基酸糊醬。薇兒說明，這就像嘗嘗麵糊、看看好不好吃一樣簡單。

胺基酸糊醬 9 克，最好是短期發酵的種類

奶油 139 克，需先軟化

糖 139 克

蜂蜜 68 克

中東芝麻醬 154 克

中筋麵粉 267 克

泡打粉 4.8 克

注意：在烘焙用途，我們建議使用克做測量單位，而不使用美制單位，精確度就是成功的關鍵。

烤箱預熱到 176°C。將胺基酸糊醬、奶油、糖、蜂蜜和中東芝麻醬以中速攪打約 3 分鐘至蓬鬆。均勻混合麵粉和泡打粉並過篩。將粉類材料添加到打好的奶油醬中，以低速再打 3 分鐘，或打到麵團光滑為止。用容量 2 盎司的勺子挖餅乾麵團，置於鋪好烘焙紙的烤盤上。烤 15-18 分鐘，直到餅乾邊緣呈金褐色。完全冷卻再移出烤盤。

可做 15 片餅乾。

瑪寇主廚的肉桂糖霜奶油餅乾
Chef Markow's Snickerdoodles

瑪寇主廚不只會用麵做雪酪等甜點（見 244 頁「瑪寇的麵雪酪」），還會用來做肉桂糖霜奶油餅乾之類的烘焙食品。然而，麵在這方面卻帶來了更困難的挑戰，因為麵的甜味強烈，可能會蓋過其他食材的味道而產生威脅。高含糖量讓焦糖化成為合理的下一步，但均勻烘烤穀粒是很困難的。小火慢烤就是關鍵，能烤出火候相對一致且完全乾燥的穀物。烤箱的溫度能設多低就多低，約在 76°C，就能漂亮地在 24 小時左右完成這項任務，但要不時翻動，避免某些部分過熱。把完全乾燥的烤麵粒用乾式攪拌器（或分成非常小份後使用咖啡或辛香料研磨器）打碎並不困難，打好的粉末可以當甜味劑，也可以當麵粉用，不過是含糖量很高的麵粉。因為烤麵粉含糖，最好可以添加少量玉米粉或白米粉防止結塊。

若是要把這種麵粉當麵粉用，最好與其他麵粉一起使用，替換的量不可超過總量 25%。這種粉的風味非常強烈，即使只用了少量也很明顯。這種米粉糖霜奶油餅乾所含的烤麵粉分量占 12.5%，才不會破壞餅乾結構的完整性，而且外面裹的也不是傳統的肉桂糖粉，而是烤麵粉。外層沾裹的麵粉在烘烤時會更進一步焦糖化，增添誘人的苦甜特色。

無鹽奶油 114 克，回溫到室溫

白砂糖 76 克

蛋黃 60 克（2 個）

香莢蘭精 5 克

白米粉 174 克

烤麵粉 28 克，額外再多準備一些沾裹用

烤箱預熱至 176°C。準備 1 個鋪了烘焙紙或不沾矽膠墊的烤盤。（你可能需要用到不只 1 個烤盤，需要的話，也可留下一些麵團以後再烤。材料拌好後可以立刻烤，但密封冷藏也可保存 2-3 天。）

以手持攪拌器或裝了平攪拌槳的直立式攪拌器將奶油和糖攪打至非常均勻蓬鬆。刮一刮攪拌盆

泡打粉 4 克
鹽 1 撮

周邊以確保沒有結塊，然後一次添加 1 顆蛋黃打勻，每次都要刮一刮攪拌盆周邊，接著添加香莢蘭精。在另一個容器中把剩下的材料攪打均勻後，加進麵糊裡以中低速拌合，必要時最後可以用手。將 1 滿茶匙麵團放進 1 碗烤麵粉中，輕輕搖晃以沾裹麵粉，交錯擺放在預備好的烤盤上，至少間隔 2.5-5 公分。烤約 15 分鐘，可視需要轉動烤盤，確保能烤出均勻的色澤。烤到餅乾外緣變扎實，麵粉完全變成深色且焦糖化。這些餅乾直接吃很棒，做成夾冰淇淋的三明治餅乾也很棒，也可以壓成餅乾碎，做味噌乳酪蛋糕的基底。

可做 20 片餅乾

▌麴麵包

若干年前，舊金山塔廷烘焙坊（Tartine Bakery）的強大團隊就已經開始把麴運用在某些麵包食譜裡。從此就有許多人致力於將麴融入自己的麵包。現在已經能找到各式各樣用麴做的麵包，從靈感取自亞洲的牛奶麵包到黑麥麵包都有。用麴做麵包時，請注意我們並不是要用麴取代酸麵種或酵母，而是要和酵種和諧搭配。特別值得注意的，是麴在烘焙麵包方面扮演的角色，是風味劑及強化劑，而不是當成微生物培養物（包括那些為拉德研發的食譜也是）。

這並不代表你不能把麴融入酵種。如果你希望用 109 頁的酸味甘酒輕鬆餵養酸麵種，只要直接用酸味甘酒取代水即可。在任何麵包食譜中，麴的功能不只是提升及強化本來就有的風味與味道，還能使其融合得更完美。

甘酒黑麥麵包

Amazake Rye Bread

多年來美國可見的黑麥麵包，主要都是猶太黑麥麵包。雖然包括我們在內有很多人喜歡吃這種麵包，但其實這種麵包裡面幾乎沒有黑麥！現在找得到的猶太黑麥麵包內含的黑麥麵粉不會超過 5%。很難找到像烏克蘭、北歐和德國那種深沉、黝黑、濃郁美味的黑麥麵包。幸好，已經有愈來愈多小型烘焙坊會製作真正含有大量黑麥的黑麥麵包。黑麥是出了名的難處理，尤其如果你想做的是有柔軟蓬鬆麵包芯的麵包，因為黑麥扎實又沉重，用來做麵包，可能會做出質地跟冰上曲棍球一樣的東西。雖然這樣的麵包也有很多人喜歡，但也有一樣多的人想要輕盈又蓬鬆的麵包。

因為某種原因（我們並不完全確定到底是為什麼、或是怎麼做到的），麴能降低黑麥麵包的扎實度，就算用了高比例的黑麥，仍能做出輕盈又蓬鬆的麵包。往後我們希望把這種麵包交給能做完整分析的科學家，讓他們告訴我們到底是怎麼一回事。不過在那之前，我們還是會繼續製作傑瑞米為拉德熟食與烘焙店研發的黑麥麵包。這款麵包用了 50% 的黑麥粉，但吃起來就跟大部分美國人熟知的猶太黑麥麵包一樣輕盈蓬鬆。這款麵包用第六章（見 109 頁）提到的酸味甘酒取代水，因此雖然沒有使用酵種，卻能讓這款麵包擁有許多酸酵麵包都有的可口強烈味道。在拉德熟食與烘焙店，這款麵包不只能匹配我們招牌三明治中的香辣黃芥末、德國酸菜和厚片煙燻牛肉，若是把麵包切薄片、烤到酥脆，還能做成很美味的薄脆餅乾。我們自己最喜歡的吃法，則是抹一層厚厚的奶油和奶油乳酪，然後放上魚子醬。

水 200 克

甘酒 200 克

糖蜜 44 克

速發酵母 3 克

黑麥麵粉 245 克

高筋麵粉 245 克

野胡蘿蔔籽 8 克 +8 克

葛縷子籽 8 克 +8 克

芥末籽 8 克 +8 克，黃
色和褐色各半

鹽 12 克 +8 克

烘烤過的酵母 8 克 (頂
飾配料)

蛋 1 大顆

水、甘酒和糖蜜於攪拌盆中拌勻。* 另取 1 個大碗混合酵母、麵粉，以及香料和鹽的前半分量。用麵團攪拌棒或湯匙慢慢將乾料拌進濕料至完全結合。蓋上保鮮膜，靜置 15 分鐘，攪拌 1-2 分鐘，再靜置 15 分鐘，再攪拌 1-2 分鐘。蓋上保鮮膜，置於室溫 12-14 小時。

拉折長時間發酵後的麵團，塑成圓形或巴塔麵包造型（batard，圓形或魚雷狀）準備烘烤。再次用保鮮膜封好麵團，醒 15 分鐘後放進發酵籃做最後發酵。如果沒有發酵籃，在碗裡面鋪上布巾、撒上足量麵粉，再把麵團放進去做最後發酵。最後發酵的時間應該是 1-1.5 小時。用保鮮膜蓋住麵團，以免乾掉。

烘烤之前半小時，先將烤箱預熱到 176° C。用刀片或鋒利的鋸齒刀在麵團上劃刀痕。把蛋加水打散做成蛋液。混合香料（第二份）和酵母，放入平底鍋以中火烘烤幾分鐘。用烘烤過的香料和酵母幫刷好蛋液的麵團點綴。送進烤箱烤到中心溫度達約 93° C。吃之前需徹底放涼。

---

* 本食譜使用的甘酒為酸味甘酒，酸味甘酒對於烘焙的益處可參考第六章「甘酒」一節。
（編註）

甘酒白脫乳麵包

Amazake Buttermilk Bread

這種麵包是用 207 頁「甘酒發酵鮮奶油」食譜打出來的奶油和白脫乳製作，傑瑞米在拉德熟食與烘焙店也會自己做。在這款麵包中，發酵乳品和烘烤過的麴的風味非常和諧地融合在一起。無論何時，當你想吃經典的美式柔軟白麵包，甘酒白脫乳麵包都是很棒的選擇。無論是夾花生醬和果醬，或是做成鮪魚沙拉三明治，這麵包都會是你的最新必吃美食。也可將麵團揉成重 113 克的圓球，烤出輕盈蓬鬆得不可思議的漢堡圓麵包。

麵包材料：
溫水 119 克
糖 12 克
速發酵母 16 克
高筋麵粉 480 克
啤酒麥渣麴 175 克
猶太鹽 18 克
融化的甘酒奶油 43 克，
另外準備一些塗抹模具用
甘酒白脫乳 240 克

裝飾材料：
蛋 1 顆
啤酒麥渣麴 22 克
烘烤過的酵母片 9 克
鹽 6 克

混合水和糖，在糖水中溶解酵母至起泡，約需 10 分鐘。除了裝飾材料，所有食材以攪拌器攪拌成形，再繼續揉幾分鐘。麵團現在應該有點彈性而不黏手。

把麵團放在塗了奶油的碗中，擺在溫暖處（例如冰箱上）發酵至體積呈 2 倍。用手輕壓麵團；分切、拉折，然後放進塗了奶油的吐司模中。烤箱預熱至 176°C。麵團再次發酵至體積成 2 倍，烤之前刷上蛋液，並撒上麵粒、烘烤過的酵母片和鹽作裝飾。烤到中心溫度達 90°C，脫模繼續烤 3-5 分鐘。靜置網架上冷卻至可切片。

ACKNOWLEDG
-MENTS

謝詞

這本書能夠付梓，要感謝的人實在太多了。靠著麴而連結起來的社群，只能說是個熱情的宇宙，再無其他形容。有幾位人士很早就開始支持我們，和為我們的探索之旅加油打氣，包括 Hallie & Eric Kogelschatz、Mary Redding、Savannah Jordan、Brett Oliver Sawyer、Dan Souza、Jonathon Sawyer、Jorge Hernandez、Lani Raider、Paul Wigsten、穆拉托雷、基恩、Peter Kim 和 Geoff Lukas，謝謝你們包容我們探索和胡說八道。感謝在我們的職場支持我們的各位：拉德大家庭的薇兒、史考特、Angel Zimmerman、Alfred Sandoval II、Maximilian Schell、Valeria Flores-Villalon 和 Katie Merchant 他們忍受傑瑞米抱怨截止日期，並鼓勵他回去繼續努力。還有劍橋聯邦餐廳的團隊，無論他們多忙，都會為瑞奇提供所需的一切。我們也要對卡茲、Herve This、Alan Davidson、Elizabeth David、夏利夫、青柳昭子、馬基、Ariel Johnson 和 Dave Arnold 致上謝意，謝謝你們成為各自工作領域的先驅，啟發我們繼續自己的研究。你們對我們和其他無數人的影響，根本無法度量。特克爾、卡茲、蕭凱、Leda Meredith 和 Matt Queitsch 在我們到處推銷這本書時大力支持，協助指引我們穿行出版界。感謝霍爾、拉森、王、馬克、克勞岱爾和 Billy Ritter，感謝你們不可思議的藝術天分。還有 Makenna Goodman 和 Chelsea Green Publishing 出版社的整個團隊，謝謝你們在這本書中

看見了我們的努力，並接納我們進入出版社的大家庭。感謝以下團隊，當我們尚在研發本書中的作法和技巧時，提供產品讓我們運用：Kate's Fish、安格斯牛肉認證、Debragga Meats、黃屋乳酪、Fallen Apple Farm、Ohio City Farm、Spice Acres Farm、Castle Valley Mills、The Buckle Farm 和第七排種子公司。

其他撰稿人和我們曾在本書中提到的人包括：薇兒、艾德金、傑特、史考特、克拉克、葛拉伯、吉本斯、芬克、利、蕭凱、萊曼、樋口弘一、溫多、塔伯特、卡莫薩瓦、瑪寇、艾格、艾德勒、拜爾斯、康尼奇歐、貝靈頓、法利、片山晶子、霍茲文、Joshua Evans、利姆、布萊恩與米基‧凱勒曼、Mara King、韓斯利夫婦、哈特、柳仁晶、羅森布倫、李加樂、威曼、澤蘭尼、班切克、佛朗西斯、達赫帝和德蘭——我們要致上最深的謝意與感激，謝謝你們讓這本書成真。各位讀者可以從本書的〈社群資源〉一節深入了解這些屬害的人物，以及如何追蹤他們的成果。

我首先要感謝的最重要對象，是我最好的朋友兼靈魂伴侶薇兒，還有女兒Emilia。妳們是我的磐石，沒有妳們的支持與理解，我一定無法成功出書。謝謝我的父親 Dan 和母親 Joanne，姻親 Franny、Brian、Bob 和 Connie 支持我的點子，還幫忙照顧小孩！感謝史考特、齊默曼和桑多瓦，謝謝你們就這些點子和本書的內容給我這麼多回饋。感謝 Noelle Celeste、Lisa Sands 和 Kathy Carr 在「好食克利夫蘭」（Edible Cleveland）的網頁中給了我一個家，收養我的聲音和文章。感謝沙耶不只讓我迅速採取行動，還支持我的工作，還有 Judy Umansky、Graham Vesey 和 Marika Shiori-Clark 協助讓拉德熟食與烘焙店開張。謝謝我的家人，尤其是我的手足 Ethan、Rebecca、Julia 和 Jon，還有忍耐著吃下我這些年做出來的詭異食物的朋友們。謝謝你，克利夫蘭，還有所有來拉德吃一餐的了不起的大家！還要特別感謝我毛茸茸的忠實夥伴和採食好朋友「茄

子芝麻醬」（Baba Ganoush）。在大家都已上床睡覺的許多個深夜，你總是陪著我，確保我的腳還是暖暖的。最後，我想謝謝瑞奇，在這場冒險中，我不可能有更好的夥伴了。

—— 傑瑞米・烏曼斯基

給 Tanya，我一生的摯愛，面對所有隨著推動改變而來的瘋狂事物，她總是給予支持。沒有她，我絕對無法走到今天這一步。給 Maddy，我的寶貝女兒，那個總是會在最不適合的時候問所有該問的問題的人。致我的母親，無論我幾歲，她總是會確保我擁有需要的一切。致我的父親，他鼓勵我永遠要追隨自己的熱情。給我的兄弟，他一直都幫我打氣。名列最後但同樣重要的人，就是跟我宛如異腹兄弟一樣的好友傑瑞米，是他讓我看到夢想家也能創造改變。

—— 瑞奇・施

FUNDAMENTAL MAKES QUICK REFERENCE

APPENDIX A

附錄 A
基本產品速查表

我們在工作坊教怎麼用麴時，列了一份食材比例表，給學員當學習工具。學員發現課後動手做時，這張速查表非常實用。表 A.1 列出主要基本產品和基礎配方。你讀過本書章節，有基本知識也開始自己動手時，會深深感謝這張簡表有多方便，不必到每一章翻找食譜。

表 A.1. 主要產品速查表

	麴	水	煮熟的澱粉	蛋白質	整體鹽比例	至可使用所需時間
甘酒	1 份	2 份	1 份	無	無	1-2 週
鹽麴	1 份	1 份	無	無	5%	1 週
麴漬基本材料	1 份	1 份	1 份	無	5%	1 週
胺基酸糊醬（短期）	1 份	無	無	1 份	5%	2 週 -3 個月
胺基酸糊醬（長期）	1 份	無	無	2 份	13%	6-12 個月
胺基酸醬汁	1 份	2 份	無	1 份	13%	12 個月

注意：「至可使用所需時間」是以室溫環境為前提。若是釀醋，要等候甘酒發酵 2 個月。如果胺基酸醬汁使用的麴已經是澱粉與蛋白質的混合物，就不用再放蛋白質，只要添加等量的水。

A DEEPER DIVE INTO MAKING AMINOS

附錄 B
深入探索製作胺基酸糊醬與醬汁

這篇附錄是為了有興趣深入探索胺基酸產品的人而寫的。如果你才剛展開麴之旅，可能約 6 個月後會想再回來看看這一篇，那時候你的食材櫃已經被這些美味產品占據，而你正希望再進一步拓展冒險。在這裡，我們會請幾位朋友為你呈現成功的兩個重要關鍵：造就多層次風味的科學，還有讓胺基酸成品最佳化的技術細節。

▌可口的科學 —— 班特利・利姆

和發酵之前的原始食物相比，人類食用發酵食品，是為了品嘗更濃郁也更多層次的味道和氣味。使食物發酵的微生物的代謝活動會強化感官體驗，而這些微生物會決定食品特性、產生風味，並加強適口性。味噌和醬油等發酵的黃豆製品，是全世界最常見的發酵商品，會產生富含風味、美味可口又芳香的化合物。即使其他許多發酵食品都會產生類似的化合物，但若想辨識出是什麼因素造成發酵食品風味發展，科學研究大部分都還是聚焦在發酵黃豆製

品，因為這類食品在亞洲市場需求量大，收益也高。大體上來說，發酵產品中促成風味化合物的兩大因素，是微生物及這些微生物發酵分解的產物。本文的焦點在於黃豆製品中微生物對創造風味的貢獻，因為培育能帶出香氣與活化味道的化合物的普遍原則，也適用於其他種發酵基質，包括熟肉和乳酪。味噌和醬油都擁有大量富含風味的芳香化合物，還有能帶來鮮味的分子。我們已經知道鮮味是第五味，是美味好吃的感受，跟食物的適口性與愉悅性相關。「Umami」（鮮味）一詞的日文意思是「美味的」，曾被形容為「有肉味的」、「肉湯似的」、還有「可口的」。天然食材也會產生鮮味，像是來自特定的海藻（昆布）、菇蕈、番茄和魚乾（柴魚）。這促成了在 1900 年代早期發現 L- 麩胺酸鈉（monosodium L-glutamate，即味精，也稱為 MSG），而在現代的感官研究中，已將 L- 麩胺酸鈉的味道當作鮮味的標準。[1] 現今公認這種典型的鮮味味道是基本味道之一，而在哺乳動物身上找到的鮮味味覺受器，證明了這項論述。

L- 麩胺酸鈉是兩種分子的結合，即 L- 麩胺酸（以酸的型態呈現）這種胺基酸和氯化鈉（也就是鹽）。酸性的胺基酸，像是麩胺酸及天門冬胺酸（L-aspartic acid）本身就有酸味，但跟來自鹽的鈉離子在溶液中結合時，這些分子就會引出鮮味。不同的胺基酸（蛋白質的建構材料）及其鈉鹽形式中衍生出的物質也能提供鮮味。此外，有些小分子也辦得到，最有名的就是核苷酸類，像是肌苷酸鹽（inosinate）和鳥苷酸（guanylate），這兩者也都需要處於鈉鹽形式才能產生鮮味。[2] 多種食品中（肉類、海鮮和蔬菜）都有麩胺酸，肌苷酸鹽主要存在於動物性食品（魚和肉類）中，而特定菇蕈則擁有最多鳥苷酸。然而，MSG 才是鮮味的標準，其他所有鈉鹽形式的胺基酸及衍生物，味道通常都不如 MSG 那麼濃。這條通則也有例外，那就是「氧基麩酸」（oxyglutamic acid，存在於某些日本菇蕈中），其鮮味濃度有時可高達 MSG 的 25 倍[3] 目前的研究還在辨識及確認其他能引起鮮味的化合物（不論是否由胺基酸衍生）。

一般相信，發酵產品中的味道與香氣化合物，通常透過兩階段的程序形成。[4]首先，酵素（名為蛋白酶）會先消化原料（如黃豆）。蛋白酶主要由微生物製造，但原料中也原本就有。接著是繼發性的酵素分解作用，或是將胺基酸變成衍生物的化學轉化。在味噌與醬油的例子裡，麴就是提供蛋白酶的主要來源。將麴菌孢子接種在米或小麥上，能讓這種真菌長成濃密、代謝旺盛、充滿蛋白酶與澱粉酶的單一培養物，可分別分解蛋白質與澱粉。在糊狀的基質中添加麴，可讓這些蛋白酶與澱粉酶分解原料。麩胺酸是黃豆與小麥蛋白質的主要成分，要讓發酵黃豆製品形成鮮味，就必須將這種胺基酸釋放出來。並非所有麴菌菌株都生而平等；好幾個研究團隊分離出不同的菌株，其生長速率與產生的蛋白酶、澱粉酶和其他能影響最終產物鮮味強度的化合物都不一樣，還會影響甜味（例如增加澱粉酶和解糖酵素的產量），並帶來水果味、芳香化合物、酸度（如製造檸檬酸）和顏色。

味噌與醬油發酵的第二階段，會產生絕大部分的芳香化合物。[5]麴跟原料和鹽結合時，麴菌屬真菌的生長與代謝活動都會大幅減低。然而，麴中豐富的蛋白酶與澱粉酶開始在基質中作用時，會釋出養分並製造分子，餵養下一波微生物，以便發酵。[6]對醬油味道的研究，大多都集中在研究這些化合物，以及哪些微生物製造了這些化合物。第一波重要的微生物包括耐鹽的乳酸桿菌，還有在如乳酪、優格和德國酸菜等其他發酵食品中發現的類似物種。在「醪環境」（醬油或清酒中的固態材料）中，乳酸桿菌會製造更多蛋白酶，將基質分解成更多含有鮮味的化合物。最重要的是，乳酸桿菌會降低產品的酸鹼值，可能也會製造能抑制細菌生長的分子，否則這些細菌就會破壞成品。酸鹼值大幅降低，結果會使得乳酸菌也無法生長。這狀況會造成第二波重要的微生物生長，包括耐鹽的酵母菌。這些微生物會利用麴中小麥和米所釋出的糖進行酒精發酵，製造出揮發性的芳香與風味化合物 4-hydroxy-2[or 5]-ethyl-5[or 2]-methyl-3[2H] furanone，（味甜且類似焦糖），還有 4-ethylguaiacol，（氣味辛香，類似丁香、木頭味、煙燻味），為發酵成品製造出更醇厚的味道。

這些化合物在成品中的生成率與含量，會因為發酵時間長短（3 個月到 3 年）、含鹽量、溫度，還有製作醪時環境中的在地微生物群落而有不同。目前科學家已辨識出能提供這些芳香化合物的耐鹽酵母菌，也有好幾個研究團體分離出長得更快、且能製造更多芳香分子的酵母菌菌株，因此理論上可以降低醬油產生香氣所需的時間。[7] 不過，每次發酵的多層次香氣特色，其實都高度仰賴微生物之間的複雜動態，目前尚不清楚最終的香氣組成是如何演變的。

關於察覺鮮味的生物學很複雜，而且大部分都還有待研究。最近科學家辨識出哺乳類身上有好幾種鮮味受器，鮮味化合物活化這些受器之後，會引起食用者更複雜的反應。[8] 目前我們尚不清楚現在已知的許多鮮味化合物，是否也會跟 MSG 的味覺受器互動。有趣的是，科學家已經釐清好幾種鮮味的交互作用。記錄得最詳盡的就是肌苷酸鹽或鳥苷酸和 MSG 之間的交互作用，這幾種物質會相輔相成地放大鮮味的強度與美味程度，若是補充核苷酸鹽，能加強對 MSG 的敏感度高達 50 倍。[9] MSG 也確實會影響鹹味的感知，強化食用者對氯化鈉的味覺敏銳度，所以可以幫助減少添加在食物中的鹽量。最後，研究人員在 2015 年發現，MSG 或其他鮮味活化胜肽會大幅降低對甜味的敏感度，但鮮味活化核苷酸則不會，這類核苷酸反而會降低食用者對酸味和苦味的敏感度。[10] 若想深入發掘更多關於味覺的互動，更進一步的研究就很重要，這樣才能讓食用鮮味化合物的人自行製作產品時更容易拿捏掌控。

▋水、時間和溫度 —— 山姆・傑特

以下文章由傑特撰寫，目標是提出製作胺基酸醬汁及糊醬時的基本比例和準則，希望讓你了解程序，這樣就能隨心所欲，愛做什麼就做什麼。建議你務必謹記在心，做出來的成品不只要追求美味，更重要的是可以安全食用。幾乎所有東西都可以拿來發酵，但這並不代表我們就應該發酵所有東西。

水活性的重要性

水活性（a_w）是讓發酵經得起時間考驗的要素，當我們深入探索胺基食品製程時必定要討論這點。因為我們不是靠酸性進行發酵，所以大部分液態胺基與味噌的管控點，就是以水活性為準。水活性是一種百分比（蒸氣分壓除以水在標準狀態下的蒸氣分壓），通常是以小數點範圍來表示（如 0.5-1.0）。熟悉熟肉的人，一定比別人更能理解這個數字、還有這個數字為何重要，因為這是製作熟肉的關鍵管控點，例如，火腿要損失 30% 的水分。

水活性所表示的並非產品中有多少水分，而是特定產品中游離水（free water）和結合水（bound water）的比例。水可以和糖、澱粉、鹽和某些水合膠結合。花生醬、果醬和果凍、蜂蜜及類似食物能長期保存的原因，就是結合水。細菌不容易在 0.91 a_w 以下的產品中生長，而真菌則是很難在 0.7 a_w 以下的產品中生長。為了決定味噌或胺基酸液體能發酵多久，就需要先考慮到管控點。

測量水活性很簡單，但需要購買昂貴的機器。我強烈建議準備販售胺基酸糊醬和醬汁的商家把產品送到加工食品管理單位，取得書面許可。如果你不這樣做，就是在冒險（更別說從衛生與環境控制部 [DHEC] 和食品藥物管理局的角度來看，這根本就違法）。不過如果你只是家庭廚師，也不用煩惱，因為還有其他簡單方法可以計算出水活性。只要基本的數學，就差不多能估計出 10% 的鹽會結合 0.07 的水。¹¹

這就表示含鹽量在 15% 以上的產品（如傳統的魚露）就能存放非常久，而且可以花上好幾年時間發酵和熟成。光譜另一邊的製品，如味噌（鹽量約 4-6%），就得靠基質以及麴結合許多水。

因為加拿大曼尼托巴省（Province of Manitoba）的農業網站整理了非常詳盡的細

節，我就在文章中收錄了他們做的三張水活性表（表 B.1、B.2 和 B.3）。

表 B.1. 一般食物的水活性

食物	a_W
新鮮的肉和魚	0.99
生蔬菜（如：胡蘿蔔、花椰菜、青椒）	0.99
生水果（如：蘋果、柳橙、葡萄）	0.98
煮熟的肉類、麵包	0.91-0.98
歐式肝泥香腸（liverwurst）	0.96
魚子醬	0.92
濕潤型蛋糕（如：胡蘿蔔蛋糕）	0.90–0.95
香腸、糖漿	0.87–0.91
麵粉、米、豆類、豌豆	0.80–0.87
義大利薩拉米香腸	0.82
醬油	0.80
牛肉乾	< 0.80
果醬、柑橘果醬、果凍	0.75–0.80
花生醬	0.70
水果乾	0.60–0.65
乾燥辛香料、奶粉	0.20–0.60
比司吉、巧克力	< 0.60

來　源："Water Content and Water Activity: Two Factors That Affect Food Safety." 曼尼托巴省，2019，www.gov.mb.ca/agriculture/food-safety/at-the-food-processor/print,water-content-water-activity.html.

幫想做的產品計算比例時，利用表 B.1 的資訊就能做出更正確的決定。這些準則並不代表你的產品從此不會腐壞，但有助於防止變質。要記得，我們用麴發酵時，利用的是米麴菌死亡和自解作用所產生的酵素與蛋白酶。我們的目標是要創造出讓麴菌培養物死掉的環境，這樣菌種的分解就能在我們提供的

基質上產生作用。對於任何長期發酵物（如熟成的胺基酸糊醬之類），我的目標會是保持較低的水活性，並縮短水活性較高的發酵物的熟成或發酵時間（想想你希望能從中取得許多溜醬油的濕胺基酸糊醬）。我不建議發酵水活性 0.85 以上的食材，因為可能已經存有病原體，而且病原體也能輕易繁殖孳生，所以並不安全，尤其是運用麴時，最後只會做出含有酒精的成品。

表 B.2. 常見微生物的典型水活性

微生物類型	生長所需的最低 a_w
大部分革蘭氏陰性菌	0.97
葡萄球菌毒素生成（由金黃色葡萄球菌製造）	0.93
大部分革蘭氏陽性菌	0.90
大部分酵母菌	0.88
金黃色葡萄球菌	0.86
大部分黴菌	0.80
嗜鹽細菌（在高鹽度環境中長得最好）	0.75
嗜旱黴菌（可在乾燥食物中生長）及耐滲壓酵母菌（可在具有高濃度有機化合物〔例如糖〕的環境中生長）	0.62–0.60

來源："Water Content and Water Activity: Two Factors That Affect Food Safety." 曼尼托巴省，2019，http://www.gov.mb.ca/agriculture/food-safety/at-the-food-processor/print,water-content-water-activity.html

黴菌在生長和產生毒素時，對水活性有最低需求。為了製造黴菌毒素，大部分的黴菌需要較高的水活性，而非成長所需的最低水活性。表 B.3 列出的是幾種常見的黴菌毒素，和黴菌生長與產生毒素所需的最低水活性。

製作胺基酸糊醬和胺基酸液體的過程，無疑可視為是一種受控制的腐敗。我們利用水活性、時間和溫度來確保自解作用不至於造成有害微生物孳生。這些因素能幫我們避免毒素生成，毒素不只會害我們生病，還會產生壞掉的風味和氣味。不過，能為我們供應安全美味發酵品的變數並不只有這些因素。

潔淨就跟產品本身一樣重要。我們需要檢視基質成分來做出安全的決定。脂肪含量高的食物在特定溫度下容易腐敗（因為所有脂肪在氧化時都會腐敗）。有些蛋白質腐敗得比其他蛋白質快（像是魚類就比豆類快）。想做出安全的發酵品，最重要的是注意基質，若是脂肪或容易變質的蛋白質含量較高，就必須把水活性維持較低。

表 B.3. 常見黴菌的典型水活性

黴菌毒素	帶有毒素的黴菌	最低 a_w 需求	
		製造毒素	生長
黃麴毒素 （Aflatoxins）	黃麴菌（*Aspergillus flavus*） 寄生麴黴（*Aspergillus parasiticus*）	0.83–0.87	0.82
赭麴毒素 （Ochratoxin）	赭麴黴（*Aspergillus ochraceus*） *Penicillium cyclopium*	0.85 0.87–0.90	0.77 0.82–0.85
棒麴黴素 （Patulin）	擴展青黴（*Penicillium expansum*） 開放青黴（*Penicillium patulum*）	0.99 0.95	0.81

來源："Water Content and Water Activity: Two Factors That Affect Food Safety." 曼尼托巴省，2019，http://www.gov.mb.ca/agriculture/food-safety/at-the-food-processor/print,water-content-water-activity.html

▋控制溫度以追求效率

能夠控制時間與溫度真是現代食品生產的基石。我們退一步檢視食品產業時，從栽培一種作物、到端上桌給客人享用，幾乎每個步驟的溫度和時間都受到控制。所以我一點也不意外溫度和時間是控制發酵的重要因素。基本的概念是要思考如何用溫度「換」時間。如果可以提高溫度，則蛋白酶和酵素催化反應率就會提高；如果活動率提高，整體發酵時間就能縮短；所以溫度和時間成反比（至少理論上是這樣）。我當然不是第一個想清楚這點的人，我在一些科學文獻上找到佐證的論點（最遠可追溯至 1950 年代！），而且要說率先把熱運用在發酵，我知道 Noma 餐廳的人功不可沒。

對我來說，這種規劃時間的新方式，不只讓我們能使麴發酵物的發酵速度加快，也讓我們能影響其風味。我是指我們應該利用控制溫度來「烹煮」發酵物，就像烤肉那樣。當溫度到達 60°C，產品就會慢慢焦糖化，讓成品具有熟成般的特質，如醬油等發酵品就有。我們必須知道，如果是在危險溫度範圍（5-60°C）內發酵，就一定要每天監測且關注產品。在發酵過程保有適當的水活性和含鹽量，也會有幫助，但即使採取了正確的防止腐敗措施，還是會有某個溫度範圍特別容易影響食品安全。在我們準備繼續討論時，請務必注意這一點，而且如果可能的話，請務必測試產品，或把成品送到加工處理管理單位檢測，以確保安全。一般來說，當我們降低鹽量並提高溫度來製造產品，追求的就是速度，而非能耐久貯存。我建議冷藏保存低水活性的發酵成品，這樣有助減緩發酵過程，風味才不會減損，也不會長出有害的黴菌或酵母菌。

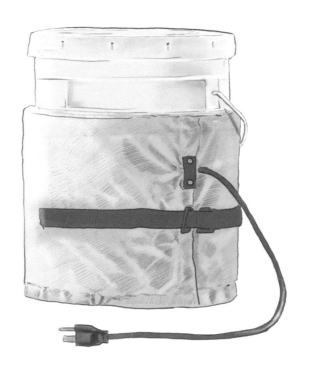

簡單的加熱方法，麥斯・霍爾繪製

我不建議熟成這類發酵製品，除非你對處理低含鹽量熟成的經驗夠豐富。

我煮味噌時，溫度大多介於 33°C（脂肪含量高、容易腐敗的食材，例如堅果類）到 43°C（脂肪含量低的食材）。我會用 4% 的鹽發酵 7-14 天，或用 6% 的鹽發酵 14 天以上。經過這段發酵時間，味噌通常就可以吃了，不需要熟成。我做味噌的設備是蒸氣烤箱或舒肥棒。我會把產品填入不會起反應的不鏽鋼容器，放進內槽或水浴槽中，覆上保鮮膜，壓上重物。這個方法是我在麥卡迪餐廳（McCrady's Tavern）的前輩賈許・弗拉東尼主廚（Josh Fratoni）傳授的。

我都以 60°C 烹煮大部分的液態胺基製品（有些則置於查理頓市夏天炙熱的屋頂上，約 52°C）。通常我煮液態胺基酸醬汁的時間會長達 30-60 天，並常常攪拌。如果是在我實驗室的屋頂做，我會花上長達 1 年的時間讓產物熟成（這樣能達到傳統魚露式的焦糖化），但你也可以提早喊停。例如，鄉村火腿古魚醬要置於夏天屋頂上約 2 個月，才會有金黃色澤及蜂蜜般的風味。我會讓成品維持至少 8% 的含鹽量，也會根據基質的含鹽量和發酵時間的長短，提高用鹽量。

我是利用工業用加熱毯來加熱，這種物品通常用在加熱溶劑和黏膠。亞馬遜網站上不到 100 美元就能買到，7.6-19 公升的罐子都能蓋住。使用加熱毯最大的好處，是能在溫暖的儲藏室內維持在 60°C 左右，非但不會出問題，還能運作好幾個月（我那張加熱毯已經 3 年了都還運作正常）。建議第一週前後，每天都要攪拌發酵品，以確保溫度可以迅速散熱。

▎時間寶貴

我嘗試讓溫度與水活性等控制因子決定發酵時間長短或促進熟成的過程。水活性在 0.80 以下或溫度為 60°C，並不代表酵母菌和嗜熱菌無法旺盛生長。製作熟成味噌的人很可能都碰過上層酵母，多數時候只要刮掉表層就能解決，

底下的產品還是好的。製程中發現這些細微差異不代表不安全，只是可能需要更細心照顧。

讓發酵物進入溫度過高狀態，能讓你運用較高的水活性。這當然也有限制，但也讓我製作味噌和胺基酸液體的種類突破極限。如果我需要或想讓某個產品迅速轉化，或是產生更鮮明的風味，我會提高水活性和溫度。如果我想要的是風味深度，而時間也不是問題，我就會降低水活性和溫度，讓產品發酵個一年或更久。我在製作魚露或基質較不穩定的發酵產品時，為了安全起見，我會保持較低的水活性。挑戰產品的溫度與水活性還有另一個好處，就是只需要使用較少的麴，基質的風味會更明顯。事實上，我做的發酵品當中，麴的分量很少用到超過材料的 20%，這樣成品可以嘗出更明顯的基質風味。我知道這個分量跟大多數產品相比都算很低，但低含鹽量和高溫能彌補差異。

表 B.4. 胺基酸產品製造原則

發酵物類型	鹽分含量（%）	時間	溫度（°C）	建議基質
味噌（高脂）	4-6	2 週	33	水活性低；堅果類、乳製品
味噌（低脂）	4-6	2 週以上	43	水活性低；豆科植物、蔬菜、菇蕈
胺基酸液體	8-10	30 天	60	水活性低；鄉村火腿、蔬菜、豆科植物、菇蕈
胺基酸液體	8-10	60 天	60	水活性低到中（0.85aw 或以下）；肉類、魚、乳製品
胺基酸液體	12-15	6 個月以上	20-25	水活性低；乾燥產品及穀類
胺基酸液體	15-20 以上	1 年以上	20	水活性非常低；魚露

最後一個提醒也很重要：既然製作胺基酸產品是受控制的腐敗過程，你放什麼材料進去就會生什麼成果出來。如果你決定要把冷凍庫裡的陳年肉品清出來做成牛肉古魚醬，那你的牛肉古魚醬味道就會像陳年冷凍庫。盡量選用狀況最佳、新鮮美味的產品。

▌有效率地製作胺基酸產品

對科學與製作過程的基礎知識，真的能讓你減少失敗，創作出美味的調味品。在你投注了產品、努力和時間時，了解維持發酵環境所需的條件，是一項重要因素，能讓你的胺基酸製品不致腐壞。這些知識也有助於改良製作大批產品的步驟，做出品質統一的成品。我們在此分享的內容，能賦予你技術性知識與公式化準則，讓你踏出成功的第一步。就算你現在還不完全明白這一切到底有什麼意義，只要你有愈來愈多經驗，最後一定會弄清楚的。

VISUAL CHARTS OF KOJI MAKE RELATIONSHIPS

附錄 C
麴製品關係圖

這些圖像資訊的目的是協助你理解運用麴的基礎知識，讓你能更輕鬆地用麴製作各種食品。圖片由馬修・克勞岱爾（Matthew Claudel）繪製。

塗抹鹽麴於表面

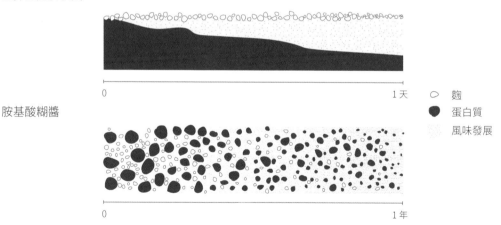

胺基酸糊醬

　　○ 麴
　　● 蛋白質
　　⸛ 風味發展

正如之前討論過的，麴的短期和長期運用是有關聯的。無論發酵時間長短，重點都是這段時間的風味發展。如果把鹽麴塗在食物表面，很快就會發展出強烈的鮮味和甜味，襯托蛋白質基底。而胺基酸糊醬則需要長期投入，透過拉長酵素分解整體介質與發酵的時間，發展出多層次風味。

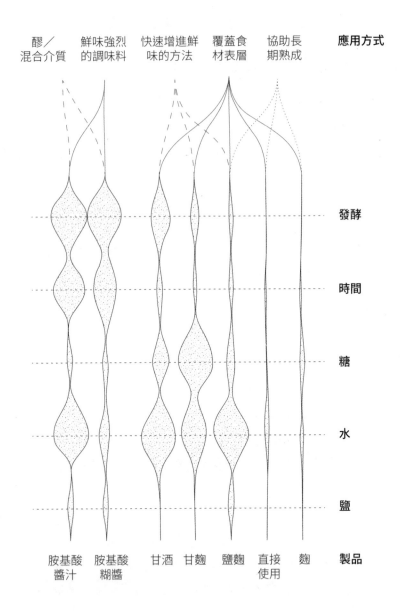

醪/ 混合介質	鮮味強烈 的調味料	快速增進鮮 味的方法	覆蓋食 材表層	協助長 期熟成	**應用方式**

發酵

時間

糖

水

鹽

胺基酸 醬汁	胺基酸 糊醬	甘酒	甘麴	鹽麴	直接 使用	麴	**製品**

你已經在 47 頁看過類似的流程圖。資訊重新繪製成圖表，以嵌入各種製品的
關鍵要素，用寬窄波型描述與其他製品的相關比例。我們希望這張圖能協助
你了解製品之間的關係，還有為什麼各自會有比較適合的用途。

FOOD SAFETY

附錄 D
食品安全

關於如何安全培養可食黴菌，現有的食品安全規範帶來了許多問題。對許多人來說，尤其是對致力於管理與實施食品安全法規的人而言，麴是一種陌生物質。在這種狀況下，你愈了解麴過去常見的用途、作用和成長的需求，在面對當地管理機構的質疑時，就能準備得愈充分。我們在這段附錄中，提供已驗證過的操作方法與基本微生物學的知識，希望你能輕鬆辨識出用麴手法的優劣差異。我們會討論家庭廚師和專業廚師會碰到的食品安全問題，也會提到餐飲服務專業人員需要完成的額外手續。

儘管食品安全主題討論起來可能枯燥又無聊，但在製作麴、發酵食品或任何食物時，最重要的事很可能就是擁有紮實的工作知識。確保你製造生產或為他人烹煮的食物可以安全食用，是你的責任。很遺憾的，許多偶爾才在家煮晚餐或用食物做實驗的人不了解這些風險。反而是專業廚師對食品安全會更小心，因為有嚴格且通常很麻煩的規範。不過就像我們之前說的，就食品的製備與供應而言，真的沒有比這更重要的事了。可能造成不適或引起疾病的

食品安全二三事

布萊恩・凱勒曼（HACCP、PCQI、SQF、BRC 及 ISO 9001 認證）

布萊恩和米奇・凱勒曼任職於俄亥俄州哥倫布市（Columbus）的凱勒曼顧問公司（Kellerman Consulting），他們是食品安全專家，與食品企業合作，設計符合當地特定法規的食品安全計畫。這些就是所謂的 HACCP 計畫（範例見〈附錄 E〉），還要羅列食品生產過程可能出狀況的各式各樣危險，以及控管潛在及明顯的風險並使發生機會降到最低的方法。布萊恩說明的，正是該嚴肅看待食品安全的原因。

食品安全是美好的。廚房是進行實驗、施展藝術才華、發揮鍊金術和挑戰極限的地方，也是個所有人都能和自己互動，以基礎與複雜生活風味滿足自己的需求與渴望的地方。在我們掌控了天然與人為的過程，創造出辛辣、美味與非凡的廚藝作品之際，測量工具、精準拿捏和細膩控制讓我們能挑戰自我，創造並享用我們的食物，並和特別的人一起分享。

但食物也可能是危險的。無論你是藝術家、科學家或只是單純肚子餓，小心謹慎、清潔和安全措施都是必須的。食物中毒不見得只是抱著馬桶度過不愉快的一夜而已，李斯特菌症（Listeriosis）或沙門氏桿菌症 (Salmonellosis) 發作之後，有時候克隆氏症（Crohn;s Disease）和其他慢性病也會跟著出現。溶血性尿毒症候群（Hemolytic Uremic Syndrome）可能破壞腎臟，最糟時還可能致命。我身為食安專家，希望所有真心喜愛美食的人，都能嘗試一切，並享受每一餐。要當很棒的大廚，就必須有實驗精神且無所畏懼，但因為粗心或對食安態度馬虎而冒不必要的風險，可就不值得了。

簡而言之，你要知道你的食物很安全。無論你是用燒烤、烘烤、油炸等烹飪技巧確保食物安全，或是用冷藏溫度確保食物安全，唯一真正能確定食物安全的方法，就是**每次都要用溫度計測量**。至於耐久放食品，具有能判斷安全與否的可測量特性，而了解這些特性是你的責任。發酵與乾醃是絕佳的食品儲藏與食品安全技術，效果已經過幾千年歷史的驗證，但使用經校準的酸鹼試紙測量酸鹼值，

並用水活性計測試水活性，才能真正讓我們確定這些食品是安全的。

我們用來烹調菜肴的食材、設備、器具和容器，應該要分門別類收納、要好找、容易看到，且容易清潔。我們必須正確標示，以將廚房的規則與期許清楚傳遞給所有跟我們共用廚房的人，我們也需要記錄廚房裡的注意事項與觀察結果，這樣才能掌握變化與改善措施。烹飪與開發食譜，是食品演化和發現美妙與新奇食物的必經之路。每位廚師都有能力挑戰卓越廚藝的極限，但沒有任何一位大廚可以在不用心、不安全的狀態下追求突破。烹飪是美好的，食物是美好的，安全也是美好的。

病原體、細菌、病毒和寄生蟲都是真正的危險，你應該盡一切努力消除並降低其影響。

我們必須強調，雖然我們已經盡責調查、找到資訊寫出來，但居住地點不同，就會有不同的法規和資訊。本書收錄的法規反映的是我們住的地方（美國克利夫蘭和波士頓）：我們的食品安全法規和最佳作法會跟紐約市的不同，也與僅僅幾個小時車程以外的費城不同，更別說墨西哥市、羅馬，或是東京了。確保你用麴製造或做出來的其他食品都符合當地法規，是你的責任，這點適用於所有人，無論是專業或業餘人士都一樣。現在就讓我們逐條檢視能確保用麴製作的食品能安全食用的食品安全基本原則。

▌衛生潔淨

「做人乾淨、做事乾淨」是全世界廚藝學校學生都謹記在心的格言，而這一切都從個人衛生習慣開始。無論是不是在專業廚房中工作，許多人都會做的事，通常就是食品安全最重要之處。下列清單中的部分事項看起來或許像常識，但不是每個人在踏入廚房時都謹記在心。

當我們說「做人乾淨」時，是指以下事項：

- 保持身體乾淨，尤其是雙手。

- 生病時不要處理食物。從感冒到腸胃炎在內，所有會傳染的疾病都一樣。

- 如果有生病症狀，即使沒有覺得不舒服，也不要處理食物。症狀包括突然流鼻水到腹瀉等等。即使你全身上下沒有覺得不舒服，也不代表你體內沒有會致病的病原體。每個人的身體對不同的病原體都會有不同的反應。

- 頭髮和身體毛髮要剪短。如果很長要綁在後面，遠離身體正面並遮蓋起來。包括鬍子！

- 剪短指甲並保持清潔。無論你有多乾淨，如果用放大鏡看看自己的指甲縫，一定會覺得驚訝又噁心。

- 用手碰過臉或任何身體部位後，都要洗手。

- 穿乾淨的衣服，並保持衣物清潔。

- 若有開放性傷口，要保持傷口清潔並包紮好。從看似微不足道、不容易注意到的紙張割傷，到感染的指甲倒刺或有縫合的傷口都須處理。

- 讓體液留在體內。我們都會打噴嚏、咳嗽和流血。然而，如果你在處理食物時發生上述情況，接觸到體液的食物都必須扔掉，還要徹底清潔接觸到的工作檯面和身體部位。不只是體液，身體的固體部分也一樣，包括從身上掉落的毛髮、或身上不小心切到的指甲皮膚等各種，都要以上述原則處理。畢竟我們烹調時確實三不五時會切到指尖。

當我們說「做事乾淨」時，是指以下事項：

- 不要交叉汙染你的工作檯面。這代表當你在砧板上處理生肉或煮熟的肉類後，一定要經過適當清潔，才能再用同一塊砧板切香料植物

或蔬菜。你使用的工具或器皿也一樣。不要用湯匙舀了胺基酸糊醬，沒有正確清潔就又拿去舀胺基酸醬汁。

- 保持工作檯面整潔，沒有垃圾和雜物。
- 保持器具乾淨。
- 東西要井井有條，食材要妥善儲存。
- 砧板不是你唯一的工作檯面。保持附近桌面和砧板底下乾淨也一樣重要。

▌ 如何洗手

說到維持食品安全，正確的洗手技巧通常就是防禦的第一線。只在自來水底下沖洗不足以真正清潔雙手。洗手時花費的時間和水溫也都是重要因素。專業廚師在工作期間會洗手無數次，如果你也在專業廚房工作，就該採納這種作法，洗手的基本要訣是：

- 水溫要熱到你的忍受極限。
- 要用肥皂。根據美國食品藥物管理局的資料，並沒有足夠科學證據顯示使用非處方抗菌肥皂洗手比用普通肥皂和水更能有效預防疾病（〈食品藥物管理局消費者資訊更新〉，2017 年 11 月 6 日更新）。
- 刷洗雙手至少 20 秒，包括指甲縫。
- 沖乾淨肥皂泡。
- 用廚房紙巾關掉水龍頭。丟掉紙巾。
- 用乾淨的廚房紙巾擦乾雙手，或使用不會碰到雙手的裝置弄乾雙手。

▌ 危險溫度帶

既然我們已經討論了個人衛生問題，也想討論其他可能造成食源性疾病產生的因素。首先需要注意的最重要的事，就是時間與溫度控管不當，也就是食

物被留置在一般稱為「食品危險溫度帶」（介於 5-60°C 的溫度）中太久時，會發生的狀況。在這個溫度帶內，大部分病原體都可能繁殖到足以讓人感染致病的密度。像馬鈴薯沙拉或烤肉之類的食物，都不應該留置在這個溫度帶內超過 4 小時。除非是高鹽度或高酸度的食物、病菌可利用的水分不多的食物，還有正在進行長時間烹調，而且等預定的烹調時間結束後還會用巴斯德殺菌法進行有效消毒的食物。發酵食品、麴、以正確方法裝罐的食品和熟肉，都是可存放於食品危險溫度帶仍安全無虞的例子。簡單來說，就是冷的食物要保持冰涼，熱的食物要保持熱度。

當不確定食物是否受到時間與溫度控管不當的影響時，經過正確校準的溫度計就是你最好的朋友。按照使用說明書確保溫度計有經過精準調校。只要把探針插入食物中心，就能量到整塊完整食物的真正溫度。

DRY-CURED ANIMAL FOODS HACCP PLAN

APPENDIX E

附錄 E
乾醃動物性食品 HACCP 計畫

這是傑瑞米規劃在拉德熟食與烘焙店使用的 HACCP 計畫的早期版本。如今有愈來愈多管理單位要求飲食業者準備 HACCP 計畫，但對於這是什麼、用法為何，卻仍有許多不清楚之處。要注意的是，只有生產供公開販售與食用的食品的人才需要 HACCP 計畫，與家庭廚師無關。HACCP 計畫的功能是辨識出食品生產過程中，可能會遭到病原體或物料（如危險化學物或其他物體）汙染的潛在危害。這些規範的目的，原本是為了讓大型工業化食品生產商對食物生產過程可能發生的致命錯誤負起責任。目前許多管轄單位不只要求大型工業化食品生產商要制定這種計畫，也要求小型餐廳及生產已知可能有潛在危害之食品的生產商必須要準備。並不是只有工業化製程才可能發生食物中毒或有害汙染，任何生產食品的環境中都可能發生，可能是工廠，也可能是你最喜歡的街坊餐館。可能遭受汙染的食品包括醃菜、燻製食品、壽司醋飯、真空包裝的舒肥食品，還有熟肉跟其他許多食品。

請注意這只是一份參考用的 HACCP 計畫範例，讓你看看 HACCP 計畫大概是什麼樣子、並深入了解，知道設計自己的計畫、活用並遵守時，需要耗費的努力。就我們所知，許多專業廚師幾乎沒看過 HACCP 計畫，卻能獨力規劃出

計畫並按表操課。這份 HACCP 計畫只是準則，不適合實際使用施行。

未經熱處理、乾醃、不耐久放的原塊肉類製成之動物性食品

這個計畫符合《2016 年俄亥俄州統一食品安全法規》（*2016 Ohio Uniform Food Safety Code*）內的規則，包括對食品醃製訂立特殊許可要求的 3717-1-03(J)(2)，以及 3717-1-03.2、3717-1-04.5 和 3717-1-04.6 這幾條中關於避免交叉汙染、清潔與衛生程序的部分。在以乾醃取代加熱動物性食品以避免潛在危害時，就必須以書面申請許可，其中即包括 HACCP 計畫。這項計畫是專為在店內生產及儲存要販售給消費者的乾醃動物性食品所設計。本文件中所述之行為，只能由受訓過的員工執行，而根據這份計畫所製作的食品，在醃製的前中後期，都必須避免接觸到生的食材。跟這份文件所述活動相關之紀錄，都必須保存至少 2 年，查驗人員檢查時也必須能輕易取得。

HACCP 一般資訊

HACCP 小組：	傑瑞米・烏曼斯基，店主
產品說明	原塊肉類乾醃製成的動物性食品（牛下肩胛眼肉）
原料及食品添加物：	牛下肩胛眼肉、鹽、1 號醃漬鹽 *、2 號醃漬鹽 *、米麴菌、米粉
危害：	生物性：天然產生的病原體，如沙門氏菌、O157:H7 型大腸桿菌、李斯特菌、金黃色葡萄球菌、旋毛蟲
物料：	快爾衛食品真空袋、包裝及標籤材料
設備：	經校準的磅秤、VacMaster 真空包裝機、冷藏／冷凍庫
貯存及運輸方法：	冷藏或冷凍保存
產品預定用法及用途：	可即食
銷售地點：	零售

* 1 號醃漬鹽和 2 號醃漬鹽需分開使用，應用於不同乾燥時間。

▌衛生標準操作程序（SSOP）

只有按照本計畫受訓的廚房員工，才能處理乾醃製程所需的食物與設備，員工在著手處理乾醃原料或設備之前，必須徹底清洗雙手，並確保工作站有消毒過的器具與無菌手套可取用。在任何備料的步驟中，均不可徒手碰觸本計畫要使用的原料（全生或可即食皆不可以）。按照此 HACCP 計畫處理食品時，應全程配戴無菌手套。備料者應按照需求頻繁更換手套，以避免在事前準備及處理食物過程中造成汙染。戴上乾淨手套之前需先洗淨雙手，食物在製備、醃製、減氧包裝、接種、培麴及乾燥等區域間移動時，需使用消毒過的器具。

在每天開始製作準備出售或運送給顧客的乾醃動物性食品之前，這項 HACCP 計畫中要使用的所有物料、原料、器具和將與食物接觸的表面都必須事先由受訓過的員工進行前置檢查。觀察結果可記錄在拉德熟食與烘焙店的「前置作業衛生紀錄表」。負責檢查者必須確認減氧包裝機及此製程要使用的其他設備所有機械零件，在清潔之前已盡可能拆解，並依製造商建議方式清潔。檢查者也必須確認所有器具及接觸食物的表面都沒有髒汙，並以核可的消毒劑及濃度做好消毒。所有設備、接觸食物的表面，還有跟乾醃相關的器具，都必須要清潔到目視與觸摸起來都乾淨，遇到以下狀況時，則應該清潔並消毒：

1. 處理別種肉之前
2. 交替處理肉類與非肉類產品時
3. 交替處理生食與可食食物時
4. 使用或收起測量食物溫度的裝置之前
5. 任何可能產生汙染的時候
6. 每個工作日最後一次使用之後

應於指定區域製作減氧包裝，該區不可用於製備其他食物。

▋作法

根據《2016年俄亥俄州統一食品安全法規2009》3717-1-04.5和3717-1-04.6規定，規劃清洗和消毒的時間表，應依據設備或器具的類型與目的、處理的食物類型、累積的食物殘渣量、操作時食物所維持的溫度，以及病原體或產毒微生物的生長或繁殖潛力。應根據設備或器具的種類與用途及需要移除的汙物種類來選擇洗滌程序。設備、器具與接觸食物的表面，可用手工或機械方式和多種作法（例如使用種類與濃度經過核可的清潔劑、乳化劑及其他濕潤劑，也包括熱水、刷子、菜瓜布、高壓噴霧及超音波裝置）有效清洗，以徹底去除髒汙。拉德熟食與烘焙店在工作場所內使用的是以下清潔劑與消毒劑（註：本書已略去類型與廠牌）：

種類	廠牌	原液或稀釋？

在拉德熟食與烘焙店，所有水槽都配備有熱水、冷水、自動瀝水盤，和可輕鬆拆卸的備料檯。設有水槽區和乾燥區，使髒汙和乾淨的器具及設備完全分開，以免髒汙的器具或清洗碗盤的工作造成汙染。以手工或可清洗設備與器具的洗碗機開始洗滌設備、器具及會接觸食物的表面之前，若上面有明顯可見的食物殘渣則會先刮除，或如果有需要，會先用水沖洗、浸泡或刷洗。

以可清洗設備和器具的洗碗機來說，髒汙的器具必須放置於架子、托盤或籃子上，擺放方式須讓器具在整個洗程中，能不受阻礙地受水柱沖洗並且不會積水。只適合在水槽中清洗或無法以洗碗機清洗的設備，如固定設備（如減氧包裝機）或大型器具，則可能必須以其他手工方式清洗完成。設備必須拆解，讓清潔劑能觸及所有零件，刮除或粗洗以除去累積的微粒，再實際清洗

徹底清除髒汙，過程應參照設備製造商的指示。所有清潔方式，包括手工、洗碗機和其他清洗方式，都需包括沖洗程序，以除去打磨材料及化學清潔劑。清潔之後的步驟是消毒，可能包括使用熱水或如 3717-1-04.6(C) 所述之化學消毒方式。

█ 標準作業程序

為確保以醃製達成食品安全的做法能替顧客提供安全食品，務必從受認證的來源（美國農業部等級）取得動物性食品，而且處理步驟都必須照章操作，以確保產品在銷售給顧客之前不會長出致病微生物。在醃製區及這項計畫的所有步驟都嚴禁徒手觸摸，這一點很重要，與乾醃製程的風險有關。也必須嚴格遵守所有程序，以確保醃料能徹底滲透並散布在動物性食品中。以下程序須嚴格遵守：

1. 生的動物性食品必須要以冷藏溫度（≤5° C）驗收並貯存。

2. 取出生的動物性食品離開冷藏時，應少量並按照先進先出（First-In First-Out, FIFO）原則製備，處理方式必須能避免食物溫度在包裝之前上升到 7° C 以上。

3. 在製備並包裝兩項動物性食品之間，指定的減氧包裝區必須按照「衛生標準操作程序」一節所述方式徹底清潔並消毒。

4. 生的動物性食品須處理、分切、修整或去骨。生的動物性食品要秤重或測量，才能計算需準備的醃料分量。

5. 原料乾燥貯存（重要管制點 [CCP]1）：因為醃料潮濕會影響醃製效果，從貯存區取出醃料準備醃製時，必須先目測檢視是否潮濕。記錄在拉德熟食與烘焙店的「乾醃動物性食品 HACCP 監測表」中。

6. 如果目測醃料是潮濕的，則必須丟棄，並記錄在拉德的「矯正措施紀錄表」中。

7. 按照食譜塗抹醃料（CCP 2）：根據食譜準備醃料，秤重後塗抹在動物性食品所有部位。2.5% 鹽及 0.25%1 號醃漬鹽用於 100% 非禽類的動物性食物；3% 鹽、1.5% 糖及 0.25%1 號醃漬鹽用於 100% 的禽肉。記錄在拉德的「乾醃動物性食品 HACCP 監測表」中。

8. 抹好醃料的動物性食物要真空封裝，因為壓力能讓醃料徹底滲透。真空包裝的動物性食品要標明包裝日期，附上指示說明須維持在 5°C 以下，且若 30 天內未使用或食用，就應丟棄。記錄在拉德的「乾醃動物性食品 HACCP 監測表」中。

9. 包裝好的動物性食品應立即冷藏（至少在 5°C 以下）以便保冷。

10. 保冷（CCP 3）：每份拉德熟食與烘焙店的《乾醃食譜》中，鹽醃中的動物性食品都需保持在真空封裝狀態一段時間，時間計算方式要從肌肉最厚部位中心測量，每 1.3 公分需要 1 天，然後再外加 24 小時。經過這段時間，即可從包裝袋中取出動物性食品，移至乾淨的開放容器裡，不加蓋冷藏 36 小時。記錄在拉德的「乾醃動物性食品 HACCP 監測表」中。

11. 接種黴菌之前，要按照食譜將裹覆用的材料秤重並拌勻。

12. 經過規定時間，將鹽醃的動物性食品從冷藏環境中取出，裹覆預先準備好的米麴菌（每公斤肉需要 5 毫升）及米粉（每公斤肉需要 120 克）混合而成的醃料。

13. 培麴（CCP 4）：接種好的肉要放在 29°C 及相對濕度 90% 的環境中培麴 36-48 小時，直到黴菌徹底長滿肉表面。記錄在拉德的「乾醃動物性食品 HACCP 監測表」中。

14. 結束培麴後，接種過的動物性食品要秤重並吊掛乾燥。

15. 乾燥（CCP 5）：乾燥程序應在 13°C 及相對濕度 85-95% 的環境中進行，直到損失重量達總重的 35%。記錄在拉德的「乾醃動物性食品 HACCP 監測表」中。

16. 若用 1 號醃漬鹽，乾燥程序通常要 14 天以上。若用 2 號醃漬鹽，

則乾燥程序通常要 45 天以上。

17. 乾醃動物性食品經過乾燥後需秤重，若已達到減重 35% 的目標，
    即可包裝並標示，以備在店內出售。

18. 包裝好成品，貼上標示並冷藏，直到在店內售出。

▌ 持續確認

拉德熟食與烘焙店的確認程序是利用 HACCP 確認表格，全面持續確認設施及
烹飪設備都正常運作到符合所需，好確保能提供安全的產品給消費者。檢查
完校準工作後，記錄在「每週校準紀錄」上，且下列每種 CCP 設備都必須校準：

· 乾球溫度計
· 相對濕度計

校準溫度計必須根據以下詳述的「內布拉斯加大學（University of Nebraska）溫度
計校準法」進行。相對濕度則應該透過符合美國材料與試驗協會（ASTM）標
準 E104-85 的工具進行。

定期執行預防性維護並加以記錄，以確保設備狀態能持續符合此 HACCP 計畫
所要求之溫度。

每批產品都必須檢視完整的生產紀錄。確認符合 HACCP 計畫後，即可放行
廠房中的產品。若發現紀錄有任何不符合或不完整，都會使這批產品不合乎
HACCP 計畫，而不適合人類食用。HACCP 小組負責人要把不符合的產品隔
離置放，並按各州規範處置。

▋ 溫度計校準

以 HACCP 為主的食物安全計畫需要持續正確記錄才能成功。監測 CCP 時，溫度通常就是目標參數。為確保依賴溫度的程序能在控制之中，必須使用校準過的溫度計記錄溫度。只要遵循少數基本步驟，就能校準絕大多數的溫度計。

要確定溫度計準確，就需要將溫度計校準到能測量到正確溫度的 +/-1°C 以內。判斷實際溫度的方法很多，包括使用美國國家標準技術局（National Institute of Standards and Technology, NIST）認證的參考溫度計，或簡單透過利用冰─水溶液或沸水。另一個選擇是用比較精密的校準設備，通常價格高昂，但愈來愈容易買到了。

校準溫度計最簡單便宜的方法，就是利用冰水或沸水。務必使用蒸餾水，因為自來水中的溶解物會大幅影響冰點和沸點。另一個必須注意的重要因素是校準地點的海拔高度（見 296 頁表 E.1）。純水在海平面的沸點是 100°C，但在海拔 3,048 公尺處時，90°C 就會沸騰。氣壓也會影響沸點，但影響遠不及海拔高度。你可至 WorldAtlas.com 網站確定所在城市的海拔高度。

有些溫度計本來的目的就是用來測量高溫物體（例如煮過的產品），這類溫度計就應該用沸水校準；而用於測量較低溫度者，則用冰水校準。使用冰水校準時，水和冰都應該使用蒸餾水。兩種校準法中，溫度計都要避免接觸到裝水的容器，因為可能會造成溫度判讀錯誤。

▋ 以冰水校準

1. 碎冰和蒸餾水置於乾淨容器中，形成水水的半融冰狀。
2. 把溫度計探針插入半融冰中至少 1 分鐘，小心不要讓探針碰到容器。

3. 如果溫度計的讀數不是在 -1-1° C 之間，就調整成 0° C。停止使用無法調整的溫度計，直到經過專業維修。

▍以熱水校準

1. 把裝在乾淨容器中的蒸餾水煮滾。
2. 把溫度計探針插入沸水中至少 1 分鐘，小心不要讓探針碰到容器。
3. 如果溫度計的讀數不是在 99-101° C 之間，就調整成 100° C。停止使用無法調整的溫度計，直到經過專業維修。

不準的溫度計（量出來的溫度不是在正確溫度的 +/-1° C 之內），應該要手動調整，或交給專業人員維修。汰換掉測量時會出現慣性偏差的溫度計。為確保準確，NIST 認證的溫度計每年都需要重新認證。

無法簡單透過直接浸入沸水或冰水校準的溫度計，可跟其他校準過的溫度計比較讀數而完成校準。能用這種方式校準的溫度計，包括烤肉用的探針式溫度計和室內溫度計。這種作法的重點是要用新近校準過的溫度計來比較。所有溫度計都應該定期校準，用於監測 CCP 的溫度計則需要每天或每週校準，依照作業規模而定。任何遭不當使用的溫度計，例如摔落地上，都應該立刻校準以確保準確。難以校準的溫度計可以直接跟 NIST 參考溫度計比較，但廚師可能不大喜歡這種作法，因為這類參考用的溫度計很多都是玻璃和水銀製成，在製作食物的區域可能會造成化學性與物理性危害。

表 E. 1. 海拔高度與純水沸點關係表

海拔高度	沸點	海拔高度	沸點	海拔高度	沸點
0 公尺 (0 呎)	100° C	914.4 公尺 (3000 呎)	96.7° C	2,133.6 公尺 (7000 呎)	92.8° C
152.4 公尺 (500 呎)	99.4° C	1,066.8 公尺 (3500 呎)	96.1° C	2,438.4 公尺 (8000 呎)	91.7° C
304.8 公尺 (1000 呎)	98.9° C	1,219.2 公尺 (4000 呎)	95.6° C	3,048 公尺 (10000 呎)	90° C
457.2 公尺 (1500 呎)	98.3° C	1,371.6 公尺 (4500 呎)	95.2° C	3,657.6 公尺 (12000 呎)	87.8° C
609.6 公尺 (2000 呎)	97.8° C	1,524 公尺 (5000 呎)	94.7° C	4,267.2 公尺 (14000 呎)	86.1° C
762 公尺 (2500 呎)	97.2° C	1,828.8 公尺 (6000 呎)	93.9° C		

來源：©2005 年內布拉斯加大學林肯分校（University of Nebraska-Lincoln），農業與自然資源研究所（Institute of Agriculture and Natural Resources），NE 68588

重新評估處理流程

若是 HACCP 計畫有變動，或要引進新產品至此 HACCP 計畫中，就必須重新評估 HACCP 計畫，包括使用原始驗校表進行為期 90 天（至少完成 13 次製程）的重新評估。在 HACCP 計畫執行期間，必須持續使用確認文件，且 HACCP 小組也需要每年審查此 HACCP 計畫及生產系統至少一次，考察系統的已知風險、生產過程的不符合之處，以及上一次審查期間所記錄的確認數據。HACCP 小組必須以上述文件記錄此 HACCP 計畫的所有重新評估紀錄，指出重新評估的理由，並解釋重新評估的發現。如果 HACCP 計畫重新評估的結果不盡人意，則該 HACCP 計畫在設計（要素 1）及執行（要素 2）兩方面都必須接受修正，製程也需要重新驗校，接下來還必須持續確認如此改變對系統效率產生什麼影響。

製程的類別與食材

製程類別：未經熱處理的乾醃原塊肉類動物性食品

工廠名稱及地點：拉德熟食與烘焙店

肉類副產品	非肉類材料	黏結料 增量劑
牛肩下肩胛眼肉的原肉	鹽、糖、米粉、米麴菌	其他細節請見標示
辛香料、調味料	**管制材料**	**防腐劑、酸化劑**
（注意：按照每份食譜表列辛香料／調味料）	1 號醃漬鹽：含亞硝酸鈉	1,219.2 公尺 （4000 呎）
過敏原	**水**	**包裝**
無	需使用飲用水	經核可之包材

表 E.2. 流程圖

材料／加工步驟	食品安全之危害	潛在的食品安全危害否顯著（Y/N）？
1. 室溫的非肉類食品原料驗收	生物性——病原性微生物（如 O157:H7 型大腸桿菌、沙門氏菌、李斯特菌、金黃色葡萄球菌、旋毛蟲）	N
	化學性——來自運輸工具、亞硝酸鈉、硝酸鈉的汙染	N
	物理性——來自運輸工具的汙染	N
2. 5°C 以下的生鮮動物性食品原料驗收	生物性——病原性微生物繁殖體（如 O157:H7 型大腸桿菌、沙門氏菌、李斯特菌、金黃色葡萄球菌、旋毛蟲）	N
	化學性——來自運輸工具的汙染	N
	物理性——來自運輸工具的汙染	N
3. 包材驗收	生物性——無	N
	化學性——來自運輸工具的汙染	N
	物理性——來自運輸工具的汙染	N
4. 原料乾燥貯存（CCP 1）	生物性——病原性微生物（如 O157:H7 型大腸桿菌、沙門氏菌、李斯特菌、金黃色葡萄球菌、旋毛蟲）	Y
	化學性——設施中的過敏原、亞硝酸鈉／硝酸鈉	N
	物理性——無	N
5. 生鮮動物性食品原料冷藏貯存於 5°C 以下	生物性——病原性微生物（如 O157:H7 型大腸桿菌、沙門氏菌、李斯特菌、金黃色葡萄球菌、旋毛蟲）	N
	化學性——無	
	物理性——無	
6. 包材的貯存	生物性——無	
	化學性——無	
	物理性——無	

判定第三欄為 Y/N 之依據或理由	當第三欄為肯定（Y）時，顯著危害之防治措施	本步驟是重要管制點（CCP）（Y/N）
供應商核准方針、卡車檢查、保證書		N
供應商核准方針、卡車檢查、管制原料紀錄		N
供應商核准方針、卡車檢查		N
供應商核准方針、卡車檢查、供應商提供針對狂牛症及致病性微生物控制之保證書		N
供應商核准方針、卡車檢查		N
供應商核准方針、卡車檢查		N
供應商提供確保包材的安全衛生無虞之保證書		N
供應商核准方針、卡車檢查		N
供應商核准方針、卡車檢查		N
曾受潮或正在受潮的原料會阻礙醃料妥善滲入動物性食品	從貯存處取出原料前，都應檢查乾燥狀況；所有原料都不應有曾經受潮或正受潮的狀況	Y
衛生標準操作程序（SSOP）及衛生原則、過敏原防治方針、分開貯存／乾燥貯存		N
監測冷藏庫與冷凍庫溫度，冷藏庫需控制在 5°C 以下、冷凍庫在 -18°C 以下；週末、假日及下班時間，冷藏及冷凍設備都應如各書面前提方案連接資料記錄器或警報系統		N

材料／加工步驟	食品安全之危害	潛在的食品安全危害否顯著（Y/N）？
7. 非肉類原料的處理與測量	生物性──病原性微生物（如 O157:H7 型大腸桿菌、沙門氏菌、李斯特菌、金黃色葡萄球菌、旋毛蟲）	N
	化學性──設施中的過敏原、亞硝酸鈉／硝酸鈉	N
	物理性──無	
8. 分切、修整、去骨	生物性──病原性微生物（如 O157:H7 型大腸桿菌、沙門氏菌、李斯特菌、金黃色葡萄球菌、旋毛蟲）	N
	化學性──設施中的過敏原	N
	物理性──碎骨及異物汙染	N
9. 秤重／測量	生物性──病原性微生物（如 O157:H7 型大腸桿菌、沙門氏菌、李斯特菌、金黃色葡萄球菌、旋毛蟲）	N
	化學性──設施中的過敏原	N
	物理性──無	
10. 按照食譜塗抹醃料（CCP 2）	生物性──病原性微生物（如 O157:H7 型大腸桿菌、沙門氏菌、李斯特菌、金黃色葡萄球菌、旋毛蟲）	Y
	化學性──設施中的過敏原、亞硝酸鈉／硝酸鈉	N
	物理性──無	
11. 真空包裝	生物性──病原性微生物（如 O157:H7 型大腸桿菌、沙門氏菌、李斯特菌、金黃色葡萄球菌、旋毛蟲）	N
	化學性──設施中的過敏原	N
	物理性──無	

判定第三欄為 Y/N 之依據或理由	當第三欄為肯定（Y）時，顯著危害之防治措施	本步驟是重要管制點（CCP）（Y/N）
按照每份食譜準備原料並測量；SSOP 及衛生原則		N
按照每份食譜準備原料並測量；SSOP 及衛生原則、過敏原防治方針、管制原料紀錄		N
到此步驟之前，動物性食品都貯存於控溫冷藏庫，並在溫度控制於 7°C（含）以下的低溫區域處理；除鹽醃與乾燥步驟之外，SSOP 及衛生原則等前提方案也能控制危害		N
SSOP 及衛生計畫、過敏原防治方針		N
目測仔細檢視動物性食品，確保沒留下碎骨、工具或異物		N
動物性食品要在溫度控制於 7°C 以下的低溫區域處理；除鹽醃與乾燥步驟之外，SSOP 及衛生原則等前提方案也能控制危害		N
SSOP 及衛生原則、過敏原防治方針		N
原料的測量與準備若不確實，可能導致生豬肉鹽醃無效或不完全	材料必須以校準過的磅秤秤重；乾醃原料必須按照食譜準備，並依醃製動物性食品的正確比例塗抹	Y
SSOP 及衛生原則、過敏原防治方針、管制原料紀錄		N
動物性食品要在溫度控制於 7°C 以下的低溫區域處理；包裝袋上需標明適當指示；除鹽醃與乾燥步驟之外，SSOP 及衛生原則等前提方案也能控制危害		N
SSOP 及衛生原則、過敏原防治方針		N

材料／加工步驟	食品安全之危害	潛在的食品安全危害否顯著（Y/N）？
12. 保冷（≤ 5°C 以下）（CCP 3）	生物性——病原性微生物（如 O157:H7 型大腸桿菌、沙門氏菌、李斯特菌、金黃色葡萄球菌、旋毛蟲）	Y
	化學性——設施中的過敏原	N
	物理性——無	
13. 拆除包裝並移至開放容器	生物性——病原性微生物（如 O157:H7 型大腸桿菌、沙門氏菌、李斯特菌、金黃色葡萄球菌、旋毛蟲）	N
	化學性——設施中的過敏原	N
	物理性——無	
14. 低溫貯存靜置（≤ 5°C）	生物性——病原性微生物（如 O157:H7 型大腸桿菌、沙門氏菌、李斯特菌、金黃色葡萄球菌、旋毛蟲）	N
	化學性——設施中的過敏原	N
	物理性——無	
15. 黴菌接種	生物性——病原性微生物（如 O157:H7 型大腸桿菌、沙門氏菌、李斯特菌、金黃色葡萄球菌、旋毛蟲）	N
	化學性——設施中的過敏原	N
	物理性——無	
16. 培麴（CCP 4）	生物性——病原性微生物（如 O157:H7 型大腸桿菌、沙門氏菌、李斯特菌、金黃色葡萄球菌、旋毛蟲）	Y
	化學性——設施中的過敏原	N
	物理性——無	N
17. 秤重	生物性——病原性微生物（如 O157:H7 型大腸桿菌、沙門氏菌、李斯特菌、金黃色葡萄球菌、旋毛蟲）	N
	化學性——設施中的過敏原	N
	物理性——無	N

判定第三欄為 Y/N 之依據或理由	當第三欄為肯定（Y）時，顯著危害之防治措施	本步驟是重要管制點（CCP）（Y/N）
貯存期間的時間及溫度控管不當，可能導致鹽醃過程不完全	必須貯存於冷藏狀態（≤ 5°C）；貯存所需時間的計算方式為每 1.3 公分厚的肉（中心／最厚部位）需 1 天，並另加 24 小時	Y
SSOP 及衛生原則、過敏原防治方針、隔離貯存		N
動物性食品要在溫度控制於 7°C 以下的低溫區域處理；除鹽醃與乾燥步驟之外，SSOP 及衛生原則等前提方案也能控制危害		N
SSOP 及衛生原則、過敏原防治方針		N
監測冷藏庫與冷凍庫溫度，冷藏庫需控制在 5°C 以下、冷凍庫在 -18°C 以下；週末、假日與下班時間，冷藏及冷凍設備都應如各書面前提方案連接資料記錄器或警報系統；SSOP 及衛生原則；鹽醃與乾燥步驟		N
SSOP 及衛生原則、過敏原防治方針		N
接種黴菌所需原料按照食譜秤重、準備並塗抹		N
SSOP 及衛生原則、過敏原防治方針		N
鹽醃的動物性食品若在非控制環境中培麴，可能會有生物性危害的風險	培麴需受監測並在 29°C 及相對溼度 90% 的環境中進行 36-48 小時	Y
SSOP 及衛生原則、過敏原防治方針		N
		N
除鹽醃與乾燥步驟之外，SSOP 及衛生原則也能控制危害		N
SSOP 及衛生原則、過敏原防治方針		N

材料／加工步驟	食品安全之危害	潛在的食品安全危害否顯著 (Y/N)？
18. 乾燥（CCP 5)	生物性——病原性微生物（如 O157:H7 型大腸桿菌、沙門氏菌、李斯特菌、金黃色葡萄球菌、旋毛蟲）	Y
	化學性——設施中的過敏原	N
	物理性——無	N
19. 秤重	生物性——病原性微生物（如 O157:H7 型大腸桿菌、沙門氏菌、李斯特菌、金黃色葡萄球菌、旋毛蟲）	N
	化學性——設施中的過敏原	N
	物理性——無	
20. 包裝與標示	生物性——病原性微生物（如 O157:H7 型大腸桿菌、沙門氏菌、李斯特菌、金黃色葡萄球菌、旋毛蟲）	N
	化學性——設施中的過敏原	N
	物理性——無	
21. 冷藏貯存 (≤ 5° C)	生物性——病原性微生物（如 O157:H7 型大腸桿菌、沙門氏菌、李斯特菌、金黃色葡萄球菌、旋毛蟲）	N
	化學性——設施中的過敏原	N
	物理性——無	
22. 店內銷售	生物性——病原性微生物（如 O157:H7 型大腸桿菌、沙門氏菌、李斯特菌、金黃色葡萄球菌、旋毛蟲）	N
	化學性——無	
	物理性——無	

判定第三欄為 Y/N 之依據或理由	當第三欄為肯定（Y）時，顯著危害之防治措施	本步驟是重要管制點（CCP）（Y/N）
乾燥期間若時間與溫度控管不當，可能導致乾燥不完全	乾燥程序應在 13°C 及相對溼度 85-95% 的環境中進行，直到損失重量達總重的 35%；若用 1 號醃漬鹽，乾燥過程要 14 天以上，若用 2 號醃漬鹽，則乾燥過程要 45 天以上	Y
SSOP 及衛生原則、過敏原防治方針		N
除鹽醃與乾燥步驟之外，SSOP 及衛生原則也能控制危害		N
SSOP 及衛生原則、過敏原防治方針		N
除鹽醃與乾燥步驟之外，SSOP 及衛生原則也能控制危害；產品可在室溫下長期貯存		N
過敏原防治方針、標籤檢查		N
監測冷藏庫與冷凍庫溫度，冷藏庫溫度需控制在 5°C 以下、冷凍庫在 -18°C 以下；週末、假日及下班時間，冷藏及冷凍設備都應如各書面前提方案連接資料記錄器或警報系統		N
過敏原防治方針，標籤檢查		N
清楚標明指示應將該食品冷藏或冷凍，以避免病原性微生物滋生的風險		N

表 E. 3. 乾醃動物性食品 HACCP 計畫

重要管制點	危害	管制界限	驗效
原料乾燥貯存（CCP 1）	生物性——病原性微生物（如 O157:H7 型大腸桿菌、沙門氏菌、李斯特菌、金黃色葡萄球菌、旋毛蟲）	從貯存處取出原料前，都應檢查乾燥狀況；所有原料都不應有曾經受潮或正受潮的狀況	
按照食譜塗抹鹽醃原料（CCP 2）	生物性——病原性微生物（如 O157:H7 型大腸桿菌、沙門氏菌、李斯特菌、金黃色葡萄球菌、旋毛蟲）	原料必須以校準過的磅秤秤重；醃肉用醃料標準百分比為肉重（100%）2.5% 的鹽，及 0.25% 的 1 號醃漬鹽或 2 號醃漬鹽；在肉類成品中，亞硝酸鈉不可超過 200 ppm，硝酸鈉不可超過 500 ppm	《聯邦管制法規》第 21 章，172.175 節（21 CFR 172.175）
真空包裝	生物性——病原性微生物（如 O157:H7 型大腸桿菌、沙門氏菌、李斯特菌、金黃色葡萄球菌、旋毛蟲）	每個真空封裝袋都要標示包裝日期並指示需維持在 5°C 以下，且若 30 天內未使用或食用就應丟棄	《2016 年俄亥俄州統一食品安全法規》3717-1-03.4 (K)(2)(c)
冷藏貯存（≤5°C）（CCP 3）	生物性——病原性微生物（如 O157:H7 型大腸桿菌、沙門氏菌、李斯特菌、金黃色葡萄球菌、旋毛蟲）	必須貯存於冷藏狀態（≤5°C 以下）；貯存所需時間的計算方式為每 1.3 公分厚的肉（中心／最厚部位）需 1 天，另加 24 小時，接下來不加蓋靜置 36 小時	每份拉德《乾醃食譜》
麴菌接種	生物性——病原性微生物（如 O157:H7 型大腸桿菌、沙門氏菌、李斯特菌、金黃色葡萄球菌、旋毛蟲）	米麴菌（每公斤肉需要 5 毫升）及米粉（每公斤肉需要 120 克）混合，並裹覆於動物性食品上	附件 1——《米麴菌最終風險評估》（*Final Risk Assessment of Aspergillus oryzae*，1997 年 2 月）

監測	確認	使用設備	矯正措施
使用之前，受訓過的員工必須目視檢查醃料的乾燥狀況，每個月由主管或食品安全指導監督一次	目視檢查	無	若發現誤差（如發現原料受潮），原料即不得使用且必須丟棄
只有受訓過的員工可以準備並塗抹醃料，且每個月由主管或食品安全指導監督一次	目視檢查；磅秤校準	已校準的磅秤、測量裝置	若在準備時發現誤差（如測量不準確），可採取修正措施；若是在處理步驟之後才發現誤差（如已抹好醃料並冷藏），則必須將食品丟棄
只有受訓過的員工可以進行真空包裝並標示食品，每個月由主管或食品安全指導監督一次	目視檢查；標籤檢視	標示用的膠帶及麥克筆	若在處理步驟中發現誤差（如標示不正確），可採取矯正措施；若是在處理步驟之後才發現誤差（如貯存後看不到標籤），則必須將食品丟棄
受訓過的員工必須每日目視檢查冷藏庫與冷凍庫的溫度兩次	目視檢查	數位溫度顯示；冷藏庫與冷凍庫必須都配有電子溫度監測設備	若發現誤差（如冷藏庫超過 5 度°C）可採取矯正措施調整；需測量減氧包裝之動物性食品的溫度，若低於 5°C 則可保留（若冷藏／冷凍庫溫度已經過正確調整）或移至運作正常的冷藏／冷凍庫；若溫度上升至 5°C 以上，則必須丟棄該食品
只有受訓過的員工可準備並接種黴菌，每月由主管或食品安全指導監督一次	目視檢查；磅秤校準／使用測量設備	經校準的磅秤、測量裝置	若在準備過程中發現誤差（如測量錯誤）可採取矯正措施；若是在處理步驟之後才發現誤差（如已經接種黴菌並移入培麴階段），則須將食品丟棄

重要管制點	危害	管制界限	驗效
培麴（CCP 4)	生物性──病原性微生物（如 O157:H7 型大腸桿菌、沙門氏菌、李斯特菌、金黃色葡萄球菌、旋毛蟲）	培麴需在 29°C 及相對溼度 90% 的環境中進行 36-48 小時	附件 1 ──《米麴菌最終風險評估》（1997 年 2 月）；每件產品的米麴菌只有在培麴超過 3 天時才會有產生毒素的風險
乾燥（CCP 5)	生物性──病原性微生物（如 O157:H7 型大腸桿菌、沙門氏菌、李斯特菌、金黃色葡萄球菌、旋毛蟲）	乾燥過程應在 13°C 及相對溼度 85-95% 的環境中進行，直到損失重量達總重的 35%；若用 1 號醃漬鹽，乾燥程序要 14 天以上；若用 2 號醃漬鹽，則乾燥程序要 45 天以上	每份拉德《乾醃食譜》

監測	確認	使用設備	矯正措施
受訓過的員工必須目視監測培麴環境	「乾醃動物性食品監測表」	數位溫度顯示、經校準的溼度計、時間監測裝置	若在過程中發現誤差（如溫度不當），可採取矯正措施（如調整溫度）；若在處理步驟之後才發現誤差（如未填寫紀錄表），則需將食品丟棄
受訓過的員工必須目視監測進行乾燥的環境	「乾醃動物性食品監測表」	數位溫度顯示、經校準的溼度計、時間監測裝置、經校準的磅秤	若在過程中發現誤差（如溫度不當），可採取矯正措施（如調整溫度）；若在處理步驟之後才發現誤差（如未填寫紀錄表），則需將食品丟棄

RESOURCES

社群資源

作者、支持者和懂麴的人

此處列出了所有協助這本書成真的了不起
人物。沒有他們和他們的專業知識，這本
書就不會現在這副風貌了。他們是對麴抱
持無窮熱情的製造者、科學家、主廚、釀
酒師和作家。他們建立了全球各地以麴為
核心的美妙社群，請在社群媒體上追蹤他
們、買他們寫的書、造訪他們的店，也去
他們的餐廳用餐。

片山晶子 Akiko Katayama
紐約 Japanese Culinary Academy 理事
@akikokatayamanyc 📷
https://www.akikokatayama.com

艾佛列．佛朗西斯 Alfred Francese
德州奧斯汀「二粒小麥與黑麥」餐廳食物
貯藏室主管
@alfred.fr 🐦 📷

亞歷．塔伯特 Alex Talbot、
雅琪．卡莫薩瓦 Aki Kamozawa
《美食好點子》作者、賓州春屋 Curiosity
Doughnuts 研發主廚

@ideasinfood 🐦 📷
@curiositydoughnuts 📘🐦📷
https://blog.ideasinfood.com
http://www.curiositydoughnuts.com

安娜．瑪寇 Anna Markow
紐約市的甜點廚師
@verysmallanna 📘🐦📷

Arielle Johnson, PhD
Good Eats 節目科學主任
@arielle_johnson 📷

班特利．利姆博士 Bentley Lim, PhD
耶魯大學的微生物學家
https://www.researchgate.net/
publication/316309161_Engineered_Regulatory_
Systems_Modulate_Gene_Expression_of_
Human_Commensals_in_the_Gut

布蘭登．拜爾斯 Branden Byers
《發酵入門指南》作者、FermUp 主腦
@fermup 📘🐦📷
http://fermup.com

布萊恩.班切克 Brian Benchek
俄亥俄州克利夫蘭「瓶屋啤酒及蜂蜜酒」
餐廳店主與釀酒師
@bottlehousebrew 📷
@thebottlehousebrewery 🔘
https://www.bottlehouse.co

布萊恩與米基.凱勒曼
Brian & Mickey Kellerman
俄亥俄州哥倫布市「凱勒曼顧問公司」食
品安全顧問與 HACCP 專家
@kellermanohio 🐦
@kellermanconsulting 🔘
https://www.kellermanconsulting.com

李加樂 Coral Lee
美食家、《就該吃這個》節目主持人
@meanttobeeaten 🐦📷
https://heritageradionetwork.org/series/meant-to-
be-eaten

凱文.法利 Kevin Farley、
亞莉絲.霍茲文 Alex Hozven
加州柏克萊「發酵醃菜店」店主
@culturedpickleshop 📷
https://www.culturedpickleshop.com

辛西亞.葛拉伯 Cynthia Graber
記者、《滿腹飽足》主持人
@cagraber 🐦
@gastropodcast 🔘🐦
https://gastropod.com

大衛.艾格 David Uyger
德州達拉斯「露西亞餐廳」主廚兼店主、
豬肉王子
@lucia_dallas 🔘📷
https://www.luciadallas.com/#

黛安娜.克拉克 Diana Clark
俄亥俄州伍斯特的牛解剖專家、安格斯牛
肉認證專家
@certifiedangusbeef 🔘📷
https://www.certifiedangusbeef.com

艾瑞克.艾德金 Eric Edgin
木工
@ericedgin 📷

尤金.澤蘭尼 Eugene Zeleny
麻省理工學院媒體實驗室工程師兼木工、
WouldWorkShop 店主
@wouldwork_shop 📷
https://www.etsy.com/shop/WouldWorkShop

柳仁晶 Irene Yoo
發酵學家、紐約 Yoo Eating 主廚
@yooeating 🐦📷
@heyireneyoo 📷
http://www.yooeating.com

詹姆斯.威曼 James Wayman
康乃狄克州密斯提克「牡蠣俱樂部」、
Engine Room、Grass & Bone 餐廳主廚
@jameswayman 📷
http://www.oysterclubct.com

傑若米.基恩 Jeremy Kean
麻州牙買加平原「布拉希卡咖啡廚房」主
廚兼店主
@brassicakitchen 🐦📷
@keanjeremy 📷
https://www.brassicakitchen.com

強.艾德勒 Jon Adler
加州希茲堡「單引線餐廳」侍酒師
@jonadzer 📷

約翰 . 吉本斯博士 John Gibbons, PhD

麻州伍斯特克拉克大學基因組學家

強尼 . 德蘭 Johnny Drain

倫敦「小獸」餐廳發酵研發部部長、
《MOLD》雜誌共同編輯

@drjohnnydrain 🐦 📷

約翰 . 哈特 John Hutt

紐約布魯克林「飲食博物館」行政主廚兼
研究者

@crasstafarian 📷

@mofad 🐦 📷

@MOFADInfo 📘

https://www.mofad.org

Josh Evans

飲食研究者

www.joshuadavidevans.com

哈利 . 羅森布倫 Harry Rosenblum

紐約布魯克林「布魯克林廚房」創辦者、
《醋的復興》作者

@thebklynkitchen 📘 🐦 📷

https://www.thebrooklynkitchen.com

Ken Fornataro

主廚、發酵學家、紐約 Cultures Group 發酵
組織成員

@culturesgroup 📷

https://cultures.group

凱文 . 芬克 Kevin Fink

德州奧斯丁「二粒小麥與黑麥」餐廳主廚
兼老闆

@emmerandrye 📷

https://emmerandrye.com

金 . 溫多 Kim Wejendorp

丹麥哥本哈根「阿瑪斯餐廳」研發主管

@kimwejendorp 📷

https://amassrestaurant.com/

克絲汀 . 蕭凱 Kirsten Shockey

《發酵蔬菜》、《嗆辣發酵物》、《味噌、
天貝、納豆與其他美味發酵物》作者

@kirstenstockey 📷

http://ferment.works

樋口弘一

日本大阪「樋口松之助商店」公司第七代
經營者

http://www.higuchi-m.co.jp/english
/index.html

克莉絲汀和凱文 . 韓斯利夫婦 Kristyn &
Kevin Henslee

農人、乳酪製造商、俄亥俄州塞維爾「黃
屋乳酪」經營者

@yellowhousecheese 🐦 📷

@yhc_yellowhouse 🐦

http://www.yellowhousecheese.com

Mara Jane King

發酵學家、科羅拉多州波德「Ozuké」品牌
經營者

@zukemono 📷

@we.are.ozuke 📷

@weareozuke 📘 🐦

https://ozuke.com

梅瑞迪絲 . 利 Meredith Leigh

《道德肉品手冊》、《純粹熟肉》作者

@mereleighfood 📘 🐦 📷

http://www.mereleighfood.com

Misti Norris
德州 Petra and the Beast 餐廳主廚兼經營者
@misti.j.norris ⊙
@petraandthebeast ⊙

尼柯.穆拉托雷 Nicco Muratore
麻州劍橋「聯邦餐廳」行政主廚
@niccomuratore 🅕 🅣 ⊙

山姆.傑特 Sam Jett
田納西州納什維爾「拼布製作公司」研發
部主管兼共同創辦人
@samuel.jett ⊙

尚恩.達赫帝 Sean Doherty
緬因州波特蘭的主廚與烘焙師
@naes2020 ⊙

史蒂芬.萊曼 Stephen Lyman
燒酎大使、《日本酒完全指南》作者、Sake
School of America 學校燒酎知識教師
@shochu_danji 🅣 ⊙
http://kampai.us

莎拉與艾賽亞.康尼奇歐
Sarah Conezio & Isaiah Billington
馬里蘭州「White Rose Miso」、「維好醋」
品牌經營者
@whiterosemiso ⊙
@keepwellvinegar ⊙
https://www.keepwellvinegar.com

書籍

《發酵聖經》山鐸．卡茲一著（大家出版，
2014）

《味噌之書：你吃到的每一口都蘊藏著千
年發酵的極致之秘》威廉.夏利夫、青柳昭
子一著（柿子文化．2019）

《味噌、天貝、納豆與其他美味發酵物》
（Miso, Tempeh, Natto and Other Tasty
Ferments）克絲汀與克里斯多福.蕭凱一著
（Storey, 2019）

《NOMA 餐廳發酵實驗：米麴、康普茶、
醬油、味噌、醋、古魚醬、乳酸菌及黑化
蔬果》瑞內.雷澤比、大衛.齊爾柏一著（大
家出版，2020）

《Preserving the Japanese Way》Nancy Singleton
Hachisu — 著（Andrews McMeel Publishing,
2015）

《食物與廚藝》哈洛德.馬基一著（大家出
版，2011）

《The Oxford Companion to Food》Alan
Davidson — 著（Oxford University Press, third
edition 2014）

NOTES

参考書目

第一章　麴是什麼

1. Patrick E. McGovern et al., "FermentedBeverages of Pre- and Proto-Historic China," *Proceedings of the National Academy of Sciences of the United States of America* 101, no. 51 (December 2004): 17593–98, doi:10.1073/pnas.0407921102.

2. Masayuki Machida, Osamu Yamada, and Katsuya Gomi, "Genomics of *Aspergillus oryzae*: Learning from the History of Koji Mold and Exploration of Its Future," *DNA Research* 15, no. 4 (August 2008): 173–83, doi:10.1093/dnares/dsn020.

3. Kathleen Tuthill, "John Snow and the Broad Street Pump on the Trail of an Epidemic," *Cricket Magazine* 31, no. 3 (November 2003), https://www.ph.ucla.edu/epi/snow/snowcricketarticle.html.

4. McGovern et al., "Fermented Beverages."

5. William Shurtleff and Akiko Aoyagi, *History of Miso, Soybean Jiang (China), Jang (Korea), and Tauco / Taotjo (Indonesia) (200 bc–2009)* (Lafayette, CA: Soyinfo Center, 2009), 7.

6. Tove Christensen et al., "High Level Expression of Recombinant Genes in *Aspergillus oryzae*," *Nature Biotechnology* 6 (December 1988): 1419–22.

7. Justin P. Jahnke et al., "*Aspergillus oryzae–Saccharomyces cerevisiae* Consortium Allows Bio-Hybrid Fuel Cell to Run on Complex Carbohydrates," *Microorganisms* 4, no. 1 (February 2016): 10, doi: 10.3390/microorganisms4010010; Hiroshi Maeda et al., "Purification and Characterization of a Biodegradable Plastic-Degrading Enzyme from *Aspergillus oryzae*," *Applied Microbiology Biotechnology* 67, no. 6 (June 2005): 778–88, doi: 10.1007/s00253-004-1853-6.

8. Hiroshi Hamajima et al., "Japanese Traditional Dietary Fungus Koji *Aspergillus oryzae* Functions as a Prebiotic for *Blautia coccoides* Through Glycosylceramide: Japanese Dietary Fungus Koji Is a New Prebiotic," *Springerplus* 5, no. 1 (August 2016): 1321, doi:10.1186/s40064-016-2950-6.

第三章　風味形成的流程

1. Harold McGee, *On Food and Cooking: The Science and Lore of the Kitchen* (New York: Scribner, 2004), 155–56.

第五章　拓展你的培麴種類

1. D. K. O'Toole, "Soybean: Soy-Based Fermented Foods," in *Encyclopedia of Grain Science* ed. Colin W. Wrigley, Harold Corke, and Charles Walker (Amsterdam: Elsevier, 2004), 180, doi:10.1016/b978-0-12-394437-5.00129-7.

2. Y. H. Yui et al., *Handbook of Food and Beverage Fermentation Technology* (New York: Marcel Dekker, 2004), 503.

3. Yui et al., 545.

第六章
短時間增進風味：快速用麴的方法

1. Yoshifumi Oguro, Ayana Nakamura, and Atsushi Kurahashi, "Effect of temperature on saccharification and oligosaccharide production efficiency in koji amazake," *Journal of Bioscience and Bioengineering* 127, no. 5 (2019): 570-574, doi:10.1016/j.jbiosc.2018.10.007.

2. Ruann Janser Soares de Castro and Helia Harumi Sato, "Protease from *Aspergillus oryzae*: Biochemical Characterization and Application as a Potential Biocatalyst for Production of Protein Hydrolysates with Antioxidant Activities," *Journal of Food Processing* (2014): Article ID 372352, doi:10.1155/2014/372352.

3. William Shurtleff and Akiko Aoyagi, *The Book of Miso* (CreateSpace, 2018), 162.

4. Shurtleff and Aoyagi, *The Book of Miso*

第七章　胺基酸糊醬

1. Nancy Singleton Hachisu, *Preserving the Japanese Way: Traditions of Salting, Fermenting, and Pickling for the Modern Kitchen* (Kansas City, MI: Andrews McMeel Publishing, 2015), 52.

2. Stan Kubow, "Routes of Formation and Toxic Consequences of Lipid Oxidation Products in Foods," *Free Radical Biology and Medicine* 12, no. 1 (1992): 63–81, doi:10.1016/0891-5849(92)90059-P; Samantha A. Vieira, David Julian McClements, and Eric A. Decker, "Challenges of Utilizing Healthy Fats in Foods," *Advances in Nutrition* 6, no. 3 (May 7, 2015): 309S–17S, doi:10.3945/an.114.006965.

3. P. L. Pavcek and G. M. Shull, "Inactivation of Biotin by Rancid Fats," *Journal of Biological Chemistry* 146, no. 2 (December 1942): 351–55.

4. Bing-Jian Feng et al., "Dietary Risk Factors for Nasopharyngeal Carcinoma in Maghrebian Countries," *International Journal of Cancer* 121, no. 7 (June 2007): 1550–55, doi:10.1002/ijc.22813; Ying-Chin Ko et al., "Chinese Food Cooking and Lung Cancer in Women Nonsmokers," *American Journal of Epidemiology* 151, no. 2 (January 2000): 140–47, doi:10.1093/oxfordjournals.aje.a010181.

5. Tom P. Coulate, *Food: The Chemistry of Its Components* (Cambridge, U.K.: Royal Society of Chemistry, 2009), 122–23.

6. McGee, *On Food and Cooking*, 145.

7. KeShun Liu, "Food Use of Whole Soybeans," in *Soybeans: Chemistry, Production, Processing, and Utilization*, ed. Lawrence A. Johnson, Pamela J. White, and Richard Galloway (Urbana, IL: AOCS Press, 2008): 441–481, doi:10.1016/B978-1-893997-64-6.50017-2.

8. William Shurtleff and Akiko Aoyagi, "A Comprehensive History of Soy" (Lafayette, CA: Soyinfo Center, 2019), http://www.soyinfocenter.com/HSS.

9. Seung-Beom Hong, Dae-Ho Kim, and Robert A. Samson, "*Aspergillus* Associated with Meju, a Fermented Soybean Starting Material for Traditional Soy Sauce and Soybean Paste in Korea," *Mycobiology* 43, no. 3 (2015): 218–24, doi:10.5941/myco.2015.43.3.218; Dae-Ho Kim et al. "Mycoflora of Soybeans Used for Meju Fermentation," *Mycobiology* 41, no. 2 (2013):

100–07, doi:10.5941/myco.2013.41.2.100.

10. Hyeong-Eun Kim, Song-Yi Han, and Yong-Suk Kim, "Quality Characteristics of Gochujang Meju Prepared with Different Fermentation Tools and Inoculation Time of *Aspergillus oryzae*," *Food Science and Biotechnology* 19, no. 6 (December 2010): 1579–85, doi:10.1007/s10068-010-0224-6.

11. D. Y. Kwon et al., "Isoflavonoids and Peptides from Meju, Long-Term Fermented Soybeans, Increase Insulin Sensitivity and Exert Insulinotropic Effects in Vitro," *Nutrition* 27, no. 2 (February 2011): 244–52, doi:10.1016/j.nut.2010.02.004.

12. Su Yun Lee et al., "Mass Spectrometry-Based Metabolite Profiling and Bacterial Diversity Characterization of Korean Traditional Meju During Fermentation," *Journal of Microbiology and Biotechnology* 22, no. 11 (November 2012): 1523–31, doi:10.4014/jmb.1207.07003.

13. Dae-Ho Kim et al., "Fungal Diversity of Rice Straw for Meju Fermentation," *Journal of Microbiology and Biotechnology* 23, no. 12 (November 2013): 1654–63, doi:10.4014/jmb.1307.07071.

14. Kim et al., "Mycoflora of Soybeans Used for Meju Fermentation." 15. Woo Yong Jung et al., "Functional Characterization of Bacterial Communities Responsible for Fermentation of Doenjang: A Traditional Korean Fermented Soybean Paste," *Frontiers in Microbiology* 7 (May 2016): 827, doi:10.3389/fmicb.2016.00827.

第八章　胺基酸醬汁

1. McGee, *On Food and Cooking*.

2. Jennifer LeMesurier, "Uptaking Race: Genre, MSG, and Chinese Dinner," *Poroi: An Interdisciplinary Journal of Rhetorical Analysis and Invention* 12, no. 2 (2017): Article 7, doi:10.13008/2151-2957.1253.

3. William Shurtleff and Akiko Aoyagi, "History of Soy Sauce, Shoyu, and Tamari" (Lafayette, CA: Soyinfo Center, 2004), 4, http://www.soyinfocenter.com/HSS/soy_sauce4.php.

4. Shurtleff and Aoyagi, "History of Soy Sauce, Shoyu, and Tamari," 4.

5. Yui et al., *Handbook of Food and Beverage Fermentation Technology*, 507.

第九章　酒與醋

1. Lisa Solieri et al., *Vinegars of the World* (Milan: Springer, 2009), 22–23.

第十章　熟成肉類與熟肉

1. 5m Editor, "Ageing and the Impact on Meat Quality," The Pig Site, last modified June 1, 2012, https://thepigsite.com/articles/ageing-and-the-impact-on-meat-quality.

2. Sue Shephard, *Pickled, Potted, and Canned: How the Art and Science of Food Preserving Changed the World* (New York: Simon & Schuster, 2000), 70.

3. Marta Laranjo, Miguel Elias, and Maria João Fraqueza, "The Use of Starter Cultures in Traditional Meat Products," *Journal of Food Quality* 3 (2017): 1–18, doi:10.1155/2017/9546026.

第十二章　蔬菜

1. William Shurtleff and Akiko Aoyagi, *The Book of Tofu and Miso* (Berkeley: Ten Speed Press, 2001), 41.

2. Yunping Zhu, "Characterization of a Naringinase from *Aspergillus oryzae* 11250 and Its Application in the Debitterization of Orange Juice," *Process Biochemistry* 62 (November 2017): 114–21.

附錄 B
深入探索製作胺基酸糊醬與醬汁

1. Toshihide Nishimura and Hiromichi Kato, "Taste of Free Amino Acids and Peptides," *Food Reviews International*4, no. 2 (January 1988): 175–94, doi:10.1080/87559128809540828.

2. Ninomiya Yuzo et al., "Taste Synergism Between Monosodium Glutamate and 5'-Ribonucleotide in Mice," *Comparative Biochemistry and Physiology Part A: Physiology* 101, no. 1 (January 1992): 97–102, doi:10.1016/0300-9629(92)90634-3.

3. Juerg Solms, "Taste of Amino Acids, Peptides, and Proteins," *Journal of Agricultural and Food Chemistry* 17, no. 4 (July 1969): 686–88, doi:10.1021/jf60164a016.

4. Cindy J. Zhao, Andreas Schieber, and Michael G. Gänzle, "Formation of Taste-Active Amino Acids, Amino Acid Derivatives and Peptides in Food Fermentations—A Review," *Food Research International* 89, no. 1 (August 2016): 39–47, doi:10.1016/j.foodres.2016.08.042.

5. Yang Yang et al., "Dynamics of Microbial Community During the Extremely Long-Term Fermentation Process of a Traditional Soy Sauce," *Journal of the Science of Food and Agriculture* 97, no. 10 (February 13, 2017):3220–27, doi:10.1002/jsfa.8169.

6. Soichi Furukawa et al., "Significance of Microbial Symbiotic Coexistence in Traditional Fermentation," *Journal of Bioscience and Bioengineering* 116, no. 5 (November 2013): 533–39, doi:10.1016/j.jbiosc.2013.05.017.

7. Xiaohong Cao et al., "Genome Shuffling of *Zygosaccharomyces rouxii* to Accelerate and Enhance the Flavour Formation of Soy Sauce," *Journal of the Science of Food and Agriculture* 90, no. 2 (November 2009): 281–85, doi:10.1002/jsfa.3810; Xiaohong Cao et al., "Improvement of Soy-Sauce Flavour by Genome Shuffling in *Candida versatilis* to Improve Salt Stress Resistance," *International Journal of Food Science & Technology* 45, no. 1 (December 11, 2009): 17–22, doi:10.1111/j.1365-2621.2009.02085.x.

8. Yutaka Maruyama, "Umami Responses in Mouse Taste Cells Indicate More than One Receptor," *Journal of Neuroscience* 26, no. 8 (February 22, 2006): 2227–34, doi:10.1523/JNEUROSCI.4329-05.2006.

9. Feng Zhang et al., "Molecular Mechanism for the Umami Taste Synergism," *Proceedings of the National Academy of Sciences of the United States of America* 105, no. 52 (December 2008): 20930–34, doi:10.1073/pnas.0810174106.

10. Jaewon Shim et al., "Modulation of Sweet Taste by Umami Compounds via Sweet Taste Receptor Subunit hT1R2," *PloS One* 10, no. 4 (April 8, 2015): e0124030–39, doi:10.1371/journal.pone.0124030; Min Jung Kim et al., "Umami-Bitter Interactions: The Suppression of Bitterness by Umami Peptides via Human Bitter Taste Receptor," *Biochemical and Biophysical Research Communications* 456, no. 2 (January 9, 2015): 586–90, doi:10.1016/j.bbrc.2014.11.114.

11. D. Glenn Black and Jeffrey T. Barach, *Canned Foods: Principles of Thermal Process Control, Acidification and Container Closure Evaluation,* 8th ed. (Arlington, VA: GMA Science and Education Foundation, 2015).

中英譯名對照表

譯名	原文
1 號醃漬鹽	Cure #1
4- 羥基 -2(或 5)- 乙基 -5- 甲基 3(2H)- 呋喃酮	4-hydroxy-2(or 5)-ethyl-5(or 2)-methyl-3(2H) furanone
898 號南瓜	898 squash
Hikami 吟釀	Hikami Ginjo
Hi 醬油麴菌	Hi-Sojae
L - 麩胺酸鈉，味精	monosodium L-glutamate
L- 天門冬胺酸	L-aspartic acid
O157 型大腸桿菌	O157:H7
α 澱粉酶	alpha-amylase
β 澱粉酶	beta-amylase

1-5 劃

九號醬油麴菌	Sojae No. 9
二次釀造醬油	saishikomi shoyu
二粒小麥	emmer
八丁味噌	Hatcho Miso
十二號醬油麴菌	Sojae No. 12
三磷酸腺苷	adenosine triphosphate
上海酒餅丸	Shanghai Yeast Balls
上層酵母	surface yeast
叉燒	char siu
大北豆	great northern bean
大豆	soybean
大芻草	teosinte
大麥用本格燒酎菌	brown koji fungus for barley
大麥麥芽粉	yeotgireum
大麥麴	barley koji
大腸桿菌	escherichia coli
大醬	dwenjang/doenjang
大麴	daqu
小米	millet

譯名	原文
小扁豆	lentil
小麥糊醬	wheat paste
小菜	namul
小麴	Xiaoqu
山廢	Yamahai
山藥	yam
不可能的漢堡	Impossible Burger
中東芝麻醬	tahini
中國根黴	Rhizopus chinensis
中筋麵粉	all purpose flour
五爪蘋果	Red Delicious
分生孢子	conidia
分生孢子柄	conidiophore
天貝	tempeh
天甜酒	amanotamuznake
太平洋鱸魚	ocean perch
少孢根黴菌	Rhizopus oligosporus
巴塔麵包	batard
手拭巾	tenugui
支鏈澱粉	amylopectin
文化挪用	cultural appropriation
方形調理盆	hotel pan
日本南瓜	kabocha squash
日本柳杉	Japanese cedar
日本根黴	Rhizopus japonicus
木槿	hibiscus
木質素	lignin
毛黴目	Mucorales
水合	hydration
水合膠	hydrocolloid
水活性	water activity
火腿	prosciutto
牛下肩胛眼肉	chuck eye
牛肝菌	porcini mushroom
牛盲腸腸衣	beef bung casing
牛胸肉	brisket

牛腹壁	spider cut
冬瓜	white melon
卡士達醬	custard
卡瓦斯	kvass
卡羅來納黃金米	Carolina Gold rice
去麩小麥粒	wheat berry
古魚醬	garum
四級銨消毒劑	multi-quat sanitizer
外稃	lemma
奶油乳酪	cream cheese
巧克力磷酸鹽氣泡飲	chocolate phosphates
巨量營養素	macronutrient
布里乳酪	Brie
布朗迪	blondie
本味醂	hon mirin
汁粕漬	shiru-kasu-zuke
瓦倫西亞油莎草漿	Horchata
甘酒	amazake
甘麴	amakoji
生抽	shengchou
生粕	namakasu
生酮肉乾	keto jerky
生醬油	raw shoyu
生麴	fresh koji
生酛	kimoto
田牧米	Tamaki Gold Rice
田園沙拉醬	ranch dressing
白地絲黴菌	Geotrichum candidum
白豆	white bean
白味噌	shiro miso
白胡桃南瓜	butternut squash
白酒	baijiu
白脫乳	buttermilk
白醬油	shiro shoyu
白麴	Aspergillus kawachi
皮殼	patina
皮膚麴菌病	cutaneous aspergillosis

6-8 劃

先進先出 (FIFO)	first-in first-out
全隻屠宰	whole-animal butchery
印度香米	basmati rice
回春水	rejuvelac
地理標示保護	geographic indication protection
多香果	allspice
多醣	polysaccharide
次級代謝物	secondary metabolites
灰喇叭菌	black trumpet mushroom
灰藍毛黴	Mucor griseocyanus
米味噌用 BF1 號菌	BF1 for Rice Miso
米味噌用 BF2 號菌	BF2 for Rice Miso
米味噌用白 Moyashi 菌	White Moyashi for Rice Miso
米根黴	Rhizopus oryzae
米粉	rice flour
米醋	komezu
米醋	ssal sikcho
米麴菌	Aspergillus oryzae
羊毛狀青黴	Penicillium lanosum
老抽	lauchou
肉毒桿菌	botulinum
肉桂糖霜奶油餅乾	Snickerdoodle
肌紅蛋白	myoglobin
肌苷酸鹽	inosinate
肌動蛋白纖維	actin filaments
肌絲	myofilaments
肌凝蛋白	myosin
自解作用	autolysis
血屠夫玉米	bloody butcher corn
西西里甜醋油漬熟沙拉	caponata
西班牙卡瓦氣泡酒	cava
克隆氏症	Crohn's disease
冷收縮	cold-shortening
冷燻	cold smoke

尾骨	coccyx	表面硬化	case hardening
快爾衛食品真空袋	Cryovac	金山寺味噌	Kinzanji miso
抓飯	pilaf rice	金黃色葡萄球菌	Staphylococcus aureus
李斯特菌	Listeria monocytogenes	金銀花	honeysuckle
李斯特菌症	listeriosis	金線瓜	spaghetti squash
沖繩泡盛	Okinawan awamori	長粒米	long grain rice
沙門氏桿菌症	salmonellosis	阿勒坡辣椒	aleppo chili
沙門氏菌	salmonella	阿諾帕瑪（飲料）	Arnold Palmer
狂牛症	BSE	青醬	pesto
豆味噌用橋本菌	Hashimoto for Soybean Miso		

9-10 劃

豆豉	douchi	保水力	water-binding capacity
豆豉醬	Chinese fermented black bean paste	信州味噌	Shinshu miso
		前提方案	prerequisite program
豆糊醬	soybean paste	南非肉乾	biltong
赤味噌	aka miso	哈伯南瓜	Hubbard squash
乳酸桿菌	lactobacilli	哈拉佩諾辣椒	jalapeño
乳酸菌	lactic acid bacteria	哈拉佩諾辣椒鑲乳酪	jalapeño poppers
乳酸菌屬	Lactobacillus	室內加濕器	room humidifier
亞硝酸鈉	sodium nitrite	屍僵	rigor mortis
味噌	miso	春醬	chunjang
味醂	mirin	枯草桿菌	Bacillus subtilis
味醂風調味料	shin mirin	柿餅工法蘋果乾	apple hoshi-gaki
奈良漬	Nara-zuke	洗浸乳酪	washed-rind cheese
帕內拉紅糖	panela	洛克福耳青黴菌	Penicillium roqueforti
帕瑪森乳酪	Parmesan cheese	洛克福乳酪	Roquefort
板粕	itakasu	活機體	living organism
板鴨	salt-pressed duck	珍珠大麥	pearled barley
果醋	gwail sikcho	皇帝豆	lima
油莎豆	tigernut	相對濕度	relative humidity
油醋醬	vinaigrette	相撲鍋	Sumo Stew
法式肉派	Pâté	紅肉橙	Cara Cara orange
泡盛	awamori	紅麴	hongqu
泡盛黑麴菌	Aspergillus luchuensis var. awamori	紅麴菌	Monascus purpureus
波蘭餃子	pierogi	紅麴酒	hongjiu
炒	sauté	紅麴醋	hongcu
直鏈澱粉	amylose	美式棉花糖米香	Rice Krispies
芝麻	benne seed		

耐滲壓酵母	osmophilic yeasts	病原性微生物	Vegetative pathogens
胚乳	endosperm	病原微生物	pathogenic microbe
胚芽乳酸桿菌	Lactobacillus plantarum	益生素	prebiotic
胜肽	peptide	紐約客牛排	New York strip steak
胞外消化	extracellular digestion	純米生酒	junmai nama
苔麩	teff	索雷拉系統	solera
茄子芝麻醬	Baba Ganoush	胺基酸	amino acid
茅台	Moutai	胺基酸醬汁	amino sauce
虹鱒	steelhead	胺基酸糊醬	amino paste
計量基因體學	computational genomics	脂肪酸	fatty acid
革蘭氏陰性菌	gram-negative bacteria	豇豆	cowpea
革蘭氏陽性菌	gram-positive bacteria	迷幻爵士	acid jazz
風土	terroir	酒粕	kasu
食物地景	foodscape	酒精飲料	alcoholic beverage
食物乾燥機	dehydrator	酒精濃度	ABV
食品危險溫度帶	food danger zone	酒麴	jiuqu
食品安全	food safety	酒釀	jiuniang
首次發酵	bulk fermentation	馬格利酒	makgeolli
香炒蔬菜醬底	soffritto	馬格利醋	makgeolli sikcho
香魚	sweetfish	馬薩玉米粉	masa
香薄荷	savory	骨盆懸掛法	Pelvic Suspension
香檳酵母	champagne yeast	高脂鮮奶油	heavy cream
香蘭葉	pandan leaves	高原草藥氣泡水	adaptogen soda
原塊肉類	Whole-Muscle	高粱	sorghum
原蔗糖	raw cane sugar	高盧	Gaul
家醬油	jip-ganjang	鬥牛犬基金會	elBullifoundation
柴魚	katsuobushi		
柴魚片	bonito		
栗子	chestnut		
核苷酸	nucleotide	乾式熟成	dry-aged
氣泡水	seltzer	乾球溫度計	dry bulb thermomete
氣泡石	air stone	乾擦料	rub
氧基麩酸	oxyglutamic acid	側腹橫肌	beef skirt
泰國白酒	lao khao	參巴醬	sambal
泰國香米	jasmine rice	參考溫度計	reference thermometer
烘焙墊	Silpat	啤酒花	hop
特百惠	Tupperware	基因體	genome
琉球麴菌	Aspergillus luchuensis	基質	substrate

11-13 劃

堅果麥片	granola	備料廚師	prep cook
寄生麵黴	Aspergillus parasiticus	單向排氣閥	air lock
常燃小火	pilot light	單醣	simple sugars/ monosaccharide
康門貝爾乳酪	Camembert cheese		
康普茶	kombucha	斑豆	pinto
探針溫度計	probe thermometer	棒麴黴素	Patulin
接合子	zygote	棗子	jujube
接種劑	inoculant	植物根麥根沙士	foraged-root root beer
旋毛蟲	Trichinella spiralis	殘糖	residual sugar
梅納反應	義大利風乾牛肉	氯化鈉	sodium chloride
梅森罐	mason jar	減氧包裝	reduced oxygen packaging
液體比重計	hydrometer	游離水	free water
淡口醬油	usukuchi shoyu	湯醬油	guk-ganjang
淡米味噌孢子	Light Rice Miso spores	無酒精雞尾酒	mocktail
清酒酒粕	Sake Kasu/ Sake lees	焦糖化	caramelization
現代主義料理運動	Modernist Food Movement	猶太丸子湯	matzo ball soup
		猶太黑麥麵包	Jewish rye
硫磺菌	chicken of the woods	猶太鹽	kosher salt
粕取燒酎	kasutori shochu	番茄培根醬	amatriciana
粕漬	kasuzuke	番薯	sweet potato
荷蘭鍋	Dutch oven	發芽	germination
莎莎醬	salsa	發酵奶油	cultured butter
莢豆	gram	發酵箱	proofing cabinet
莫札瑞拉乳酪	mozzarella	發酵鮮奶油	cultured cream
蛋白酶	protease enzyme	發黴洗浸乳酪	mold rind cheese
蛋蜜乳	egg cream	短小桿菌	Bacillus pumilus
速釀酛	sokujo-moto	硝酸鈉	sodium nitrate
雪酪	sorbet	硝酸鉀	saltpeter
魚丸凍	gefilte fish	結合水	bound water
魚肉醬	eoyukjang	絲狀構造	filament
魚露	fish sauce	舒肥	sous-vide
鳥苷酸	guanylate	菊芋	sunchoke
鹵水	brine	菌絲體	mycelium
麥味噌	mugi miso	菌源說	germ theory
麥味噌用菌	Barley Yellow Koji for Barley Miso	菌種／培養物	culture
		菩提酛	bodaimoto
麥芽汁	wort	超微結構	ultrastructure
麥芽配方	grain bill	鄉村火腿	country ham

開放青黴	Penicillium patulum	過夏酒	gwahaju
集乳桶	milk bucket	過敏性支氣管肺部麴菌病	allergic bronchopulmonary Aspergillosis {=ABPA}
黃酒	huangjiu	過濾袋	bag filter
黃醬	huangjiang	酪蛋白	casein
黃麴	yellow koji	酯	ester
黃麴毒素	aflatoxin	電刺激	electrical stimulation
黃麴菌	Aspergillus flavus	預防性維護	preventive maintenance
黑根黴	Rhizopus nigricans	鼓眼魚	walleye
黑麴菌	Aspergillus niger/ Black Koji Fungus		

嗅腺	olfactory gland		
嗜旱黴菌	Xerophilic mold	嫩腰肉	lomo
嗜熱菌	thermophilic bacteria	孵芽	malting
嗜鹽細菌	halophilic bacteria	寡糖	oligo sugar
塑膠保鮮盒	deli container	慢性肺麴菌病	chronic pulmonary
微量營養素	micronutrient	滲出液	purge
溜醬油	tamari	漂浮飲	float
溫突	ondol	漬物	tsukemono
溫濕度控制器	temperature and humidity controller	碳酸化	condition
		福建老酒	Fujian Laoji
溶血性尿毒症候群	hemolytic uremic syndrome	福建糯米酒	Fujian nuomi jiu
溼醃	wet cure	種皮	seed coat
煙燻牛肉	pastrami	種麴	koji-kin/koji starter
瑞可達乳酪	Ricotta cheese	管制界線	critical limit
義大利薩拉米香腸	salami	精緻餐飲	fine dining
義式牛肉乾	bresaola	精釀啤酒	craft beer
義式冰淇淋	gelato	舞菇	maitake
義式乾醃肉	salumi	語體領會	genre uptake
義式粗玉米糊	polenta	輕度發酵米用種麴	light rice koji-kin
義式醃豬背油	lardo	酵母丸	yeast ball
義式醃豬頰	guanciale	酵母酒醪	starter mash
腹脇肉	flank	酵種	starter
葡萄球菌	Staphylococcal	酵種培養物	starter culture
葡萄糖澱粉酵素	glucoamylase	酸酒	sour
蜂蜜南瓜	Honeynut	酸種麵包	sourdough bread
蜂蜜酒	mead	酸鹼值緩衝劑	pH buffer
解糖酵素	saccharase	銀鱈	black cod

墨西哥黃豆	mayocoba bean	魯酵母	Saccharomyces rouxii
墨西哥墨雷醬	mole	麩胺酸	glutamate
墨西哥熱可可	Champurrado	麩胺酸	L-glutamic acid
德國酸菜	sauerkraut		

<table>
<tr><td colspan="2" align="center">16-20 劃</td></tr>
</table>

槽	fune		
歐式肝泥香腸	liverwurst	凝乳酶	rennet
歐洲防風草塊根	parsnip	澤庵	takuan
澄清湯	consommé	澱粉液化酵素	alpha-amylase
熟可可粒	cocoa nib	澱粉酶	amylase enzyme
熟成肉	aged meat	濃口醬油	koiguchi shoyu
熟肉	charcuterie	濃醇	kokumi
盤克夏	Berkshire	燒酎	shochu
穀粒	cereal grain	燒酒	soju
糊化	gelatinization	燕麥奶油派	oatmeal cream pie
蔬食熟肉	vegetable charcuterie	糖化	saccharify
蔬菜白酒湯	court bouillon	選育	selective breeding
褐變	browning	餐盤搬運箱	food pan carrier
調味碎肉	forcemeat	壓力鍋	instant pot
調味蔬菜	mirepoix	濕麴	wet koji
調和奶油	compound butter	濱納豆	hamanatto
調氣包裝	modified atmosphere packaging	營養糙米味噌	Hearty Brown Rice Miso
豬里脊肉	pork loin	糙米	brown rice
豬肩頸肉火腿	coppa	糠 / 麩皮	bran
豬腹肉	secreto	醣解作用	glycolysis
赭麴毒素	ochratoxin	鍋底醬	pan sauce
赭麴黴	Aspergillus ochraceus	韓式辣椒醬醃梅干	gochujang umeboshi
遮蔽膠帶	masking tape	韓國清酒	cheongju
醃肉	curing meat	韓國辣椒粉	gochugaru
醃魚卵	bottarga	鮭魚卵	ikra
醃漬過度	overcure	擴展青黴	Penicillium expansum
醃漬鹽	curing salts	濾布	cheesecloth
醃鮭魚	lox	藍色青黴菌	Penicillium camemberti
醋母	vinegar mother	藍紋乳酪	blue cheese
醋酸	acetic acid	豐富毛黴	Mucor abundans
醋酸菌	Acetobacter aceti	醪	moromi
醋酸菌屬	Acetobacter	醬	jiang
霉白黴	Mucor mucedo	醬油	ganjang

醬油麴	shoyu koji
醬油麴菌	Aspergillus sojae
雞油菌	chanterelle
羅馬諾乳酪	Romano
麴／麴菌	koji
麴室	kojimuro
麴菌病	aspergillosis
麴漬	kojizuke
麴蓋	koji buta
麴箱	koji growing cabinet
麴醃白蘿蔔	bettarazuke
糯米	glutinous rice
糯米粉	sweet rice flour
蘋果酒	hard cider
麵包沙拉	panzanella
麵包發酵箱	bread proofer

| 麵糕麴 | miangua Qu |

21 劃以上

體菌絲	somatic hyphae
黴菌毒素	mycotoxin
蠶豆	fava bean / broad bean
釀酒酵母	Saccharomyces cerevisiae
靈魂食物	soul food
鷹嘴豆	chickpea
鷹嘴豆泥	hummus
鹼法烹製	nixtamalization
鹽味醂	shio mirin
鹽麴	shio koji
酛	moto

英中譯名對照

原文	譯名
4-hydroxy-2(or 5)-ethyl-5(or 2)-methyl-3(2H) furanone	4- 羥基 -2(或 5)- 乙基 -5- 甲基 3(2H)- 呋喃酮
898 squash	898 號南瓜

A

ABV	酒精濃度
acetic acid	醋酸
Acetobacter	醋酸菌屬
Acetobacter aceti	醋酸菌
acid jazz	迷幻爵士
actin filaments	肌動蛋白纖維
adaptogen soda	適應原草藥氣泡水
adenosine triphosphate	三磷酸腺苷
aflatoxin	黃麴毒素
aged meat	熟成肉
air lock	單向排氣閥
air stone	氣泡石
aka miso	赤味噌
alcoholic beverage	酒精飲料
aleppo chili	阿勒坡辣椒
all purpose flour	中筋麵粉
allergic bronchopulmonary Aspergillosis {=ABPA}	過敏性支氣管肺部麴菌病
allspice	多香果
alpha-amylase	α 澱粉酶
amakoji	甘麴
amanotamuznake	天甜酒
amatriciana	番茄培根醬
amazake	甘酒
amino acid	胺基酸
amino paste	胺基酸糊醬
amylase enzyme	澱粉酶

amylopectin	支鏈澱粉
amylose	直鏈澱粉
apple hoshi-gaki	柿餅工法蘋果乾
Arnold Palmer	阿諾帕瑪（飲料）
aspergillosis	麴菌病
Aspergillus flavus	黃麴菌
Aspergillus kawachi	白麴
Aspergillus luchuensis	琉球麴菌
Aspergillus luchuensis var. awamori	泡盛黑麴菌
Aspergillus niger	黑麴菌
Aspergillus ochraceus	赭麴黴
Aspergillus oryzae	米麴菌
Aspergillus parasiticus	寄生麴黴
Aspergillus sojae	醬油麴菌
autolysis	自解作用
awamori	泡盛

B

Baba Ganoush	茄子芝麻醬
Bacillus pumilus	短小桿菌
Bacillus subtilis	枯草桿菌
bag filter	過濾袋
baijiu	白酒
barley koji	大麥麴
Barley Yellow Koji for Barley Miso	麥味噌用菌
basmati rice	印度香米
batard	巴塔麵包
beef bung casing	牛盲腸腸衣
beef skirt	側腹橫肌
benne seed	芝麻
Berkshire	盤克夏
beta-amylase	β 澱粉酶
bettarazuke	麴醃白蘿蔔
BF1 for Rice Miso	米味噌用 BF1 號菌

BF2 for Rice Miso	米味噌用 BF2 號菌	casein	酪蛋白
biltong	南非肉乾	cava	西班牙卡瓦氣泡酒
black cod	銀鱈	cereal grain	穀粒
Black Koji Fungus	黑麴菌	champagne yeast	香檳酵母
black trumpet mushroom	灰喇叭菌	Champurrado	墨西哥熱可可
blondie	布朗迪	chanterelle	雞油菌
bloody butcher corn	血屠夫玉米	char siu	叉燒
blue cheese	藍紋乳酪	charcuterie	熟肉
bodaimoto	菩提酛	cheesecloth	濾布
bonito	柴魚片	cheongju	韓國清酒
bottarga	醃魚卵	chestnut	栗子
botulinum	肉毒桿菌	chicken of the woods	硫磺菌
bound water	結合水	chickpea	鷹嘴豆
bran	糠／麩皮	Chinese fermented black bean paste	豆豉醬
bread proofer	麵包發酵箱	chocolate phosphates	巧克力磷酸鹽氣泡飲
bresaola	義式牛肉乾	chronic pulmonary	慢性肺麴菌病
Brie	布里乳酪	chuck eye	牛下肩胛眼肉
brine	鹵水	chunjang	春醬
brisket	牛胸肉	coccyx	尾骨
broad bean	蠶豆	cocoa nib	熟可可粒
brown koji fungus for barley	大麥用本格燒酎菌	cold smoke	冷燻
brown rice	糙米	cold-shortening	冷收縮
browning	褐變	compound butter	調和奶油
BSE	狂牛症	computational genomics	計量基因體學
bulk fermentation	首次發酵	condition	碳酸化
buttermilk	白脫乳	conidia	分生孢子
butternut squash	白胡桃南瓜	conidiophore	分生孢子柄
		consommé	澄清湯

C

		coppa	豬肩頸肉火腿
		country ham	鄉村火腿
Camembert cheese	康門貝爾乳酪	court bouillon	蔬菜白酒湯
caponata	西西里甜醋油漬熟沙拉	cowpea	豇豆
Cara Cara orange	紅肉橙	craft beer	精釀啤酒
caramelization	焦糖化	cream cheese	奶油乳酪
Carolina Gold rice	卡羅來納黃金米	critical limit	管制界線
case hardening	表面硬化	Crohn's disease	克隆氏症
		Cryovac	快爾衛食品真空袋

cultural appropriation	文化挪用	fine dining	精緻餐飲
culture	菌種／培養物	first-in first-out	先進先出（FIFO）
cultured butter	發酵奶油	fish sauce	魚露
cultured cream	發酵鮮奶油	flank	腹脇肉
Cure #1	1 號醃漬鹽	float	漂浮飲
curing meat	醃肉	food danger zone	食品危險溫度帶
curing salts	醃漬鹽	food pan carrier	餐盤搬運箱
custard	卡士達醬	food safety	食品安全
cutaneous aspergillosis	皮膚麴菌病	foodscape	食物地景
		foraged-root root beer	植物根麥根沙士

D

daqu	大麴	forcemeat	調味碎肉
dehydrator	食物乾燥機	free water	游離水
deli container	塑膠保鮮盒	fresh koji	生麴
douchi	豆豉	Fujian Laoji	福建老酒
dry bulb thermomete	乾球溫度計	Fujian nuomi jiu	福建糯米酒
dry-aged	乾式熟成	fune	槽
Dutch oven	荷蘭鍋		
dwenjang/doenjang	大醬		

G

		ganjang	醬油
egg cream	蛋蜜乳	garum	古魚醬
elBullifoundation	鬥牛犬基金會	Gaul	高盧
electrical stimulation	電刺激	gefilte fish	魚丸凍
emmer	二粒小麥	gelatinization	糊化
endosperm	胚乳	gelato	義式冰淇淋
eoyukjang	魚肉醬	genome	基因體
escherichia coli	大腸桿菌	genre uptake	語體領會
ester	酯	geographic indication protection	地理標示保護
extracellular digestion	胞外消化	Geotrichum candidum	白地絲黴菌
		germ theory	菌源說

F

		germination	發芽
		glucoamylase	葡萄糖澱粉酵素
fatty acid	脂肪酸	glutamate	麩胺酸
fava bean	蠶豆	glutinous rice	糯米
filament	絲狀構造	glycolysis	醣解作用
		gochugaru	韓國辣椒粉
		gochujang umeboshi	韓式辣椒醬醃梅干

grain bill	麥芽配方	Hubbard squash	哈伯南瓜
gram	莢豆	hummus	鷹嘴豆泥
gram-negative bacteria	革蘭氏陰性菌	hydration	水合
gram-positive bacteria	革蘭氏陽性菌	hydrocolloid	水合膠
granola	堅果麥片	hydrometer	液體比重計
great northern bean	大北豆		
guanciale	義式醃豬頰		
guanylate	鳥苷酸	**I**	
guk-ganjang	湯醬油		
gwahaju	過夏酒	ikra	鮭魚卵
gwail sikcho	果醋	Impossible Burger	不可能的漢堡
		inoculant	接種劑
		inosinate	肌苷酸鹽
H		instant pot	壓力鍋
		itakasu	板粕
halophilic bacteria	嗜鹽細菌		
hamanatto	濱納豆		
hard cider	蘋果酒	**J**	
Hashimoto for Soybean Miso	豆味噌用橋本菌		
		jalapeño	哈拉佩諾辣椒
Hatcho Miso	八丁味噌	jalapeño poppers	哈拉佩諾辣椒鑲乳酪
Hearty Brown Rice Miso	營養糙米味噌	Japanese cedar	日本柳杉
heavy cream	高脂鮮奶油	jasmine rice	泰國香米
hemolytic uremic syndrome	溶血性尿毒症候群	Jewish rye	猶太黑麥麵包
		jiang	醬
hibiscus	木槿	jip-ganjang	家醬油
Hikami Ginjo	Hikami 吟釀	jiuniang	酒釀
Hi-Sojae	Hi 醬油麴菌	jiuqu	酒麴
hon mirin	本味醂	jujube	棗子
Honeynut	蜂蜜南瓜	junmai nama	純米生酒
honeysuckle	金銀花		
hongcu	紅麴醋		
hongjiu	紅麴酒	**K**	
hongqu	紅麴		
hop	啤酒花	kabocha squash	日本南瓜
Horchata	瓦倫西亞油莎草漿	kasu	酒粕
hotel pan	方形調理盆	kasutori shochu	粕取燒酎
huangjiang	黃醬	kasuzuke	粕漬
huangjiu	黃酒	katsuobushi	柴魚
		keto jerky	生酮肉乾
		kimoto	生酛

Kinzanji miso	金山寺味噌	
koiguchi shoyu	濃口醬油	
koji	麴／麴菌	
koji buta	麴蓋	
koji growing cabinet	麴箱	
koji-kin／koji starter	種麴	
kojimuro	麴室	
kojizuke	麴漬	
kokumi	濃醇	
kombucha	康普茶	
komezu	米醋	
kosher salt	猶太鹽	
kvass	卡瓦斯	

L

lactic acid bacteria	乳酸菌
lactobacilli	乳酸桿菌
Lactobacillus	乳酸菌屬
Lactobacillus plantarum	胚芽乳酸桿菌
lao khao	泰國白酒
lardo	義式醃豬背油
L-aspartic acid	L- 天門冬胺酸
lauchou	老抽
lemma	外稃
lentil	小扁豆
L-glutamic acid	麩胺酸
light rice koji-kin	輕度發酵米用種麴
Light Rice Miso spores	淡米味噌孢子
lignin	木質素
lima	皇帝豆
Listeria monocytogenes	李斯特菌
listeriosis	李斯特菌症
liverwurst	歐式肝泥香腸
living organism	活機體
lomo	嫩腰肉
long grain rice	長粒米
lox	醃鮭魚

M

macronutrient	巨量營養素
maitake	舞菇
makgeolli	馬格利酒
makgeolli sikcho	馬格利醋
malting	孵芽
masa	馬薩玉米粉
masking tape	遮蔽膠帶
mason jar	梅森罐
matzo ball soup	猶太丸子湯
mayocoba bean	墨西哥黃豆
mead	蜂蜜酒
miangua Qu	麵糕麴
micronutrient	微量營養素
milk bucket	集乳桶
millet	小米
mirepoix	調味蔬菜
mirin	味醂
miso	味噌
mocktail	無酒精雞尾酒
Modernist Food Movement	現代主義料理運動
modified atmosphere packaging	調氣包裝
mold rind cheese	發黴洗浸乳酪
mole	墨西哥墨雷醬
Monascus purpureus	紅麴菌
monosaccharide	單醣
monosodium L-glutamate	L- 麩胺酸鈉，味精
moromi	醪
moto	酛
Moutai	茅台
mozzarella	莫札瑞拉乳酪
Mucor abundans	豐富毛黴
Mucor griseocyanus	灰藍毛黴
Mucor mucedo	霉白黴
Mucorales	毛黴目

mugi miso	麥味噌
multi-quat sanitizer	四級銨消毒劑
mycelium	菌絲體
mycotoxin	黴菌毒素
myofilaments	肌絲
myoglobin	肌紅蛋白
myosin	肌凝蛋白

N

namakasu	生粕
namul	小菜
Nara-zuke	奈良漬
New York strip steak	紐約客牛排
nixtamalization	鹼法烹製
nucleotide	核苷酸

O

O157:H7	O157 型大腸桿菌
oatmeal cream pie	燕麥奶油派
ocean perch	太平洋鱸魚
ochratoxin	赭麴毒素
Okinawan awamori	沖繩泡盛
olfactory gland	嗅腺
oligo sugar	寡糖
ondol	溫突
osmophilic yeasts	耐滲壓酵母
overcure	醃漬過度
oxyglutamic acid	氧基麩酸

P

pan sauce	鍋底醬
pandan leaves	香蘭葉
panela	帕內拉紅糖
panzanella	麵包沙拉
Parmesan cheese	帕瑪森乳酪

parsnip	歐洲防風草塊根
pastrami	煙燻牛肉
Pâté	法式肉派
pathogenic microbe	病原微生物
patina	皮殼
Patulin	棒麴黴素
pearled barley	珍珠大麥
Pelvic Suspension	骨盆懸掛法
Penicillium camemberti	藍色青黴菌
Penicillium expansum	擴展青黴
Penicillium lanosum	羊毛狀青黴
Penicillium patulum	開放青黴
Penicillium roqueforti	洛克福耳青黴菌
peptide	胜肽
pesto	青醬
pH buffer	酸鹼值緩衝劑
pierogi	波蘭餃子
pilaf rice	抓飯
pilot light	常燃小火
pinto	斑豆
polenta	義式粗玉米糊
polysaccharide	多醣
porcini mushroom	牛肝菌
pork loin	豬里脊肉
prebiotic	益生素
prep cook	備料廚師
prerequisite program	前提方案
preventive maintenance	預防性維護
probe thermometer	探針溫度計
proofing cabinet	發酵箱
prosciutto	火腿
protease enzyme	蛋白酶
purge	滲出液

R

ranch dressing	田園沙拉醬
raw cane sugar	原蔗糖

raw shoyu	生醬油	salt-pressed duck	板鴨
Red Delicious	五爪蘋果	salumi	義式乾醃肉
reduced oxygen packaging	減氧包裝	sambal	參巴醬
reference thermometer	參考溫度計	sauerkraut	德國酸菜
rejuvelac	回春水	sauté	炒
relative humidity	相對濕度	savory	香薄荷
rennet	凝乳酶	secondary metabolites	次級代謝物
residual sugar	殘糖	secreto	豬腹肉
Rhizopus chinensis	中國根黴	seed coat	種皮
Rhizopus japonicus	日本根黴	selective breeding	選育
Rhizopus nigricans	黑根黴	seltzer	氣泡水
Rhizopus oligosporus	少孢根黴菌	Shanghai Yeast Balls	上海酒餅丸
Rhizopus oryzae	米根黴	shengchou	生抽
rice flour	米粉	shin mirin	味醂風調味料
Rice Krispies	美式棉花糖米香	Shinshu miso	信州味噌
Ricotta cheese	瑞可達乳酪	shio koji	鹽麴
rigor mortis	屍僵	shio mirin	鹽味醂
Romano	羅馬諾乳酪	shiro miso	白味噌
room humidifier	室內加濕器	shiro shoyu	白醬油
Roquefort	洛克福乳酪	shiru-kasu-zuke	汁粕漬
rub	乾擦料	shochu	燒酎
		shoyu koji	醬油麴

S

		Silpat	烘焙墊
		simple sugars	單醣
saccharase	解糖酵素	Snickerdoodle	肉桂糖霜奶油餅乾
saccharify	糖化	sodium chloride	氯化鈉
Saccharomyces cerevisiae	釀酒酵母	sodium nitrate	硝酸鈉
Saccharomyces rouxii	魯酵母	sodium nitrite	亞硝酸鈉
saishikomi shoyu	二次釀造醬油	soffritto	香炒蔬菜醬底
Sake Kasu	清酒酒粕	Sojae No. 12	十二號醬油麴菌
Sake lees	清酒粕	Sojae No. 9	九號醬油麴菌
salami	義大利薩拉米香腸	soju	燒酒
salmonella	沙門氏菌	sokujo-moto	速釀酛
salmonellosis	沙門氏桿菌症	solera	索雷拉系統
salsa	莎莎醬	somatic hyphae	體菌絲
saltpeter	硝酸鉀	sorbet	雪酪
		sorghum	高粱
		soul food	靈魂食物

sour	酸酒		tsukemono	漬物
sourdough bread	酸種麵包		Tupperware	特百惠
sous-vide	舒肥			

soybean	大豆
soybean paste	豆糊醬
spaghetti squash	金線瓜
spider cut	牛腹壁
ssal sikcho	米醋
Staphylococcal	葡萄球菌
Staphylococcus aureus	金黃色葡萄球菌
starter	酵種
starter culture	酵種培養物
starter mash	酵母酒醪
steelhead	虹鱒
substrate	基質
Sumo Stew	相撲鍋
sunchoke	菊芋
surface yeast	上層酵母
sweet potato	番薯
sweet rice flour	糯米粉
sweetfish	香魚

U

ultrastructure	超微結構
usukuchi shoyu	淡口醬油

V

vegetable charcuterie	蔬食熟肉
Vegetative pathogens	病原性微生物
vinaigrette	油醋醬
vinegar mother	醋母

W

walleye	鼓眼魚
washed-rind cheese	洗浸乳酪
water activity	水活性
water-binding capacity	保水力
wet cure	溼醃
wet koji	濕麴
wheat berry	去麩小麥粒
wheat paste	小麥糊醬
white bean	白豆
white melon	冬瓜
White Moyashi for Rice Miso	米味噌用白 Moyashi 菌
whole-animal butchery	全隻屠宰
Whole-Muscle	原塊肉類
winemaker's yeast	釀酒酵母
wort	麥芽汁

T

tahini	中東芝麻醬
takuan	澤庵
Tamaki Gold Rice	田牧米
tamari	溜醬油
teff	苔麩
tempeh	天貝
temperature and humidity controller	溫濕度控制器
tenugui	手拭巾
teosinte	大芻草
terroir	風土
thermophilic bacteria	嗜熱菌
tigernut	油莎豆
Trichinella spiralis	旋毛蟲

X

Xerophilic mold	嗜旱黴菌
Xiaoqu	小麴

Y

yam	山藥
Yamahai	山廢
yeast ball	酵母丸
yellow koji	黃麴
yeotgireum	大麥麥芽粉

Z

zygote	接合子

國家圖書館出版品預行編目資料

麴之鍊金術/傑瑞米.烏曼斯基(Jeremy Umansky), 瑞奇.施(Rich Shih)作；林瑾瑜, 鍾慧元譯. -- 初版. -- 新北市：大家, 遠足文化事業股份有限公司, 2021.01
　面；　公分. -- (better；73)
譯自：Koji alchemy : rediscovering the magic of mold-based fermentation.
ISBN 978-986-5562-02-1(平裝)

1.食譜 2.米麴黴

427.1　　　　　　　　　　　　　　　　　　　　　　　　109020598

better 73

麴之鍊金術：精準操作、科學探索、大膽實驗食材，重新發掘米麴菌等真菌的發酵魔力
KOJI ALCHEMY : REDISCOVERING THE MAGIC OF MOLD-BASED FERMENTATION

作者·傑瑞米·烏曼斯基（Jeremy Umansky）、瑞奇·施（Rich Shih）｜譯者·林瑾瑜、鍾慧元｜美術設計·林宜賢｜校對·魏秋綢｜編輯協力·許景理｜審定·汪碧涵、謝碧鶴｜責任編輯·楊琇茹｜行銷企畫·陳詩韻｜總編輯·賴淑玲｜社長·郭重興｜發行人兼出版總監·曾大福｜出版者·大家／遠足文化事業股份有限公司｜發行·遠足文化事業股份有限公司231　新北市新店區民權路108-2號9樓　電話·(02)2218-1417　傳真·(02)8667-1065｜劃撥帳號·19504465　戶名·遠足文化事業有限公司｜法律顧問·華洋法律事務所蘇文生律師｜定價·650元｜初版一刷·2021年01月｜有著作權·侵害必究｜本書如有缺頁、破損、裝訂錯誤，請寄回更換｜本書僅代表作者言論，不代表本公司／出版集團之立場與意見